- 海外华侨建筑文化丛书 -

国家自然科学基金资助项目：闽南近代华侨建筑文化东南亚传播交流的跨境比较研究
（项目编号：51578251）

马来西亚槟城华侨建筑

Overseas Chinese Architecture in Penang, Malaysia

◎ 陈志宏　著 ◎

中国建筑工业出版社

图书在版编目（CIP）数据

马来西亚槟城华侨建筑／陈志宏著．—北京：中国建筑工业出版社，2019.12

（海外华侨建筑文化丛书）

ISBN 978-7-112-24492-8

Ⅰ.①马… Ⅱ.①陈… Ⅲ.①华侨—建筑—文化遗产—研究—马来西亚—近代 Ⅳ.①TU-863.38

中国版本图书馆CIP数据核字（2019）第264027号

责任编辑：陈 桦 段 宁
责任校对：李欣慰

海外华侨建筑文化丛书
马来西亚槟城华侨建筑
陈志宏 著

*

中国建筑工业出版社出版、发行（北京海淀三里河路9号）
各地新华书店、建筑书店经销
北京点击世代文化传媒有限公司制版
北京建筑工业印刷厂印刷

*

开本：787×1092 毫米 1/16 印张：15¼ 字数：278 千字
2019 年 12 月第一版 2019 年 12 月第一次印刷
定价：125.00 元
ISBN 978-7-112-24492-8
（35135）

华侨建筑文化海外传播与交流

（总　序）

马来西亚历史学者黄裕端在研究19世纪槟城华商五大姓家族时谈起他的困惑：他是土生土长于霹雳的客家人，小时候只从学校课本中知道槟城是法兰西斯·莱特建立的商埠。他在槟城商业中心乔治市的实地调研中"惊奇"地发现，在乔治市老城区中五大姓家族至少拥有该地区一半的店屋和住宅，却从来没有人认为应当从学术的角度对他们的事迹加以探讨。他查阅的研究文献往往被框限在殖民范式之中：槟城崛起为商业与贸易枢纽归功于英国人所采取的自由贸易和自由港政策，以及传奇性的殖民总督莱特；殖民因素极其关键，而且单凭这一因素就足以解释槟城的崛起。黄裕端在槟城历史研究中发问道："这些福建商人是谁？他们在槟城中扮演了什么角色？他们有多重要？"[1]

基督教东渐史研究学者顾卫民在"葡萄牙文明东渐中的都市"丛书中研究葡萄牙建立的五大城市，包括葡萄牙首都里斯本，以及东方殖民据点果阿、澳门、马六甲、长崎，在书的导论中提出"这一特定时代的'葡萄牙文明'主要包括都市制度、贸易方式、宗教形态、城市与建筑形式以及人类学意义上的社会生活几个方面。"[2]在书中序二，赵林评论道："系统地记述了葡萄牙人在地理大发现时代所创建的辉煌业绩，再现了葡萄牙人在早期殖民活动中的历史轨迹。"[3]在此也会引发我们的疑问：印度果阿、中国澳门等地作为当时葡萄牙的东方殖民地，在殖民城市建设过程中当地的印度人和华人发挥了什么作用？在西方列强的东南亚殖民地也居住着来自中国的华侨移民，如荷兰殖民的印尼等地，英国殖民的马来西亚、新加坡、缅甸等地，西班牙殖民的菲律宾，法国

---

[1] （马）黄裕端．19世纪槟城华商五大姓的崛起与没落[M]．陈耀宗译．北京：社会科学文献出版社，2016：1-2.

[2] 顾卫民．葡萄牙文明东渐中的都市——果阿[M]．上海：上海辞书出版社，2009：15.

[3] 赵林．序二，载顾卫民．葡萄牙文明东渐中的都市——果阿[M]．上海：上海辞书出版社，2009：6.

殖民的越南、柬埔寨等地，这些华侨在殖民地城市与乡村的发展建设中做出了什么贡献？近代海外华侨社会移植了中国侨乡的文化传统，在与原乡截然不同的殖民城市中，海外华侨社会如何改变和调整，以适应殖民社会的制度和复杂多元的文化宗教环境？

除了这些西方国家的东南亚殖民地，大批华侨移民还远渡重洋到北美、欧洲和澳洲等地，华侨移民在欧美的移民社会与在东南亚的殖民地的生存环境有着巨大的差别，所承受的生存发展遭遇也不同。在北美、澳洲和新西兰等移民社会，最初也曾经是欧洲移民的殖民地，虽然在美国南方等地存在黑人奴隶制，当地政府逐渐废除这种残酷的制度，大量来自广东如开平等四邑的华侨在北美参与开矿、种植园、修建铁路等繁重劳作，为北美的建设发展做出重要贡献，但是，“无论是北美或是澳大利亚、新西兰，都没能公正地对待中国移民。”[1] 另外，在其他非西方人殖民地的亚洲国家，如日本、泰国等也是华侨重要的移民国家。日本华侨社会的集中区域主要是在横滨、神户和长崎等地，其中，横滨中华街、神户南京町、长崎新地中华街是日本目前最具代表性的三大唐人街，日本华侨社会与东南亚华侨聚集地不同，更多地选择融入当地社会文化。1775 年，泰王任命来自漳州海澄人吴让为泰国南部的宋卡城主，吴氏子孙世代相继，计传八世共计 129 年，并于 1832 年建立宋卡古城。这个由来自中国南方的华侨与泰国南部当地人共同建设的港口商业城市，与亚洲的其他欧洲殖民城市会有什么不同？

中国建筑文化海外传播交流的已有研究主要集中在对西方以及东亚日本、韩国的影响，如陈志华对中国造园艺术在欧洲影响的研究、张十庆对宋技术背景下东亚中日营造技术的比较研究等，经过数代建筑学者的辛勤耕耘，研究成果已经蔚为大观。对于与中国联系紧密的东南亚地区，杨昌鸣的《东南亚与中国西南少数民族建筑文化探析》研究了东南亚早期建筑与中国西南少数民族建筑的渊源关系，还有后来的《中国建筑文化向南洋的传播》（梅青，2005）、《东南亚建筑与城市丛书》（雷翔，2008）等研究著作，但是，对于近代华侨建筑文化在海外传播交流的历史脉络与源流关系一直缺少专题的系统研究。

（1）弥补海外华侨建筑传播交流史缺环，揭示海外民间文化传承机制

近代华侨在东南亚迁移过程中将原乡建筑移植到侨居地，并与当地传统相结合，也融合西式殖民建筑的做法，产生了不同于原乡的、丰富而独特的建筑类型。在中国

---

[1] （美）孔飞力．他者中的华人：中国近现代移民史 [M]. 李明欢译．南京：江苏人民出版社，2016：201.

南方传统社会文化、亚热带气候环境下形成的闽粤侨乡建筑，经过华侨传播到东南亚需要进行改变和调整，以适应当地热带气候为主的高温潮湿环境，适应当地原住民族多元文化宗教环境，适应西方强势文化的殖民社会环境。闽南传统建筑如何通过华侨移民的途径传播到东南亚各地进行交流融合？这些侨居地建筑与原乡建筑文化究竟存在哪些共同及相异特征？这些近代海外移民建筑传播交流中所蕴含的民间文化传承机制，都需要进行跨境的比较研究才有机会厘清。

（2）拓展近代侨乡建筑史学研究领域，梳理华侨建筑文化源流关系

华南沿海侨乡建筑是中国近代建筑史研究的重要内容，与中国其他地区近代建筑显著不同的是，海外华侨是闽粤侨乡社会变迁的关键因素之一。东南亚殖民地近代化改造对当地的华侨社会形成了示范作用，随着华侨将西方近代观念和建设经验带到侨乡，成为侨乡传统城镇发展的自发性动力，推动了侨乡社会的近代化转型。因此，近代侨乡建筑史学研究不能局限于侨乡社会本身，需要理解海外华侨与侨乡是不可分割的有机整体，在持续进行侨乡建筑调研的同时，从多学科视野开展东南亚近代华侨建筑的调查及比较研究，才能推进近代侨乡建筑史学研究的进一步深化。

（3）挖掘跨国视野下华侨建筑的遗产价值，建构遗产保护的资料平台

近年来，海内外华侨华人共同的历史遗产得到了世界范围的认同和保护，如中国的“开平碉楼与村落”（2007年）、马来西亚的“马六甲和槟城”（Melaka and George Town，2008年）等被列入“世界文化遗产名录”。对于华侨建筑这种移民迁移传播的遗产类型，分布在境内外的历史资料具有重要的互补性，如马来西亚槟城世遗点龙山堂邱公司的维修保护中，文史专家和修复建筑师专程到漳州侨乡的邱氏祖居地进行实地考察，修复工程由闽南古建筑施工队与印度彩绘修复专家合作完成。在华侨建筑维修保护的前期研究、价值评估以及后来的维修保护等环节，都需要将境内外相互关联的建筑历史资料进行综合性的调查整理，也为今后华侨建筑的跨境保护建立合作的基础。

国内有关近代华侨建筑的已有研究主要集中在闽粤侨乡城镇及租界的历史发展、侨乡建筑类型的调查研究；海外的华侨建筑研究方面主要是东南亚殖民建筑研究中涉及部分华侨建筑内容，以及东南亚学者对华侨民居、寺庙、会馆的个案研究。总的来说，对于近代华侨建筑的跨境研究较少，国内学者受研究经费与研究思维的限制，大部分的研究视角局限于闽粤侨乡范围。相比较而言，东南亚及台湾学者对原乡建筑长期以来都比较关注，如李乾朗、闫亚宁等台湾学者在大陆改革开放初期就频繁到福建进行历史建筑调研。

从国内华侨华人史研究趋势看，近年来从以往偏重于国家与社会关系、华侨与中国革命、华侨与中国文化等研究领域，拓展到海外华侨华人社会生活史与跨国生存空间的研究。郑振满在2009年分析近代华侨自由往返于海内外，提出研究侨乡特有的跨国生存状态，[1]许金顶在2010年进一步提出华侨"跨国生存空间"研究思路[2]，拓展了对华侨在海外与侨乡的生存空间环境研究的领域。另外，华侨民间历史文献的收集和研究历来受到华侨华人研究学者的重视，包括华侨族谱、侨批书信、侨刊乡讯等民间文献史料。2013年福建广东联合申报的"侨批档案"成功入选"世界记忆遗产名录"。对于海外华侨民间社会基层的移民建筑史，大量的民间史料解读与实物调查相结合的研究是尤为重要的。

当今世界经过全球化浪潮，国与国之间已经形成你中有我、我中有你、相互依存、利益交集的命运共同体格局，"不论在历史时态还是在现实时态，华侨华人都是命运共同体形成的重要参与者、见证者和推动者，侨乡从近代就受到世界政治、经济脉搏跳动的直接影响。"[3]大量流徙海外、客居他乡的华侨华人，正是中外文化交融、平等发展共进的践行者，在中外关系以及促进祖籍地和侨居地社会历史发展进程中起到不可替代的作用，形成独特的海外华侨社会及侨乡文化。华侨建筑是随着华侨、华人在海内外交流、迁徙、定居过程中形成的具有中外文化交流特点的建筑文化现象，对于研究建筑文化的交流、传承与创新，揭示人居环境发展变迁的规律等方面均具有重要的意义。

本套丛书主要选取了与海外华侨聚居的东南亚世界文化遗产地及重要的历史城镇，如马来西亚槟城、马六甲，越南的会安，泰国的宋卡等地，计划拓展到日本、北美等国家代表性的唐人街。海外侨居地建筑与国内侨乡建筑为华侨建筑研究的一体两面，是不可分割的有机整体。系列研究中将海外华侨与侨乡社会纳入同一研究范畴，实地调查华侨在东南亚等地移民路线上的主要建筑类型，以跨境比较研究为线索，结合族谱、侨批等民间文献史料的解读，开展多学科视野的专题研究，分析海外华侨在东南亚等地与闽粤侨乡建筑文化传播的源流关系与演变过程，探讨近代华侨建筑在其移民、生存、适应和发展的衍化规律，这也可以说是华人离开家乡适应不同生存环境的方式，希望为我国与东南亚等国家的近代移民建筑文化交流等方面提供参考。

---

[1] 郑振满. 国际化与地方化：近代闽南侨乡的社会文化变迁 [J]. 近代史研究，2010（02）：62-75.

[2] 许金顶. 华侨华人历史研究的继承与创新 [J]. 华侨大学学报（哲学社会科学版），2010（01）：68-72.

[3] 张国雄. 人类命运共同体视野下的"侨"研究 [J]. 华侨华人历史研究，2018（03）：9.

目　录

导 论

新加坡与马来西亚是海外华侨在东南亚的重要聚居地，是中国建筑文化海外传播交流的重要区域，目前有关新马华侨建筑的研究成果分布较为零散，本研究中有关新马华侨建筑现有研究成果以截至2018年5月公开发表的文献和出版的书籍、刊物以及报刊上的文章为主[1]，对其研究现状进行整体的梳理和回顾，有助于了解新马华侨建筑的现有研究领域、研究方法，以期发现研究过程中的问题及探寻未来的研究方向。

一、新马华侨建筑研究现状

（一）华侨建筑研究分期

1.1983年以前

早期华侨建筑的记载多是中国人所写的南洋游记、揽胜访古，也有碑刻记功铭德、地方志略文献等，如清末著名中医力钧的《游海珠屿记》“距屿数十武，渔人之居相错，……至则野庙一区，岩覆其上，中祠福德神。”[2]张礼千、姚枬《槟榔屿志略》中有关极乐寺记中对寺庙格局环境等方面的相关描述。华侨建筑的记载也出现在西方殖民者的考察记录中，如1698年法国使节团团员弗罗吉（Francois Froger）在《第一个

---

❶ 搜索方法包括：通过对中英文数据库包括中国期刊全文数据库（CNKI中国知网）、读秀全文数据及资料数据库、Science Citation Index、Wiley Online Library、ESI（Essential Science Indicator）、Elsevier Science Direct进行文献检索；前往新马的公共图书馆查找书籍，马来西亚北部有韩江学院图书馆，中部有新纪元学院图书馆，南部有南方学院图书馆；国内图书馆有厦门大学东南亚研究中心和华侨大学华侨华人研究院；实地调研新马的会馆庙宇等华侨建筑并搜集相关纪念周刊；搜寻新马报刊杂志上的相关文章等。海外相关研究资料的收集受到不少限制，应该还有不少缺漏，希望在下一步研究中继续补充整理。

❷ 陈可冀.清代御医力钧文集[M].北京：国家图书出版社，2016：306.

法国使节团出使中国的航行日记：1698—1700》中记录的青云亭的建筑装饰和室内布置。[1] 至 20 世纪中期开始出现一些涉及新马华侨庙宇和会馆人文历史方面的研究成果，如 1958 年 Leon Combe 的《Chinese Temples in Singapore》[2]、1974 年吴华的《新加坡华族会馆志》[3] 等，以及 1977 年朱金涛所著的《一百来年的吉隆坡华人寺庙》[4] 等论著。

2. 1983—2007 年

最早从建筑学的视角展开关于新马华侨建筑的研究，是从 20 世纪 80 年代围绕华人庙宇建筑开始的。1983 年新加坡大学 Evelyn Lip 在《Chinese Temple Architecture in Singapore》[5] 概述了新加坡寺庙的布局意义以及装饰中所用的象征手法。1984 年 David G. Kohl 出版了第一本华侨建筑综合研究著作《Chinese Architecture in the Straits Settlements and Western Malay: Temples, Kongsis and Houses》。[6]1990 年由马来西亚遗产信托组织（Badan Warisan Malaysia）出版的一本关于马来西亚的建筑遗产手册《Malaysian Architecture Heritage Survey: A Handbook》中，涉及了马来西亚不同建筑风格和类型的分类。1998 年 Chen Voon Fee 编著的《The Encyclopedia of Malaysia 5: Architecture》百科全书式地介绍从简易庇护所到 20 世纪晚期的现代建筑，包括本土马来房子、清真寺，以及华人庙宇、店屋、住宅等。2005 年同济大学梅青在《中国建筑文化向南洋的传播》中提出早自唐宋、迟至明清便形成了中国东南沿海与马六甲海峡及东南亚各国之间的“中国建筑文化圈”。[7]

该时期关于新马华侨建筑的研究成果涉及的内容除了建筑历史背景、人物事件等基本信息外，主要侧重于建筑平面、空间布局和细部特征等建筑艺术层面的描述，部分研究成果涉及文化、技术、历史与社会层面的研究，从保护与改造层面探讨华侨建筑的研究成果数量较少。

---

[1] 林孝胜．草创时期的青云亭 [M] // 柯木林，林孝胜．新华历史与人物研究，新加坡：南洋学会，1986：39-48.

[2] Leon Combe. Chinese Temples in Singapore[M]. Singapore: Eastern University Press，1958.

[3] 吴华．新加坡华族会馆志（三册）[M]. 新加坡：南洋学会，1974；吴华．柔佛新山华族会馆志 [M]. 新加坡：东南亚研究所，1977；吴华．马来西亚华族会馆史略 [M]. 新加坡：东南亚研究所，1980.

[4] （马）朱金涛．一百来年的吉隆坡华人寺庙 [Z] // 隆雪华堂．雪兰莪中华大会堂 54 周年纪念特刊．吉隆坡：隆雪华堂，1977.

[5] Evelyn Lip. Chinese Temple Architecture in Singapore[M]. Singapore: Singapore University Press，1983.

[6] David G. Kohl. Chinese Architecture in the Straits Settlements and Western Malay：Temples, Kongsis and Houses[M]. Hong Kong：Heinemann Educational Books (Asia)，1984.

[7] 梅青．中国建筑文化向南洋的传播——为纪念郑和下西洋伟大壮举六百周年献 [M]. 北京：中国建筑工业出版社，2005：3.

3. 2008 年至今

2008 年马六甲和槟城申遗成功后，建筑遗产保护开始受到更多的学者关注，有关马六甲、槟城华侨建筑的研究成果数量增多，华侨建筑研究领域参与力量也逐步增加。2009–2013 年，新加坡国立大学和马来亚大学联合工作室 (UM-NUS Joint Studio) 组织建筑系学生对马来西亚丁加奴、太平、怡保、麻坡等历史文化区的代表性传统店屋、排屋进行测绘和调查，并出版了相关书籍。❶

新加坡国立大学的陈煜通过长期对新加坡华侨建筑的调查与研究，分析解读了当地“华侨传统复兴式建筑”所蕴含的民族意识与中国性❷，特别是对大学校园、纪念建筑等华人公共领域的研究。如 2011 年发表《南洋大学校园规划与建筑设计》❸,回溯 20 世纪 50 年代新加坡南洋大学校园的选址与规划、建筑设计与建造过程，分析校园规划体现出新马华社思想中传统观念与现代性的并存，指出现代华社“中国意识”与“本土意识”的转变，以及追求的现代性和国际认同。Ronald G. Knapp 自 1965 年起就致力于中国乡村文化和历史地理学的研究。他在 2007–2009 年间走遍南洋各地搜寻 18 世纪末到 20 世纪初的华人建筑，2010 年出版的《Chinese Houses of Southeast Asia》❹是华侨建筑综合研究的重要成果，详细描述了建筑的历史沿袭、居住家庭的背景信息、建筑立面、室内布局及细部装饰，揭示了华人在东南亚的社会文化和生活环境。

新马华侨建筑领域的研究成果仍侧重于建筑艺术层面，研究重点从平面空间布局和细部特征转向建筑的立面构图元素的文化特征研究（图 0.1.1）。与此同时，从技术、保护与改造层面探讨华侨建筑的研究成果数量显著增加，从南洋华人传统社会民俗视角对华侨建筑生活层面的相关研究也取得长足的进展。❺相关华侨建筑材料的应用和营造技术的研究成果数量仍然较少，很少有学者再对华侨建筑的起源发展、选址与风水等方面做讨论（图 0.1.2，图 0.1.3）。

---

❶ 出版书籍包括 2009 年的《Shophouses and Vernacular Houses in Kuala Terengganu》、2010 年的《Returning Taiping：The Town of Tin》、2011 年的《Muar：Tributaries and Transitions》和 2013 年的《Encounters with Ipoh》等。

❷ 陈煜 . 新加坡华族传统复兴式建筑 [N]. 联合早报 . 2009-01-13（3）.

❸ 陈煜 . 南洋大学校园规划与建筑设计 1953-1980[J]. 华人研究国际学报，2011，3（1）：33-59.

❹ Ronald G Knapp. Chinese Houses of Southeast Asia[M]. Singapore：Tuttle Publishing，2010.

❺（马）李建明 . 马来西亚华人渔村产业变迁：以吉胆岛渔村为例 [C]；（马）陈耀威 . 木屋——华人本土民居 [C] 等 //（马）廖文辉 . 马来西亚华人民俗研究论文集，吉隆坡：新纪元大学学院，2017.

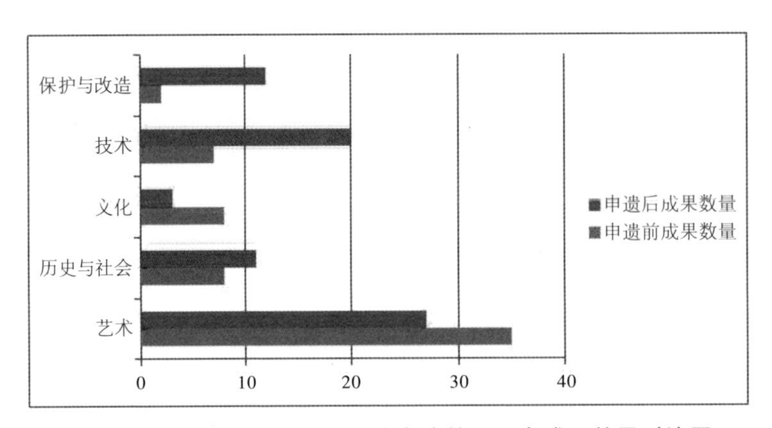

图 0.1.1 不同叙述层面涉及的申遗前后研究成果数量对比图

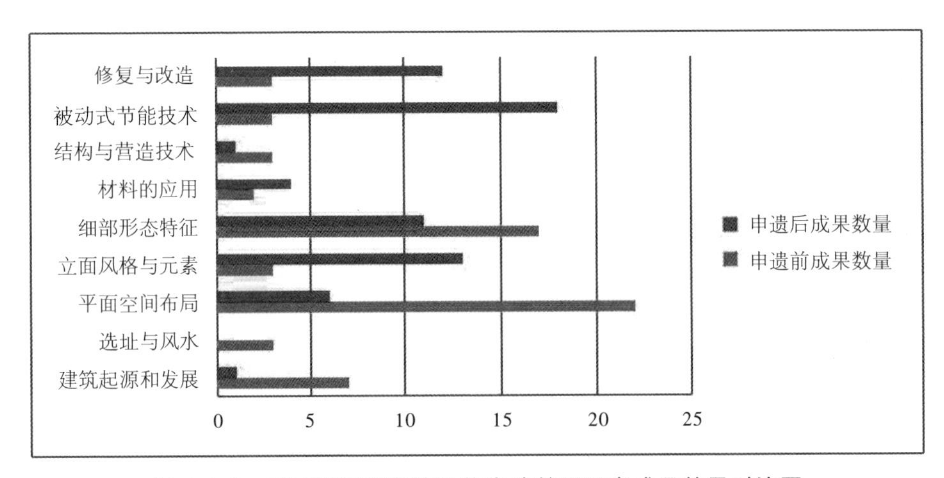

图 0.1.2 不同研究内容涉及的申遗前后研究成果数量对比图

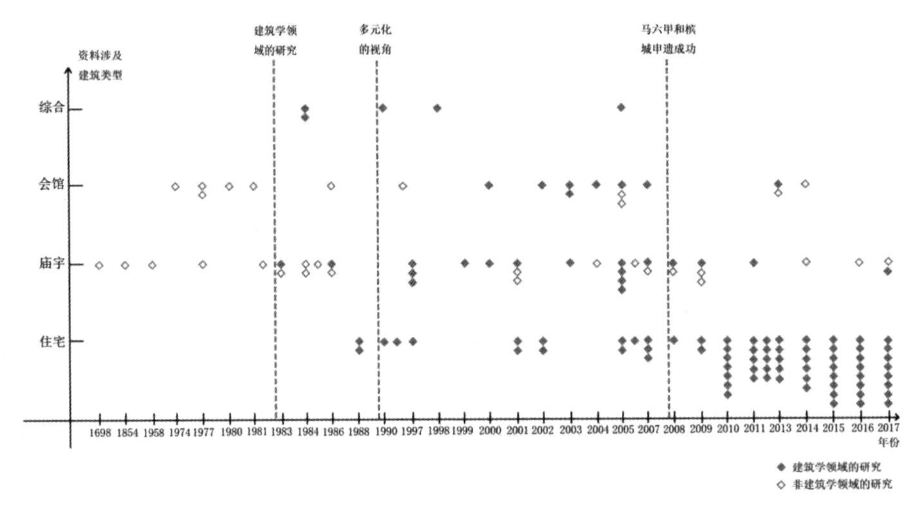

图 0.1.3 不同建筑类型的研究成果在时间上的分布图

（二）民居住宅研究

1. 商住店屋

商住店屋是新马华侨最常见的住宅形式，也被称为骑楼或五脚基等，具体案例的研究主要围绕马六甲、槟城、新加坡、麻坡、丁加奴、怡保、太平等地，关注商住店屋的历史沿袭、居住背景、立面风格、室内布设等内容。2010 年 Julian Davison 所著的《Singapore Shophouse》[1] 结合相关历史和建筑师背景,研究新加坡店屋的立面风格、装饰元素以及生活空间。立面风格演变是商住店屋研究的重点部分，包括对新马历史城市中不同时期的店屋立面风格进行分类，并概述了每个时期店屋的特征，也包括探讨历史社会、种族文化因素对店屋立面产生的影响。如 David G. Kohl 将商住店屋分为亚达店屋时期（1884 年前）、实用主义时期（1880s—1890s）、新古典主义时期 (1910s—1930s)、装饰艺术时期 (1930s—1940s) 以及战后现代主义时期 (1950s—1980s)，其后的研究对不同城市的店屋分类时间基本类似，分类时期的名称虽不全一致，但所代表的风格特征涵义差别不大。[2] 也有学者探讨以种族文化区分商住店屋立面风格样式。[3] 涉及细部特征、材料使用的研究成果以槟城店屋的研究最为深入，陈耀威建筑师于 2015 年出版了《Penang Shophouses: A Handbook of Features and Materials》[4],书中细致叙述了店屋随时间推移，各要素的变化与发展情况，不仅将店屋的屋顶、墙体、门窗、地板、楼梯间等细部的形式与材料特征逐一分类列举并配以清晰的图片，而且详细阐述了每种细部的形式特征、材料、空间形制等出现的时期。

2. 居住排屋

居住性排屋的研究经常与商住店屋一起出现，主要是具体案例的测绘分析，地域范围涉及马六甲、新加坡、太平和麻坡等地，选取的案例也分布在不同风格时期，主要侧重探究排屋背后的故事、平面布局、各部位形态特征和改造情况。很多成果也涉及排屋

---

[1] Julian Davison. Singapore Shophouses[M]. Singapore: Laurence King Publishing，2011.

[2] 2010 年 Julian Davison 所著的《Singapore Shophouse》中将新加坡店屋立面风格细分为：早期朴素风格（1840s-1870s）、第二代店屋风格（中国南方折衷风格 1840s -1890s）、古典主义风格（1880s-1890s）、巴洛克风格 (1890s-1910s)、爱德华巴洛克风格（1910s-1920s）、洛可可风格 (1920s-1930s)、后期的中国艺术风格、新古典主义风格、上海风格以及现代主义风格。

[3] 2007 年 ,Tze Ling Li 的文章将新加坡店屋立面元素根据种族文化分为“欧洲古典”、“中国”、“马来”、“其他”和“中性”等。Tze Ling L. A Study of Ethnic Influence on the Facades of Colonial Shophouses in Singapore：A Case Study of Telok Ayer in Chinatown [C]. // Journal of Asian Architecture and Building Engineering，2007.

[4] （马）陈耀威（Tan Yeow Wooi）. Penang Shophouses: A Handbook of Features and Materials[M]. 槟城：陈耀威文史建筑研究室，2015.

和店屋被动式节能技术的探讨和保护改造案例的描述。2005 年，《The Old Shophouses as Part of Malaysian Urban Heritage》❶ 一书中剖析了马来西亚旧城中心旧店屋的不良状况，强调问题主要来源于人们缺乏对旧店屋保护的意识，并透过都市美学的角度探讨了马来西亚店屋的构成与对城市的贡献和影响，肯定了传统店屋的保存价值。2014 年日本学者通过观察 8 个乔治市店屋案例的修复过程，记录下店屋的尺寸、各部分结构和材料，阐述正确地记录修复过程重要性。❷2016 年新加坡国大建筑系 Johannes Widodo 和 Wong Yunn Chii 在《Shophouse Townhouse Asian Perspectives》❸ 中收录了新加坡、马六甲、槟城店屋的保护与修复具体案例，同时也涵盖了部分改造的案例。

3. 独立式住宅

一般情况下，新马华侨大多都居住在店屋和排屋中，但部分华人富商会选择居住在独立式洋楼别墅。独立式住宅的研究成果主要侧重于新加坡和槟城两个城市，内容涉及独立式住宅的起源与发展，阐述外部形式特征和内部平面空间格局。1988 年 Lee Kip Lin 研究新加坡华人使用的独立式住宅，侧重从形式特征、平面布局和使用方式上对比华人和欧洲人使用的独立式住宅之间的区别。❹Robert Powell 在《Singapore Good Class Bungalow 1819-2015》❺ 中则是侧重概述对新加坡 bungalow 建筑风格的演变过程。作为出生于吉打双溪的海峡华人建筑师，Jon Lim 的研究侧重从建筑学角度通过图纸设计分析每一栋槟城独立式住宅，且多数涉及的是欧洲建筑师为华人设计的房子。❻ Norman Edwards 也是建筑学专业出身，侧重于从建筑学以外包括社会和文化等多角度分析解释新加坡独立式住宅的发展。❼

4. 院落大宅

在新马地区少数富有的、较有声望的华人会为自己建造具有中国地方传统建筑特征的院落大宅。院落大宅的研究成果主要集中在个案的研究，受现存案例较少的限制，

❶ Wan Hashimah Wan Ismail, Shuhana Shamsuddin. The Old Shophouses as Part of Malaysian Urban Heritage[C]. The Current Dilemma-8th International Conference of The Asian Planning Schools Association，2005.

❷ Chee Siang Tan, Wong Yunn Chii，Building Construction of Pre-war Shophouses in George Town Observed Through a Renovation Case Study[J] Journal of Asian Architecture and Building Engineering，2014.

❸ Wong Yunn Chii, Johannes Widod. Shophouse /Townhouse Asian Perspectives[M]. Singapore: Department of Architecture School of Design &Environment National University of Singapore，2016.

❹ Lee Kip Lin. The Singapore House 1819-1942[M]. Singapore：Times Editions，1988.

❺ Robert Powell. Singapore Good Class Bungalow 1819-2015[M]. Singapore：Talisman Publishing，2016.

❻ Jon Sun Hock Lim. The Penang House: And the Straits Architect 1887-1941[M]. Penang：Areca Books，2015.

❼ Norman Edwards. The Singapore House and Residential Life 1819-1939[M]. Singapore: Talisman Publishing Pte Ltd, 2017.

相关研究主要包括新加坡陈旭年宅、槟城张弼士宅和槟城郑景贵宅等，主要阐述建筑的历史变迁、平面布局、形式特征以及结构装饰，注重体现中西合璧的建筑艺术特点，同时将建筑的描述和历史人物的故事相结合。卢林玲理曾从事古迹保护与修复工作，通过多方采集古迹资料、口述历史、影像记录来呈现张弼士家族的概况，主要侧重的是蓝屋的修复工程及遗产保护意义。[1]陈耀威在郑景贵宅的保护修复过程中利用建筑测绘与旧地图的重叠“套读”方法，解读住宅建造时其背后的立意与动机。[2]对于已被拆除的潮州式院落大宅，Yeo Huijun Martina 和 Yeo Kang Shua 的研究通过查阅史料包括老地图、建筑平面、历史照片、报纸地契，分析或推测其建造时间、平面布局、历史面貌、结构特点以及改造情况，探讨传统院落大宅中西方元素出现的原因。[3]

（三）会馆建筑研究

1. 华侨总会馆

有关华侨会馆建筑研究主要集中于具体案例上，华人总会馆主要围绕雪兰莪中华大会堂的研究，史学方面的研究内容涉及其历史发展、重大事件、兴建与扩建过程[4]，建筑学研究内容包括建筑立面风格、内部礼堂的空间格局与结构、室内雕塑装饰以及场所空间意义的探讨，如张集强《隆雪华堂建筑史略》里收录了大会堂的建筑史略、兴建与变迁等史料，隆雪华堂的建筑遗产价值以及在各时代传承华人社会活动的无形文化价值；陈亚才《隆雪华堂会所之兴建与变迁 1923-2014》记录了隆雪华堂兴建过程出现的争议和难题、历史变迁以及当前修复重点等。[5]

2. 血缘会馆

对于血缘会馆建筑的研究主要围绕槟城五大姓公司展开，2003 年陈耀威《槟城龙山堂邱公司》[6]展开了血缘会馆建筑学方面的详细研究，探寻了邱公司的历史缘起、宗

---

[1] （马）卢林玲理（Lin Lee Loh-Lim）. The Blue Mansion: The Story of Mandarin Splendour Reborn[M]. Penang: L'Plan Sdn Bhd，2002.

[2] （马）陈耀威 . 甲必丹郑景贵的慎之家塾与海记栈 [M]. Penang: Pinang Peranakan Mansion Sdn.Bhd，2013.

[3] Yeo Huijun Martina，Yeo Kang Shua. Typical Chinese Residences of Late Nineteenth Century Singapore：a Case Study of the Four Grand Mansions（四大厝）[C]. 东亚建筑史国际会议论文，2017.

[4] 1977 年《雪兰莪中华大会堂庆祝 54 周年纪念特刊》、1982 年《回顾与前瞻：雪兰莪中华大会堂 58 周年堂庆纪念特刊》、1996 年《雪兰莪中华大会堂 72 周年纪念特刊：1923-1995》、1997 年《雪兰莪中华大会堂会所扩建竣工开幕暨 74 周年纪念特刊》、2002 年《苟利社稷全力以赴：雪华堂与华社风雨同舟八十载》、2004 年《雪兰莪中华大会堂八十周年堂庆纪念特刊：1923-2003》、2013 年《堂堂九十：隆雪华堂 90 周年纪念特刊》等。

[5] 隆雪华堂 . 堂堂九十：隆雪华堂 90 周年纪念特刊 [Z]. 吉隆坡：隆雪华堂，2013.

[6] （马）陈耀威 . 槟城龙山堂邱公司：历史与建筑 [M]. 槟城：槟城龙山堂邱公司，2003.

族结构，以及建筑群的布局变迁、形式特征及背后涵义。2014 年陈剑虹与黄木锦《槟城福建公司》[1] 详述了槟城五大姓公司的历史渊源、宗族组织与发展，以及其管辖的五间庙宇建筑的布局关系。其他姓氏宗祠的缘起、历史沿袭和相关典故都在各自的会馆纪念刊物上有所描述。[2]

3. 地缘与业缘会馆

有关地缘会馆的研究较少，主要在会馆纪念特刊，如 2003 年王琛发“槟城惠州会馆的建筑风貌”[3] 中指出惠州会馆建造技术特点，包括木构架、外立面以及空间处理手法。何培斌撰写“应和馆的建筑特色”[4] 分析了新加坡应和会馆的建筑布局、梁架柱子以及细部构件的形态特征。有关业缘会馆的研究主要集中于槟城鲁班古庙和庇能打金行，2004 年《鲁班古庙 120 周年纪念特刊》中的“槟榔屿鲁班古庙”[5] 回顾鲁班古庙的历史沿革，着重分析了建筑的平面布局和梁柱构件。陈耀威建筑师的“胡靖古庙史略”[6] 在简要分析打金行业的历史沿袭外，从平面格局、外观装饰、材料结构等方面对修建前的古庙建筑做了详细记录。

（四）庙宇建筑研究

1. 汉传佛教庙宇

关于汉传佛教寺庙建筑研究主要集中在新加坡佛教寺庙，2002 年方拥在“福建佛教丛林与新加坡双林寺的比较研究”[7] 一文展开新加坡庙宇与福建传统庙宇的对比研究，细述了天王殿、大雄宝殿和钟鼓楼的建筑特点及原乡建筑风格的影响。2005 年楚超超在“新加坡现代佛教建筑的发展”[8] 和“新加坡佛教建筑的传统与现代转型”[9] 两篇文章中以天福宫和莲山双林寺为例，总结了新加坡传统佛教寺院建筑发展演化脉络。

2. 民间信仰庙宇

现有民间信仰庙宇的专题研究主要围绕天福宫、广福宫、青云亭、柔佛古庙等重

---

❶ （马）陈剑虹，黄木锦 . 槟城福建公司 [M]. 槟城：槟城福建公司，2014.

❷ 如《槟城帝君胡公司 144 周年纪念特刊》、《槟城南阳堂叶氏宗祠 60 周年纪念特刊》、《马六甲植槐堂王氏宗祠 130 周年纪念特刊》、《雪兰莪叶氏宗祠 100 周年纪念特刊》等。

❸ （马）王琛发 . 槟城惠州会馆的建筑风貌 [Z]. // 槟城惠州会馆 180 周年纪念特刊 . 槟城：惠州会馆，2002.

❹ 何培斌 . 应和馆的建筑特色 [Z]. // 应和会馆 181 周年会暨庆大厦重建落成纪念特刊 . 新加坡：应和会馆，2003.

❺ （马）陈秀梅，魏金顺 . 槟榔屿鲁班古庙 [Z]. // 摘自鲁班古庙 120 周年纪念特刊，2004.

❻ （马）陈耀威 . 胡靖古庙史略 [Z].// 胡靖古庙庇能打金行 175 周年纪念特刊，2007.

❼ 方拥 . 福建佛教丛林与新加坡双林寺的比较研究 [J]. 古建园林技术，2002（2）.

❽ 楚超超 . 新加坡现代佛教建筑的发展 [J]. 东南大学学报，2005（35）.

❾ 楚超超 . 新加坡佛教建筑的传统与现代转型 [D]. 南京：东南大学建筑学院，2005.

点建筑进行。2001 年，王忠义在《新加坡天福宫建筑研究》[1]一书中除了介绍天福宫的历史沿革和供奉的神像外，还阐述了天福宫的平面布局、构件形态、细部装饰及象征意义。槟城广福宫的研究主要侧重于广福宫的主要神明、兴建扩建过程、建造时的风水考虑，以及风水变迁反映出的社会背景。[2]马六甲青云亭建筑的早期研究主要涉及建筑装饰艺术，如李荣苍“青云亭屋檐上失传的艺术”[3]等，2011 年，曾衍盛在《青云亭个案研究：马来西亚最古老庙宇》一书[4]中从青云亭历史沿革、早期华社组织，以及与莆田龟山福清禅寺渊源等方面展开研究，包括对青云亭平面布局变迁和建筑细部装饰的分析。

对柔佛古庙的研究主要围绕中国古建筑专家参加的保护修缮工程展开[5]，张驭寰在《对马来西亚柔佛古庙的勘察及年代鉴定》中详细描述了柔佛古庙的建筑平面、构造与结构、装修艺术方面，还列举了柔佛古庙体现的蕴藏宋代建筑风格的构件与细部等；马瑞田的《柔佛古庙修缮方案》从油画作、木作、瓦作、砌墙、地面几个方面概述了古庙各部位的具体修复方法。另外,《马来西亚天后宫大观》[6]中收录了马来西亚各州天后宫的地理位置、历史背景、兴建过程、室内摆设等基本信息。2017 年,《马来西亚霹雳怡保岩洞庙宇史录与传说》[7]展现了华人岩洞庙宇的调查成果,通过档案记录、报刊资料、关键人物口述等方式对庙宇简史、布局文物、供奉神明、历任主持等基本信息进行了系统整理。

（五）总结与展望

从早期华人南洋游记和西方人考察报告的相关历史与人文记载，到 20 世纪 80 年代开始由西方学者进行的综合性华侨建筑研究，其间还出现了大量相关建筑类型和具体案例的研究。在 2008 年马六甲和槟城申遗之后，华侨建筑研究得到多学科领域的普遍关注，特别是建筑遗产保护、历史建筑改造等方面出现了不少研究成果和实践案例。

---

[1] 王忠义 . 新加坡天福宫建筑研究 [M]. 未知出版社，2001.

[2] （马）王琛发 . 广福宫历史与传奇 [M]. 槟城：槟城州政府华人理事会，1999;（马）陈剑虹 . 广福宫与槟城华人社会 [Z] // 槟城凤山长庆殿天公坛建庙 140 周年纪念，1869-2009，2009.

[3] （马）李荣苍 . 青云亭屋檐上失传的艺术 [M] // 马六甲历史文化资料特辑，南洋商报马六甲办事处，1989.

[4] （马）曾衍盛 . 青云亭个案研究：马来西亚最古老庙宇 [M]. 马六甲：曾衍盛，2011.

[5] 柔佛古庙修复委员会 . 柔佛古庙专辑 [M]. 新山：新山中华公会、柔佛古庙修复委员会，1997.

[6] （马）苏庆华，刘崇汉 . 马来西亚天后宫大观（第一、二辑）[M]. 雪隆：海南会馆妈祖文化研究中心，2008.

[7] （马）陈爱梅，杜忠全 . 马来西亚霹雳怡保岩洞庙宇史录与传说 [M]. 北京：中国社会科学出版社，2017.

从研究对象看，华侨住宅建筑的研究成果最为丰富翔实，涉及建筑艺术、人文历史、建筑技术以及保护与改造等不同层面研究；有关庙宇和会馆建筑的研究数量相当，但是与人文历史、社会学等领域的成果相比较，在建筑学领域的研究深度还略显不足，例如华侨建筑的结构构造和材料使用是建筑学的重要研究领域，与造型装饰一样呈现出多文化相互借鉴与混合的情况，现有资料中这两个方面的相关研究较少。对于华侨建筑的整体综合研究主要由少数西方学者进行宏观整理论述，对此华人学者较少涉及。对于近代华侨建筑在东南亚传播交流的历史进程和发展脉络的整体建构还有待完善，也需要加强对其他族群建筑文化的研究，将华人建筑和当地不同族群的建筑放在一起进行综合研究，探讨当地的多元建筑文化交流、冲突和融合方式。

二、华人为主体的近代殖民城市——槟城

槟城（Penang）又称槟州，由槟岛（Penang Island）和马来半岛的威省（Province Wellesley）组成，槟岛也被称为槟榔屿，整个槟岛面积约 295 平方公里，是马来西亚最大的岛城，隔着槟威海峡与马来半岛相望（图 0.1.4）。槟城作为马来西亚华裔比例最高的州属，其首府乔治市（George Town）更是历史上华侨移民集中的殖民城市。乔治市位于槟岛东北部、马六甲海峡北口、槟榔屿海峡西岸，面积 23 平方公里，距大陆 3.2 公里。从 1786 年槟城开埠到 19 世纪末的持续移民发展，槟城华人的人口比重已超过城市总人口半数[1]，形成了稳定发展的华侨社会。

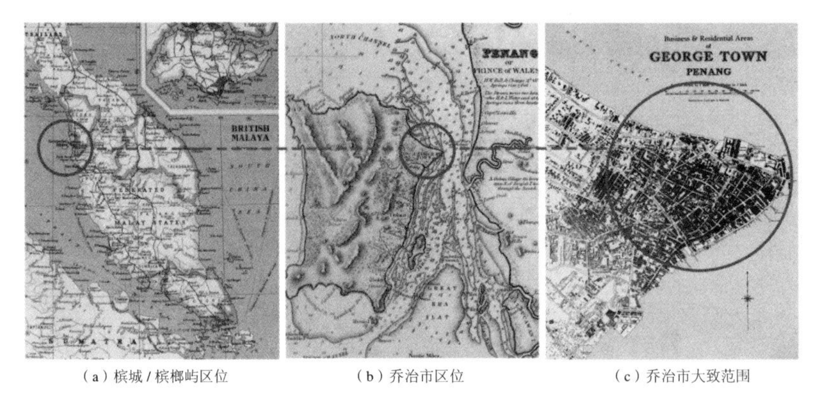

（a）槟城 / 槟榔屿区位　　（b）乔治市区位　　（c）乔治市大致范围

图 0.1.4　马来西亚槟城乔治市区位关系图

[1] Loh Wei Leng. Penang's Trade and Shipping in The Imperial Age: The 19th Century[C]. The Penang Story—International Conference, 2002.

关于槟城城市发展史的研究架构多以西方殖民政策与规划设计为主线，研究史料也主要涉及殖民档案与官方规划资料，如槟城市议会出版的《Penang Past And Present 1786-1963》❶以海峡殖民地时期为主要时间节点，探讨了槟城市政机构的建立、管理体制的诞生，以及城市消防系统的扩建等。乔治市世遗局出版的《George Town's Historic Commercial and Civic Precincts》❷记述了槟城商业区内主要殖民建筑、城市街道、跨国公司、官方码头等历史演变，能够看出西方人城市建设与规划层面的出发点与考虑。Marcus Landon 的著作《Penang the Fourth Presidency of India 1805-1830》❸主要记录槟城作为印度第四行省这一时期的历史，列入印度管辖后槟榔屿地位大大提升，成为连接欧洲、印度和中国的国际贸易网络中的一个关键角色。Khoo Su Nin 的《Streets of George Town Penang》❹和槟城世遗机构出版的《Traditional Street Names of George Town》❺则更多以多元视角解读槟城城市街道历史。这些槟城的研究对相关华侨史料运用较少，很难看出华侨在早期城市建设中的重要作用。

近年来海外华人学者逐渐关注到华侨移民在槟城殖民城市建设中的贡献，收集了丰富史料并从历史学、社会学等多学科展开研究。陈剑虹的《槟榔屿华人史图录》❻内容涵盖槟榔屿华人逾两百年的历史，从华人社会的早期移民与人口增长、社会组织、经济活动、政治取向、学校教育、宗教生活几个层面展开论述。中国台湾学者高丽珍在其博士论文《马来西亚槟城地方华人移民社会的形成与发展》❼中以地理学"脉络研究法"，按时间顺序梳理槟城地方动态变化下的社会体系，涵盖政治、经济、文化等社会因素，将槟城置于全球殖民拓张的视角下，宏观地看待槟城在欧亚交界地带受到的东西方文化冲击。张少宽著作《槟榔屿华人史话》❽与《槟榔屿华人史话续编》❾以华人

❶ The City Council of George Town. Penang Past and Present, 1786-1963: A Historical Account of the City of George Town Since 1786[M]. Penang: The City Council，1966.

❷ Langdon M. A Guide George Town's Historic Commercial & Civic Precincts[M]. Penang: George Town World Heritage Inc，2015.

❸ Marcus Langdon. Penang: The Fourth Presidency of India, 1805-1830 Vol.1: Ships, Men and Mansions[M]. Penang: Areca Books，2013.

❹ Salma Nasution Khoo. Streets of George Town, Penang[M]. Penang: Areca Books，2007.

❺ Lin Lee Loh-Lim. Traditional Street Names of George Town: Featuring 118 Streets within the George Town World Heritage Site (GTWHS) and Beyond[M]. Penang: George Town World Heritage Incorporated，2015.

❻ （马）陈剑虹 . 槟榔屿华人史图录 [M]. Penang: Areca Books，2007.

❼ 高丽珍 . 马来西亚槟城地方华人移民社会的形成与发展 [D]. 台湾师范大学地理学系，2010.

❽ （马）张少宽 . 槟榔屿华人史话 [M]. 吉隆坡：燧人氏事业有限公司，2002.

❾ （马）张少宽 . 槟榔屿华人史话续编 [M]. 槟城：南洋田野研究室出版，2003.

族群为脉络，内容涵盖槟城华人社会的寺庙、会馆以及华人领袖。马来西亚学者杜忠全的《老槟城路志铭·路名的故事》[1]以华人视角介绍了槟城 42 条街道的面貌、历史与命名由来。

以建筑学视角对槟城展开研究的代表有马来西亚当地建筑师陈耀威，在其著作中除了对槟城店屋风格材料[2]、华侨血缘会馆[3]和宅邸建筑[4]等方面的研究，另外在《城中城:19 世纪乔治市华人城市的“浮现”》[5]中提出槟城华人在殖民城市中配置公共建筑和店屋，在既成的格局上套用中国古代城坊模式，建构殖民城市中的华人“城中城”。Jon Sun Hock Lim 的《The Penang House and the Straits Architect 1887-1941》[6]介绍了 1887-1941 年间海峡殖民地的主要建筑公司和建筑思潮，整理了以欧洲建筑师设计为主的槟城豪宅、公共建筑等，通过设计图纸与建成实物对比，分析海峡殖民地时期的槟城建筑风格。这些槟城豪宅中不乏华人业主，通过这些案例分析也可看出上层社会的华人所追求的住宅样式和生活场景。

西方殖民者制定了东南亚殖民地的城市规划，如葡萄牙在澳门、马六甲等殖民城市规划了城堡炮台等防御军事、直街前地等城市路网、港口市场等贸易设施、教堂修道院等宗教建筑、市政厅仁慈堂等城市管理与组织机构，荷兰、西班牙、英国、法国等殖民者也都在其殖民地建立了相应的城市规划制度。近代海外华侨在西方主导的殖民地基本上属于被殖民的从属地位，正如美国社会学家孔飞力（Philip Kuhn）所言“殖民地早期的华人社会结构主要受两大因素制约，即，殖民统治的性质，以及和当地土著民族的关系。”[7]虽然近代海外华侨社会移植了闽粤侨乡传统的社会关系，如华侨会馆作为原乡宗祠、同乡会的海外延续，但在与原乡截然不同的殖民城市，海外华侨社会需要改变调整以适应殖民社会制度和复杂多元的文化宗教环境，并逐渐形成符合自身文化传统的华人社会空间。

相关的研究议题包括：在族群关系处理与西方殖民者以及土著民族之间的矛盾冲突

---

[1] （马）杜忠全 . 老槟城路志铭，路名的故事 [M]. 吉隆坡：大将出版社，2009.

[2] （马）陈耀威（Tan Yeow Wooi）. Penang Shophouses:A Handbook of Features and Materials[M]. 槟城：陈耀威文史建筑研究室，2015.

[3] （马）陈耀威 . 槟城龙山堂邱公司历史与建筑 [M]. 槟城：槟城龙山堂邱公司出版，2003.

[4] （马）陈耀威 . 甲必丹郑景贵的慎之家塾与海记栈 [M]. Penang：Pinang Peranakan Mansion Sdn Bhd，2013.

[5] （马）陈耀威 . 城中城：19 世纪乔治市华人城市的“浮现”[C]. Penang：Penang Story，2010.

[6] Jon Sun Hock Lim. The Penang House: And the Straits Architect 1887-1941[M]. Penang：Areca Books，2015.

[7] （美）孔飞力 . 他者中的华人：中国近现代移民史 [M]. 李明欢译 . 南京：江苏人民出版社，2016：70.

和交流融合；在殖民地经济竞争中建立自身的产业优势；在宗教信仰上与基督教、伊斯兰教等形成和谐共处的宗教关系；在社会组织上形成华人内部的团结互助并对外共谋发展；在殖民地公共生活中保持华人独立的文化传统等。这些社会文化、经济制度等的影响都映射在海外华侨社会的聚落形态、建筑类型、空间形式等方方面面。

本书分为以下几个部分：

导论为近代华侨建筑文化在东南亚传播交流的研究综述。首先是海外华侨建筑研究的意义，整理海外华侨在东南亚各地城市与乡村的发展建设中做出的贡献，探讨海外华侨在东南亚与侨乡建筑文化传播的源流关系与演变过程，总结近代华侨建筑在其移民、生存、适应和发展的衍化规律。新加坡与马来西亚是海外华侨在东南亚的重要聚居地，对新马华侨建筑的研究现状进行整体的梳理和回顾，以期发现研究过程中的问题及探寻未来的研究方向。

第 1 章为槟城近代殖民城市发展过程中华侨聚落的形成发展。主要结合中外史料中相关槟榔屿的记载和早期殖民政府绘制的城市地图，分析开埠初期华人的拓荒建设以及规划政策下华人聚落从初创到成型的过程。英国人殖民管理模式以“族群分区而治”并在城市规划上有明确的居住分区设置。西方人占据区位环境更好的滨海地段，其余族群则各自形成聚落。伴随着华侨移民大规模迁移定居，城市逐渐向南、向内陆扩张。到 19 世纪末华人街区拓展到除西方殖民者之外的城市大部分区域，为殖民城市提供各种日常经营服务。马来人、印度人等依然保持相对独立的族群社区，并融入华人街区成为城市中的散布聚落，从而形成相互包容与共存的殖民城市格局。

第 2 章为槟城华侨建筑类型的分析整理。以往的研究从功能类型上看，住宅民居、会馆建筑和庙宇建筑是东南亚华侨建筑的重要类型。当然，这些之前的研究分类并没有涵盖种类丰富的华侨建筑，如沿海临水的华人水上屋，遍布各地村落、结构简易的木屋民居等。根据现有调查资料，从建筑功能大类来区分，可以分为居住建筑、公共建筑、商业建筑等类型。其中，华侨居住建筑可分为乡村木屋、水上屋、孟加楼（Bungalow）、居住排屋、商住店屋、院落大宅、洋楼别墅等居住类型；华侨公共建筑可分为庙宇、会馆、学校、医院、娱乐场所等主要建筑类型；华侨商业建筑可分为市场、商贸公司、银行、餐饮及旅社等主要类型；还有华人义山、纪念建筑等其他建筑类型。

第 3 章为槟城华侨会馆类型与建筑特征。近代槟城华人社会是由诸多方言群组织而成的移民社会，长期以来，会馆组织才是隐藏在华人社会中的主导力量，来自中国闽粤两省的华人移民在地缘，血缘，业缘以及秘密会社的基础上，构建一个交织复杂的殖民地华人社会网络。至19世纪末期，槟城华侨社会重新建立超帮权的领导机构，打破狭隘的宗乡观念和帮权意识，维护整体华社的利益，平章会馆（Penang Chinese Town Hall）成为槟城华人社会跨帮权的领导组织。在城市区位上，平章公馆与广福宫毗邻位于乔治市华人聚落的地理中心，与广福宫共同形成华人重要的公共领域，凸显其联合帮群的重要地位。

第4章为槟城华侨的宗教信仰与庙宇建筑。华侨移民漂洋过海，在家乡祭拜的神明便被带到南洋，早期下南洋的华人往往先建立寺庙而后创建会馆，提供精神寄托与心灵慰藉，并维系故土的情感。1800年福建广东两省华侨合创了广福宫，是槟榔屿最早的民间信仰寺庙，不同地域帮群也在各自的聚集区建立自己的信仰中心，体现出华侨宗教生活中不同的信仰层级，通过宫庙的建造创建新的家园意识。在近代槟城多元纷杂的宗教环境，华人民间信仰与基督教、伊斯兰教、印度教等各族群最重要的宗教场所都集中于槟城最为宽阔的街道椰脚街一带，凸显出多元文化的包容与开放，被称为“和谐之街”（Street of Harmony）。

第5章为槟城华侨家族的聚落与建筑形态。在中国传统村落中聚族而居习惯由来已久，重视族人互帮互利的家族传统，随着华侨家族大规模地移民南洋，在侨居地建立起家族聚落，兼具原乡与侨居地的社会文化特征，如福建五大姓公司、海墘街姓氏桥和大路后相公园等。自19世纪20年代起，福建五大姓家族先后在乔治市牛干冬街至社尾街一带建立了各自的公司聚落，聚落以宗祠为中心，由外围的街屋围绕成极具封闭性的家族聚落形态。

第1章

槟城城市发展与华侨聚落

1.1 近代华侨在马来西亚发展

1.1.1 马来西亚地理与人文环境

马来西亚位于东南亚区域的中部、赤道北部，介于大陆东南亚与岛屿东南亚的交汇处，纬度介于北纬1°—7°、经度介于东经97°—120°之间。其领土由位于马来半岛的西马来西亚（简称西马）及婆罗洲北部的东马来西亚（简称东马）组成。马来半岛西南面对马六甲海峡，与印度尼西亚的苏门答腊隔海相望，南部与新加坡毗邻，北部与泰国接壤。全国共十三个州，包括西马的柔佛、马六甲、森美兰、雪兰莪、霹雳、吉打、玻璃市、槟榔屿、吉兰丹、登嘉楼（旧称丁加奴）和彭亨十一个州，以及东马的砂拉越（旧称沙劳越）和沙巴两个州。

在地形方面，马来半岛沿海地区大都是平原，河流众多，中部内陆则是热带雨林的高原山脉，被茂密的森林所覆盖交通不便，早期移民多居住于沿海和港口地区。在气候方面，马来西亚因靠近赤道，气候潮湿炎热，全年高温多雨，四季不分明，属于热带雨林气候。每年11月到次年3月是东北季风，5月到9月是西南季风。优越的地理气候条件造就了马来西亚多样化的植物资源，盛产各种名贵树木、香料等，以及橡胶、可可、棕油等经济作物。在矿产资源方面，马来西亚的锡、铁、石油等的储量也十分丰富。

马来西亚独特的地理位置使之成为来往东西方海上交通的必经之地，在国际贸易中占据重要地位。经过东南亚的古代海上丝绸之路有三条线路，三条航路都与马来半岛或婆罗洲有密切关系（图1.1.1）。第一条航路穿过马来半岛北部，第二条航路经过马来半岛南部和西部，第三条航路经过婆罗洲。北部的克拉地峡和南部的马六甲海峡分居第一条和第二条商路的要冲，季风气候使商船需要停靠在马来半岛口岸，加上马来半岛的物产和马来人的航海技术，使这一地区成为海上丝绸之路的通道、中转站和商品交易中心。[1]

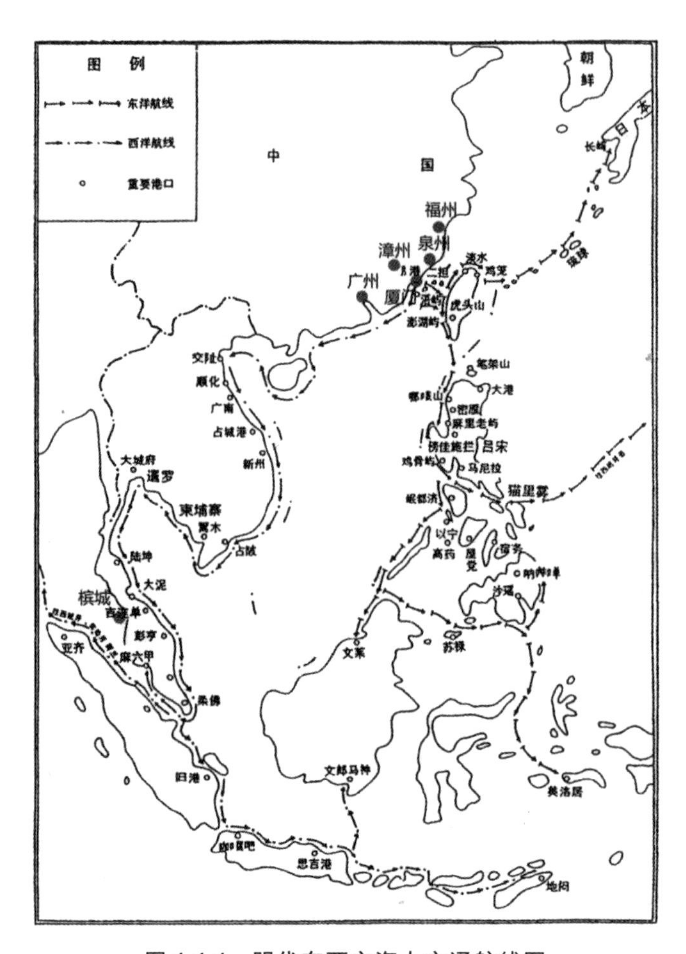

图 1.1.1　明代东西方海上交通航线图

海上交通的重要地理位置使马来西亚成为东西文化交汇碰撞之处，廖文辉在《马来西亚历史文化之总体发展趋势》中认为："如果要总结这几千年马来西亚（Malaysia）历史文化的发展特征，一言蔽之曰对异文化异民族的应对与融合。"[2] 从早期公元前后到14 世纪的印度化影响，到 15 世纪初郑和下西洋，马六甲王国与中国明朝建立了藩属关系；之后，伊斯兰教传入马六甲王国；16 世纪初在开辟通向东方航线的欧洲殖民者进入

[1] 范若兰，李婉珺，（马）廖朝骥 . 马来西亚史纲 [M]. 广州：世界图书出版广东有限公司，2018：2.

[2] （马）廖文辉 . 马来西亚史 [M]. 吉隆坡：马来亚文化事业有限公司，2017：1.

东南亚；1511年葡萄牙入侵马六甲，马六甲沦为葡属殖民地；1641年荷兰取代葡萄牙，马六甲沦为荷属殖民地；1786年槟榔屿成为英国殖民地；1795年英国击败荷兰占领马六甲；1819年英国东印度公司在新加坡建立商站；1826年槟榔屿、马六甲和新加坡合并为英国海峡殖民地；1888年婆罗洲的沙捞越、北婆罗洲和文莱成为英国保护地；1896年雪兰莪、霹雳、森美兰和彭亨四邦合并为英属马来联邦，首府设于吉隆坡；1914年柔佛和北部四州组成英属马来属邦。1906年，海峡殖民地总督弗兰克·瑞天咸自信地写到“英国人的马来亚”。[1]英属马来亚包括：海峡殖民地、马来联邦、马来属邦和婆罗洲的三个保护地。至1957年马来亚联合邦独立，殖民地时代结束。1963年马来西亚联邦建立，1965年新加坡退出马来西亚联邦，成立新加坡共和国。

早期的海上贸易与16世纪之后西方殖民地开发，在每个时期都出现不同种族的移民在马来亚定居发展，也带来了各种独特的文化与宗教的传播。早期印度化时期是来自南亚的婆罗门教和佛教的传入。15世纪随着郑和船队，华人来到马六甲。之后来自阿拉伯、波斯、印度的穆斯林商人成为海上丝绸之路的主要力量，将伊斯兰教传入马来半岛。欧洲殖民者开发马来半岛殖民地，除了原住民马来人，大量的华人和印度人等外来移民形成了马来亚多种族社会。

在宗教信仰上体现出的是多样性和复杂性，“所有马来人都是穆斯林。虽然其他土著居民已经接受了伊斯兰教或基督教，不过依然有很多人保持着他们的土著信仰。一些华人是穆斯林，但大多数人信奉的是儒教、道教、基督、佛教或上述宗教的混合物。印度教和基督教在马来西亚印度人中很普遍，他们中只有少数人是穆斯林。”[2]马来亚多元种族社会主要由原住民、华人、印度人和欧洲人构成，这是一个隔离的而不是融合的社会，每个族群有自己的语言、文化和宗教，各族群趋向于族内联系，很少与外族打交道。英国当局按“马来人”、“华人”、“印度人”划分实行分而治之的政策，有助于弱化族群内部的界限，但加剧和固化了族群间的隔离。[3]

1.1.2　华侨移民的经济社会关系

据史籍记载，中国与马来西亚的接触最早可追溯到唐代，中国史书《宋书》中有

[1] （美）芭芭拉·沃森·安达娅，伦纳德·安达娅．马来西亚史[M]. 黄秋迪译．北京：中国大百科全书出版社，2010：241.

[2] （美）芭芭拉·沃森·安达娅，伦纳德·安达娅．马来西亚史[M]. 黄秋迪译．北京：中国大百科全书出版社，2010：7.

[3] 范若兰，李婉珺，（马）廖朝骥．马来西亚史纲[M]. 广州：世界图书出版广东有限公司，2018：285.

多处记载中国与马来半岛的来往。元代汪大渊的《岛夷志略》谓“男女兼中国人居之”被认为是第一次以文字明确记载新加坡住有华侨。[1]到了明代，郑和下西洋不少华人滞留马六甲，随行的马欢在《瀛涯胜览》记载满剌加（马六甲）风俗淳朴，描写当地的建筑风貌“房屋如楼阁之制，上不铺板，但高四尺许之际，以椰子树劈成片条，稀布于上，用藤缚定，如羊棚样，自有层次，连床就榻盘膝而坐，饮卧厨灶，皆在上也”。[2]1613 年葡萄牙统治马六甲时，传教士艾勒迪亚（Emanuel Godinho De Eredia）所绘的马六甲地图上有中国村、中国渠、漳州门等名称，估计马六甲已经有数百名华人居留（图 1.1.2）。

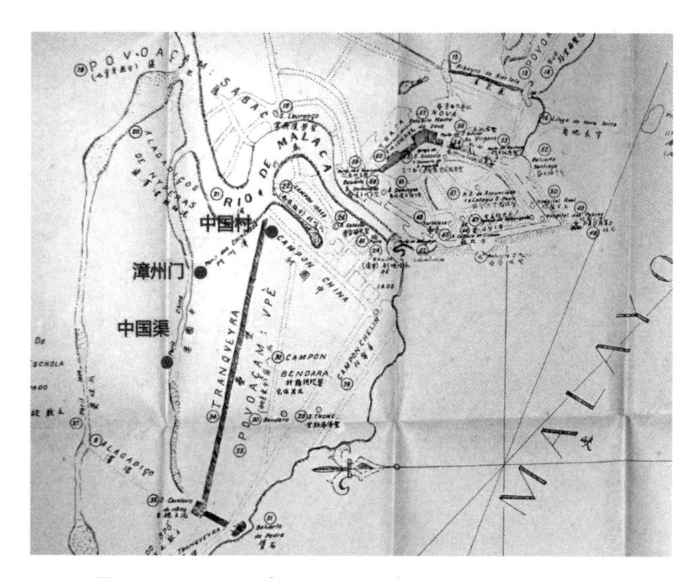

图 1.1.2　1613 年马六甲历史地图中的华人聚落

由于地理的关系，中国与南洋一带的交通有史以来即以海路为主，但早期的移民数量较少，大量的华人移民潮出现在鸦片战争之后，华侨作为廉价劳工被大批诱拐到东南亚西方殖民地，此为近代华侨出国的第一次高峰期。到 20 世纪 20—40 年代，世界市场对热带资源如橡胶、锡的需求量激增，使东南亚经济出现了短暂的景气，尤其是种植园和矿山需要大量劳动力，华南沿海诸省华侨出国人数迅速增长，这一时期为第二次出国高峰期。华侨南移主要包括内在动因和外在吸引力，内在动因是近代中国

---

[1]（马）廖文辉．马来西亚史 [M]．吉隆坡：马来亚文化事业有限公司，2017：264.

[2] 冯承钧．中国南洋交通史 [M]．北京：商务出版社，2011：189.

情势内忧外患，华南沿海广东福建人多地少，为生计所迫，很多华人往海外逃亡避难，同时华人本身也具有冒险精神和善于应变的求生能力。外在吸引力主要是指马来西亚物产丰富，环境利于发展，加上西方殖民者采取的相关政策对华人劳工的吸引。

20 世纪初马来亚的华人人口迅速增长，到 1911 年，马来亚包括海峡殖民地的总人口 267.28 万，马来人占总人口的 53.8%，华人占 34.2%，印度人占 10%；随着华侨新移民的不断涌入，1921 年，总人口增加到 335.8 万，马来人所占比重降到不足一半，为 49.2%，华人增加到 35%，印度人增加至 14%；到 1941 年太平洋战争爆发之前，华人成为马来亚人口最多的族群，比重达到 43%，马来人退居第二，为 41%，印度人 14%，其他人包括欧洲人只占 2%（表 1.1.1）。

马来亚（包括海峡殖民地）各民族人口数（单位：1000 人）　　表 1.1.1

	1911	1921	1931	1941	1947
马来人	1437.7（53.8%）	1651（49.2%）	1962（44.7%）	2278.6（41%）	2543（43.5%）
华人	916.6（34.2%）	1174（35%）	1709（39%）	2379.2（43%）	2614（44.7%）
印度人	267.2（10%）	471（14%）	624（14.2%）	744.2（14%）	602.3（10.3%）
其他	51.2（2%）	60（1.8%）	89.9（2.1%）	109.1（2%）	87.7（1.5%）
总人口	2672.7	3356	4384.9	5511.1	5848.0

注：人口总数按分项累加对原数据进行相应调整。

据《马来西亚史纲》研究，近代马来亚殖民经济的发展，形成了三重经济结构，西方人经济、外来移民经济和原住民经济。西方人处于经济结构的顶层，有政府作后盾和庞大资本，建立较大规模的贸易公司、种植园、矿场、银行，控制进出口贸易，有的行业实行垄断经营；华人作为外来移民位于中层，经济投资范围较广，包括商业、制造业、矿业、制造业和金融业等，但华人资本较小，大都处于中间环节或零售环节，制造业主要是日用消费品生产等；原住民位于底层，保持传统经济产品和经营方式，以家庭为单位，从事稻米种植，少数种植橡胶、甘蔗等经济作物。[1] 从 1947 年马来亚华侨职业分类表看（表 1.1.2），华侨从事的行业非常多，人数最多的农业占 36.51%、商业及金融占 18.92%，其他比重较为分散；但是从占行业总从业人口比重看，在农场从事农业的比重只占 29.82%，在城市中从事商业及金融、娱乐、制造业等领域占有绝对优势，从食品饮料、机器舟车、陶砖玻璃，一直到建筑装饰等，矿区的采矿业也占到 74.54%，

[1] 范若兰，李婉珺，（马）廖朝骥．马来西亚史纲 [M]. 广州：世界图书出版广东有限公司，2018：137.

可以看出华人在殖民地，主要在城市中从事商业、制造业和服务业等，也有很多人在种植园从事农业，以及矿区采矿业。

1947 年马来亚华侨职业分类表（单位：人） 表 1.1.2

	马来亚联合邦	新加坡	合计	占华侨总就业人数	占该业总从业人数
渔业	18004	3104	21108	2.16%	32.39%
农业	335734	21725	357459	36.51%	29.82%
纺织业	472	305	777	0.08%	16.71%
瓦斯、水、电	768	173	941	0.09%	17.72%
采矿业	35300	1176	36476	3.73%	74.54%
陶砖玻璃业	1738	1040	2778	0.28%	72.68%
化学品、油漆制造业	1055	1023	2078	0.21%	77.02%
金属物、机器、舟车、珠宝的制造与修整	25765	16730	42135	4.30%	80.47%
皮革制造业	194	252	446	0.05%	87.62%
服装制造业	10915	7702	18617	1.90%	80.15%
食品、饮料及烟草制造业	14294	5958	20252	2.07%	63.86%
木器制造业	20561	8860	29421	3.01%	57.81%
纸制业	2833	3290	6123	0.63%	73.65%
建筑装饰业	10214	6685	16899	1.73%	80.07%
其他制造业	6895	7008	13903	1.42%	83.45%
运输及交通	26864	36466	63330	6.47%	56.44%
商业及金融	117063	68163	185226	18.92%	72.31%
公务人员	13201	17422	30623	3.13%	18.26%
自由职业	11440	5702	17142	1.75%	65.12%
娱乐业	4273	2836	7109	0.73%	60.68%
私人业务	55993	36748	92741	9.47%	68.67%
未定	3327	10101	13428	1.37%	73.46%

在华人族群的内部分为多个方言帮群，主要有福建人（以闽南人为主）、广府人、潮汕人、客家人、福州人、海南人和海峡华人等。相比较，福建人主要从事商业，在银行业、运输、国际贸易、房地产、建筑等行业占据主导地位；潮汕人最初从事甘蜜、甘蔗等种植，还从事海产贸易，进而在生活必需品方面的国际贸易中占主导地位；广府人主要从事手工技术工作，以制造家具、皮革、修理钟表、黄金冶炼、珠宝制造，并以开药房和餐饮著称；客家人主要在锡矿和种植园从事体力劳动；兴化人和福清人主要

在自行车、零配件等行业占据优势；而海南人主要充当欧洲人的仆人，后来在面包店和咖啡店占优势。[1] 海峡华人，也叫峇峇华人，是指在较早时，或说 20 世纪之前在海峡殖民地土生土长的华人，马六甲最早形成这样的族群，后来发展到槟城和新加坡等地。海峡华人以受英文教育为主，保留了某些中国旧传统，但是时间久远与中国没有联系，生活习惯有些倾向马来族群的土生化，他们把自己称为“峇峇一族”，区别于后来从中国南来的移民（新客）。[2]19 世纪出生于海峡殖民地的宋旺相、伍连德和林文庆一起被誉为“海峡华人三杰”，后者为厦门大学第二任校长。

1.2　槟城开埠与华侨拓殖

中国与槟榔屿的交往追溯甚远。槟榔屿此地理名词最早出现在明代永乐年间成书的《郑和航海图》（图 1.2.1）中。15 世纪中国航海手册《顺风相送》中就记载昆崙山“东北二十五托，有槟榔屿”[3]，可见当时已有中国船只通航。而历史学家公认的槟城历史开始于 1786 年法兰西斯莱特上尉（Captain Francis Light）[4] 占有槟岛。

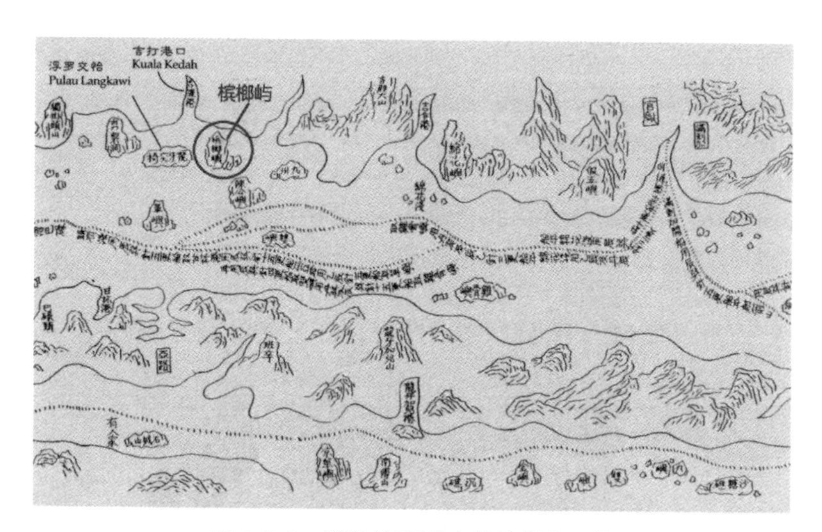

图 1.2.1　郑和航海图中的槟榔屿区位

---

[1]（马）游俊豪．广东与离散华人：侨乡景观的嬗变 [M]. 广州：世界图书出版广东有限公司，2016：50-51.

[2]（马）谢诗坚．槟城华人两百年 [M]. 槟城：韩江学院、韩江华人文化馆，2012：107-108.

[3] 不著编著者名氏，向达校注．两种海道针经 [M]. 北京：中华书局，1961：35.

[4] 莱特于 1740 年出生在英国萨福克郡（Suffolk），1765 年开始在英国东印度公司工作。他以泰国普吉岛为基地，成功说服吉打苏丹割让槟榔屿给东印度公司，作为英国商船来往于印度与中国之间的避风港。1794 年 10 月 21 日莱特病死于疟疾。

1.2.1 殖民城市选址

从 17 世纪开始，英国介入欧洲列强海外争夺，并以东印度公司“贸易”的名义，在本土之外建立殖民地，不论是英国还是荷兰的东印度公司，共同的特点是政府用军事力量保护殖民地公司的发展。为了在马六甲海峡寻求一个根据地，以抗衡荷兰（马六甲、印尼殖民者）与法国（越南、柬埔寨殖民者）之势力，莱特代表东印度公司向吉打苏丹取得槟榔屿，成为东印度公司在远东的第一个桥头堡。槟岛地处马六甲海峡的北端，坐落在马来半岛西北海岸外，由海峡分开，海峡最小宽度为 4 公里，向北可到泰国西南岸的普吉岛，向南可到霹雳、雪兰莪和马六甲，隔着马六甲海峡对岸为苏门答腊北部的重要港口亚齐，槟城位于这些港口的中间，海上交通非常便利。马来人把槟岛东北角称作“丹绒”（Tanjong），后来将马来文直译为“Pulau Pinang”。槟岛略呈南北椭圆形，状如槟榔，华人常常称之为槟榔屿。

在选址过程中，莱特便充分考虑与中国贸易来往，槟城的位置可以控制马六甲海峡的航运要道，以保护去中国的贸易航线。1786 年 6 月 25 日，莱特与东印度公司商议时记载：“是岛（槟榔屿）位于北纬五度二十分，有良港在其东，水量颇深，土质柔软，其北端入口处，宽不及一哩，可筑堡垒于本岛或大陆上，以资防御。……船只由兹往中国，颇称利便，且马六甲所有各物，此地亦应有尽有。马来人，武吃人及华人皆将移居于此，若不课以税率，加以限制，且将成为东方之大贸易场矣。”[1] 在与沙冷岛（泰国普吉岛）对比时提及：“政府本欲得一军港而兼商港之地，则槟榔屿固胜于沙冷……且在沙冷船只来往中国，不若在槟榔屿之利便。”可以看出殖民者对于中国贸易的重视，并将与中国通航之利便作为商港的选址考量，可以说在槟城开埠前，便与中国有着无形而紧密的联系。

1786 年 8 月 11 日，莱特认为“正式占领是岛之良机已至”，率众举行升旗典礼，宣布槟榔屿“今名威尔士太子岛，……以供不列颠东印度公司之用。”[2] 正式确认对槟榔屿的殖民统治。英国在海外建立殖民地，是以王室的名义进行的，王室在海外殖民扩张、统治中发挥了重要作用。[3] 故莱特命名威尔士太子岛（Prince of Wales’ Island）是为致意英王乔治三世的太子诞辰。同时将所建的城市命名为乔治市（George Town），则是

---

[1] 书蠹（bookworm）. 槟榔屿开辟史 [M]. 顾因明，王旦华译 . 台北：台湾商务印书馆，1970：30.

[2] 书蠹（bookworm）. 槟榔屿开辟史 [M]. 顾因明，王旦华译 . 台北：台湾商务印书馆，1970：59.

[3] 张顺洪 . 英国殖民地公职机构简史 [M]. 北京：中国社会科学出版社，2018：14.

以英王乔治名义命名。顾因明在《槟榔屿开辟史》中考证西方人又称槟榔屿为远东之珍珠（Pearl of the Orient）、远东之珠宝（Gem of the Eastern Sea）或东方之乐园（The Eden of the East），足见西方人对槟岛之重视。1800 年，英国东印度公司更租占槟岛对岸马来半岛上的威斯利省（Province Wellesley），以清除在海峡附近出没的海盗，华人称为威省或北海。

1.2.2　华侨移民发展

据研究槟城开埠前，岛上人迹罕至，只有渔民 58 人，其中三人有张理、丘兆祥及马福春，死后化身为当地信仰的“大伯公”。[1] 据黄裕端研究，在以槟城为中心的经济区域，福建商人是华商群体中不可或缺的组成部分。最晚在 15 世纪即与东南亚居民建立起长远和紧密的贸易关系。在槟城早期移民当中，部分个人和家族就是来自这一不断迁移的福建社群，他们构成了岛上的商人与资本家群体。[2] 作为新兴的自由贸易港，槟榔屿外来华侨移民不断，莱特日记中记载其登岛后各方族群的造访。1786 年 7 月 18 日，“一小艇来自吉打，Captain China 为其司令，并有印度基督教徒乘客数人，亦携有渔网一具。”[3] 文中 Captain China 据研究即为华人首领辜礼欢 [4]，“渔网外交”也是莱特登岛后最早关于华人主动来往的记载。

在莱特登岛的两年后（1788 年），华人人口已达到 425 人，约占当时总人口三分之一（表 1.2.1）。捷足先登的辜礼欢成为槟榔屿第一任华人甲必丹 [5]，因其协助莱特开辟槟榔屿、功绩卓越而深受英国资本家与殖民官僚的器重。辜礼欢祖籍漳州海澄，最早徙居暹罗，再移入吉打，后至槟城，在东印度公司开辟槟榔屿时，辜家以种植、贸易为主业，成为富甲一方的华人领袖。1807 年，辜礼欢被委任槟城道路委员会（Road Committee）[6] 成员，正式开启华人参政序幕。

---

[1]（马）谢诗坚 . 槟城华人两百年 [M]. 槟城：韩江学院、韩江华人文化馆，2012：7.

[2]（马）黄裕端 . 19 世纪槟城华商五大姓的崛起与没落 [M]. 陈耀宗译 . 北京：社会科学文献出版社，2016：30.

[3] 书蠹（bookworm）. 槟榔屿开辟史 [M]. 顾因明，王旦华译 . 台北：台湾商务印书馆，1970：55.

[4]（马）谢诗坚 . 槟城华人两百年 [M]. 槟城：韩江学院、韩江华人文化馆，2012：31.

[5] 华人甲必丹或简称为甲必丹，是葡萄牙及荷兰在印度尼西亚和马来西亚的殖民地所推行的侨领制度，即是任命前来经商、谋生或定居的华侨领袖为侨民的首领，以协助殖民政府处理侨民事务，“甲必丹”即是荷兰语“kapitein”的汉语音译，本意为“首领”。

[6] 1807 年槟城道路委员会成立，对车辆进行注册、收费，规划管理道路修建。

1788 年 12 月槟城人口统计（单位：人） **表 1.2.1**

欧洲居民	19
罗马天主教居民	199
朱利亚人（印度人）与马来人居民	429
华人居民	425（32.4%）
农业居民	240
总人数	1312

1794 年 1 月 25 日，莱特上书印度总督的公文信件中提到："华人最堪重视，男女老幼约三千人，凡木匠、泥水匠、铁匠皆属之，或营商业，或充店伙，或为农夫，常雇小艇，远送冒险牟利之徒于附近各地。因华人以兴利，可不费金钱，不劳政府，而能成功。故得其来，颇足自喜。"莱特信件反映了 1788 年到 1794 年间，槟榔屿华人人口增长到 3000 人，同样说明了开埠初期华侨移民已渗透至槟榔屿各行各业，积极寻求经商和就业机会，并以勤劳和节俭获得殖民者的欢迎与重视。事实上，西方人更将中国人的迁移速度和人口数量当作衡量地方经济的可靠指标。随着欧洲人带来商业法律与契约制度，一部分华人成为最能适应市场经济的"本土商人"。

除了自发南下谋生的侨民，槟榔屿英殖民当局也直接从中国诱引劳工前往，并在 1805 年正式成立招募华工的机构。他们从中国招引劳工的方法有两种，一是由英国东印度公司驻广州商馆招募，二是委托槟榔屿的华侨甲必丹回中国代办召集。殖民当局根据印度总督的训令定制了一个从中国有计划、有组织地运送契约工人出洋的方案，规定将中国劳工先集中于澳门，再用葡萄牙的船只运送，以避免与当时海禁的中国政府发生摩擦。[1]大量增长的华侨移民也受到殖民政府的重视，1881 年西方人在大人关（Downing Street）设立华民护卫司（Chinese Protectorate）[2]，负责检查契约劳工入境（图 1.2.2，图 1.2.3）。

契约劳工每年大量地向槟榔屿输送，在 1842 年槟城的华人人口已达 9715 人，1851 年增加到 15457 人，1860 年代人口略微下降。1871 年华人人口增加到 24055 人，1891 年达 64327 人，由于契约劳工的涌入使槟榔屿华侨 20 年间增长了 40272 人，同比增长 167%，19 世纪末华人人口比重超过槟城总人口 50%，已成为槟榔屿最主要的

[1] 林远辉，张应龙．新加坡马来西亚华侨史 [M]. 广州：广东高等教育出版社，2008：99.

[2] 1877 年，海峡殖民地政府颁布《华人移民法令》（Chinese Immigrants Ordinance），并在新加坡成立华民护卫司署，由毕麒麟（W. Pickering）担任首任华民护卫司，对华侨进行全面有效的管理。

族群（表 1.2.2）。

以青年男性为主契约劳工的输入也引发了槟城华人人口的性别不平衡现象，1881 年槟城华人男女比例为 7∶3，19 世纪末期英国殖民者放开女性移民管制后才逐渐得以改善，到了 1947 年后勉强为 5.5∶4.5 的比例。[1]1933 年外侨法令实施后，华侨移民趋向停滞，本地华裔定居人口随之更为稳定，并且适度地成长，直到 1941 年太平洋战争爆发。[2]比较常见的华侨家庭是侨眷留在国内，而华侨只身在海外；也有很多是侨眷一起到海外，也存在国内和海外都结婚生子、两头都有家庭的情况，被称为“两头家庭”，其海外配偶一般是当地土著妇女。

槟榔屿华人人口增长表（1794—1901 年）（单位：人）　
表 1.2.2

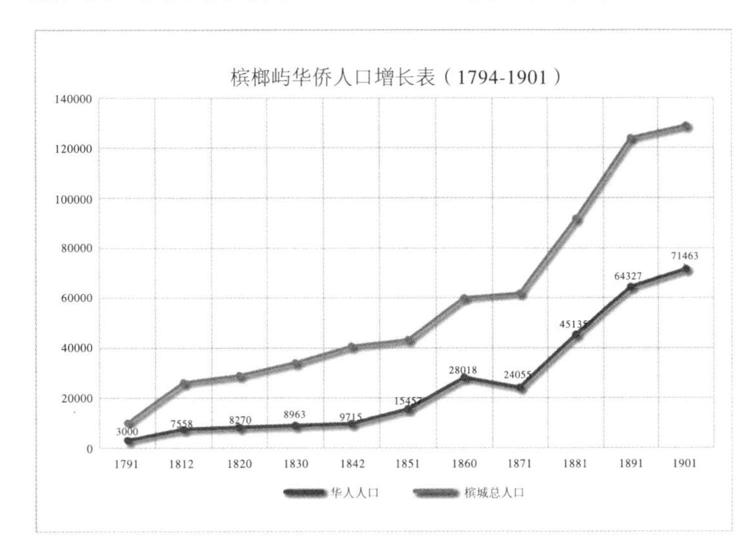

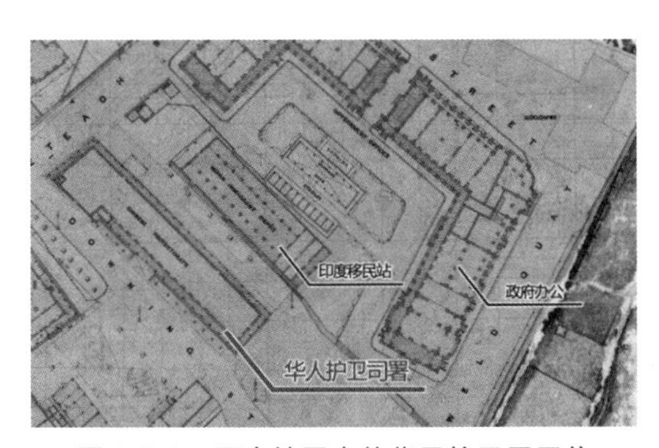

图 1.2.2　历史地图中的华民护卫司区位

图 1.2.3　华民护卫司历史照片

[1]（马）谢诗坚 . 槟城华人两百年 [M]. 槟城：韩江学院、韩江华人文化馆，2012：46.

[2]（马）陈剑虹 . 槟榔屿华人史图录 [M]. Penang：Areca Books，2007：16.

1.2.3 华人拓荒建设

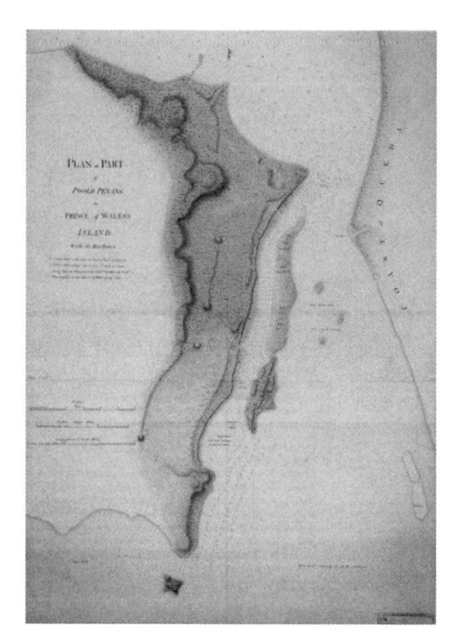

图 1.2.4 1787 年槟榔屿东北角地形图

英国人登岛时，槟榔屿“林莽塞道，尤见荒凉”，是未开发的荒地，莱特组织下属烧荒廓地，而七八月正值槟榔屿雨季，工作受到环境气候的巨大阻碍。马来人与华人是前期整地的主要人群。莱特在其日记中记载将金币装入炮台打入森林，以鼓励马来人冒险伐木寻宝。“马来人为利所驱，遂冒艰阻以斫榛莽矣。”[1] 可见当时开荒整地事前并无周密计划，槟城学者吴万励（Goh Ban Lee）因此判断莱特对槟岛的发展考虑不周，“城市发展的方向取决于金币散落的方向。”[2] 莱特日记中曾多次记载了早期华人的拓殖与贡献（图 1.2.4）。建设军事防御要塞康华利斯堡（Fort Cornwallis）[3] 时命华人“挖掘沙土，锯解大树之根”。“建筑货栈”一节提及东印度公司从中国“送来泥水匠十名，工人一名，工资须由公司供给不绝。”聘请华人修建军火库，对建筑工艺则评定为“精良无比”（图

---

❶ 书蠹（bookworm）. 槟榔屿开辟史 [M]. 顾因明，王旦华译 . 台北：台湾商务印书馆，1970：73.

❷ Goh Ban Lee. Urban Planning in Malaysia: History, Assumptions and Issues[M]. Kuala Lumpur: Tempo Publishing（M）Sdn. Bhd，1991：57.

❸ 康华利斯堡以 17 世纪末孟加拉总督查尔斯（Charles Cornwallis）命名。最初以木材（栗棒）筑造，1808-1810 年殖民政府利用囚犯之劳力改建为砖堡，并保存至今。在堡垒内除了营房供少数军事人员驻扎，还有储藏室、火药库及其他附属建筑。

1.2.5，图 1.2.6）[1]。

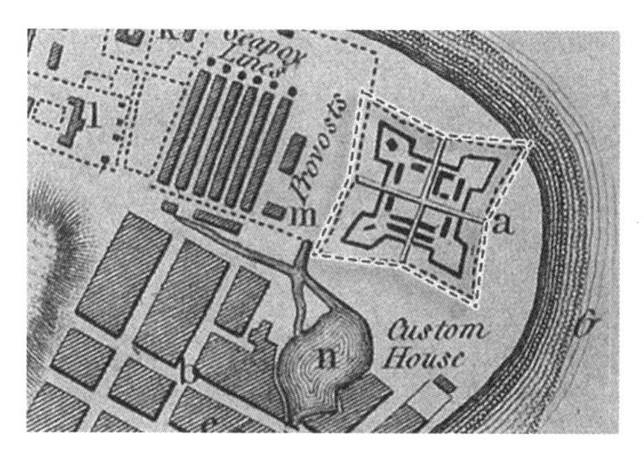

图 1.2.5　1798 年历史地图中的康华利斯堡区位

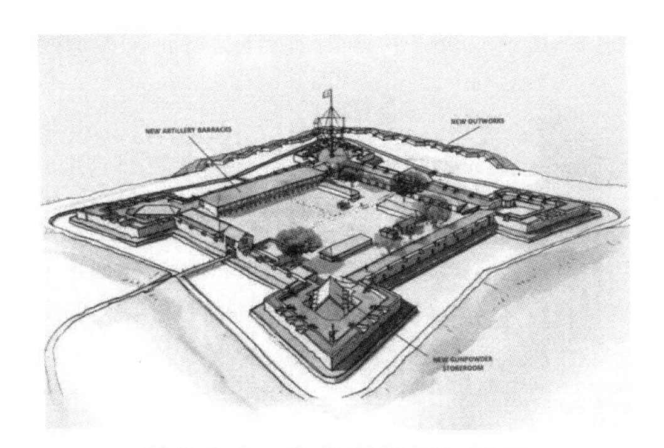

图 1.2.6　康华利斯堡复原图

1787 年孟加拉军事工程师吉德（Kyd）受任到槟榔屿考察，其报告书中提及，“熔炼矿苗，则惟华人是赖，华人因是大获其利。”反映了槟岛储量不多的锡矿多已由华人承包，并从中获取利益。在早期城坊建设上，“市场中所设店铺，渐见发展，都由华人经理之；华人眷属之居于斯者已达六十家，继续来者尚不绝。其人勤奋驯良，遍布马来各邦，各种手艺，无不为之，零卖商业，亦归其掌握。”[2] 足见城坊建设初期，华人已拔得商业头筹。络绎不绝前来的华人逐渐渗透到这个新兴城市的各行各业，开荒辟野、熔炼锡矿、建造房屋、经营商铺，成为早期槟榔屿城区主要的建设人群。

此外，在 1804 年总督华盖（R. T. Farquhar）主持重修康华利斯堡的工程日志中（表 1.2.3），同样可以看出华人承包商所负责的工作部分与酬劳金额：

1804 年康华利斯堡表重修工程日志　　表 1.2.3

日期	项目	金额（西班牙币）
1804.01	雇用 Angaur、Chongsay(华人) 建设岸边的炮台	600
	雇用 Ayu 修建堡垒矮墙	100
	雇用 Tonsay 修建 4 个石平台，共 18 英尺	22.3
1804.02	雇用 Che Hong Teah 负责堡垒东北角的户外建设	280
	雇用 Ayoo(推测同 Ayu) 为 Merlins 铺木板	55
	雇用 Ayoo 修建南边堡垒	260

[1] 书蠹（bookworm）. 槟榔屿开辟史 [M]. 顾因明，王旦华译 . 台北：台湾商务印书馆，1970：110.

[2] 书蠹（bookworm）. 槟榔屿开辟史 [M]. 顾因明，王旦华译 . 台北：台湾商务印书馆，1970：82.

续表

日期	项目	金额（西班牙币）
1804.03	雇用 Che Hong Teah 负责堡垒东北角的建设	200
	支付 Low Amies 石灰费用	43.2
	支付 Assoon 石灰费用	480
1804.04	雇用 Tonsay 修建斜堤挡土墙	200
1804.05	雇用 Tonsay 修建木柜台	342.5
	雇用 Akin 修建军火库后的墙	80
	雇用 Ayoo 为 Merlins 铺木板	100
	支付 Ayong 石灰费用	456
1804.06	雇用 Amman 修建枪棚屋顶	150
	雇用 Tehow 从马六甲运送瓦片	30
1804.07	雇用 Tonsay 修建斜堤挡土墙	200
	雇用刘亚美 Ammee 修建岸边斜堤	766
1804.08	雇用刘亚美 Ammee 修建堡垒周边斜堤	766
	雇用 Tonsay 修建斜堤挡土墙	200
1804.10	雇用 Tonsay 修建斜堤挡土墙	359
1804.11	雇用刘亚美 Ammee 修建 436 英尺斜堤	2338

（注：此账单原文为英文记录，所涉及华人本名已不可考，只能通过名字读音拼法来推断其华人身份）。

整项工程记录共花费西班牙币[1]71809.53 元，其中支付华人承包商共 8028 元，约占工程量 11%。工期从 1804 年一月持续到 1805 年 9 月，华人工程主要集中在 1804 年。账单中出现华人承包商 11 人，主要承担工作为砌墙、抹灰、木作等。这些华人承包商也凭借财富积累成为社会上流，在 1807 年槟城道路委员会名单中，刘亚美（Ammee）已是六位在地委员中的一员。[2]

多份殖民政府文件证实了刘亚美为当时槟城重要的建筑承包商。1813 年 2 月，槟城军事委员会（Military Committee）的报告中记录了大量亚答叶（Attap）[3]屋顶建筑损毁严重，急需更换屋瓦的状况，华商刘亚美以 280 西班牙币的报价获得承包权。1815 年，殖民政府提案建设新的枪棚（Gun Shed），刘亚美又以 1700 元西班牙币的竞价从

[1] 各时期槟城采用的标准货币不同。1786 至 1903 年间通行西班牙银元（Spanish Dollar），包括墨西哥、秘鲁、玻利维亚等西属殖民地铸造的银元。1824 至 1867 年间官方货币为印度卢比（Indian Rupee），但西班牙银元仍作为流行货币通行。

[2] The City Council of George Town. Penang Past and Present, 1786-1963: A Historical Account of the City of George Town Since 1786[M]. Penang: The City Council，1966：10.

[3] 亚答叶（Attap）是热带棕榈树 nipa palm 的树叶，在新马地区传统民居中常用作建材，尤其用在屋顶。

柯比中尉（Lieutenant Kirby）手夺得建造权。[1] 以上可以判断，除了店屋之外，当时的华人建筑承包商已经大量参与殖民建筑、政府建筑的建设，并有实力同欧洲商人竞争。事实上，早期槟城建设的用材也与中国有莫大联系。据载 1789 年莱特在沿海处设立了砖窑生产白土砖（White Clay Bricks），华人作为主要的生产者，并且在此之前，载有约十万块砖头的货船在从中国运往槟城的航行中遇难沉没 [2]。

1787 年军事工程师吉德大佐到槟榔屿考察，就岛内水体环境、矿产资源、土质石材等作出评估，并提交槟岛第一份地理环境与资源考察报告——《吉德报告书》，分析槟榔屿未来发展之前景。吉德在其中“沃土”一节中记载，“本岛各区，泰半都能生产，尚有数处，膏腴无比，但求适应天时，无论何物，皆可种植。即在槟城附近之沙土，能善加整理，施以肥料，播以欧洲及印度之菜蔬种子，亦能成功，彼试种者已得相当之结果矣。”首次提及槟榔屿种植业的发展潜力。东印度公司更是根据外来侨民的耕作能力给予分配土地，“方可使全岛之内。无一片不开辟之荒地。”[3] 可见槟榔屿种植条件的优越与殖民政府的扶持鼓励。

事实上，18 世纪末至 19 世纪，槟榔屿先后兴起的胡椒园，豆蔻、丁香园和甘蔗园，不论为华侨所有或是欧洲资本家所有，几乎都由华工所开发与种植。1788 年，华工已经在槟岛开辟了 40 公顷的土地，1795 年开发的土地已达 240 公顷。1790 年岛上开始种植胡椒，不久胡椒种植便遍布全岛，1810 年年产胡椒达 400 万磅。[4] 从 1802 年种植园分布图（图 1.2.7）中可以看出，胡椒种植主要集中在槟岛中部及南部，沿水系成片分布，具有相当规模。早期胡椒主要销往欧洲，而 19 世纪初拿破仑掀起欧洲战争后，英国商品受到抵制，欧洲市场更是遭到封锁，胡椒价格惨跌。1810 至 1818 年间，槟城的中国劳工人数从 5018 下降到 3124，也反映了种植园市场的窘境。[5]

虽然胡椒种植逐渐衰弱，豆蔻和丁香种植却慢慢兴起。1815 年拿破仑战败后，欧洲市场开始恢复，豆蔻、丁香更是成为欧洲贸易商所热衷的香料作物。从 1834 年种植园分布图来看（图 1.2.8），种植园已经覆盖岛屿东侧除城市范围的大面积区域，且开始

---

[1] Marcus Langdon. Penang: The Fourth Presidency of India 1805-1830 Vol. 2: Fire, Spice and Edifice [M]. Penang: Areca Books, 2013: 115.

[2] Marcus Langdon. Penang: the Fourth Presidency of India 1805-1830 Vol. 1: Ships, Men and Mansions[M]. Penang：Areca Books，2013：350.

[3] 书蠹（bookworm）. 槟榔屿开辟史 [M]. 顾因明，王旦华，译 . 台北：台湾商务印书馆，1970：91.

[4] 林远辉，张应龙 . 新加坡马来西亚华侨史 [M]. 广州：广东高等教育出版社 . 2008：101.

[5] Andrew Barber. Colonial Penang 1786-1957[M]. Kuala Lumpur: Karamoja Press-AB&A Sdn Bhd，2017：44.

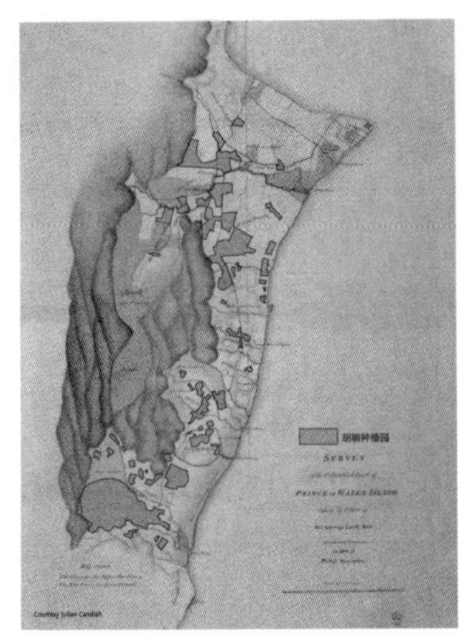

图 1.2.7　1802 年槟榔屿种植园分布图

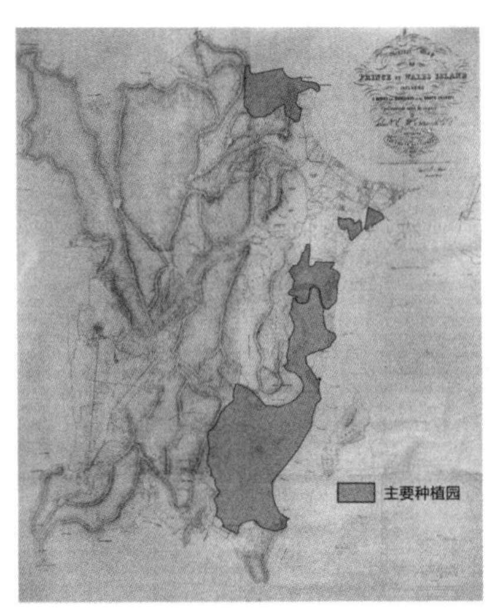

图 1.2.8　1834 年槟榔屿种植园分布图

向内陆扩散，先前散布的种植园也逐渐融合形成体系。可以说从 19 世纪开始，华人已经主导了槟榔屿种植业的生产。中国传统的农耕文化使得华侨移民很快适应并投入于勤勉耕作，成为大多数华人累积财富的方式。由于华人种植园版图的扩张，种植园主也因此攀升为槟城华人社会的骨干，成为仅次于欧洲资本家的第二势力。

1.3　槟城殖民城市规划发展

殖民时期槟城历史演进可以分为两个时期，第一个时期从 1786 年至 1867 年间属于英属印度政府管制时期。1786 年莱特代表东印度公司占领槟榔屿，标志英国殖民统治的开始，1805 年槟城被列入印度第四行省，与加尔各答（Calcutta）、马德拉斯（Madras）以及孟买（Bombay）三省区并列，政治地位达到最高时期。1826 年与马六甲、新加坡合并为海峡殖民地，首府设于槟城；1832 年首府迁至新加坡，槟城地位也无形下降。这一时期的海峡殖民地被称为“不活跃的年代”，理由是英国政府对当地事务推行不干预政策，也没有在马来半岛领域取得重大进展。[1]

第二个时期从 1867 年开始，海峡殖民地脱离英属印度政府的控制，转由英国伦敦殖民地部（Colonial Office）直接管辖，并将其划入皇家殖民地（Crown Colony）之列。这种殖民制度一直持续至 1957 年马来亚联邦独立，正式结束英殖民统治。

[1]（马）谢诗坚 . 槟城华人两百年（节选）[J]. 闽商文化研究，2015（2）：6-35.

1.3.1　英属印度政府管制时期（1786—1867年）

1.3.1.1　19世纪早期城市规划

（1）1798年城市规划

莱特登岛后致力于自由贸易港的建设，可是众多职务集于一身加上并无城市管理之经验，对于城市选址与规划可谓缺乏考虑，据研究其中一个重要的问题是土地分配。莱特曾上书东印度公司，告以："基督教徒，马来人及华人皆欲得地，请示分配土地办法。"印度政府答复："凡安分良民，君可自由容纳，每家所需田亩，君可量时度势，酌量给与，便宜行事。"[1] 获土地支配权后莱特对于侨民索地采取"按劳分配"。对于欧洲人分地却过于慷慨，典型例子莫过于1789年将一块"滨海三百六十呎，南北长五百八十呎"土地赐予约翰格拉斯，地契规定为其永久不动产，只需每年缴付西班牙币二元。以至后来的总督麦唐纳（MacDonald）感叹："土地过于廉价，以至成为过剩产品。人们予取予求，肆意占地。"[2]

继任总督麦唐纳1798年制订了乔治市现存最早的城市规划图（图1.3.1），这份规划图充分展示当局落实族群分区而治的构想。西方殖民者占据城市东北沿海地段，除了军营与防御堡垒，还具体绘出英国殖民者宅第与庄园范围。大街（China Street）与牛干冬街（Chulia Street）标示城坊中主要居住族群——华人与印度南部移民。但城区中仍有葡萄牙人教堂与基督教会活动场所，以及朱利亚人（南印度人）的清真寺（Chulier Mosque）。可见不同民族生活的区域相互交汇的现象在建城初期就已存在。马来人城镇（Malay Town）位于城坊南部，与马来清真寺和穆斯林墓地一水相隔。范围用虚线表示，推测当时并未完全建成。[3] 马来镇南侧靠近河口处设有石灰窑（Lime Kiln）生产建筑材料。城坊道路呈网格状，也划定早期城市"边界"。城市外围还没有进行开发建设，保留山丘、沼泽、河流等自然地貌，以及大片的稻田和树林。

早在莱特时期，与东印度公司来往书信中便有提及"土民各按国族派以住所。欧官则择地居之，务使居高临下，易于统治。"[4] 这份为了维护统治，解决族群纠纷而制定的城市规划影响了未来乔治市发展格局。同时规划的医院、教堂、店铺、墓地等设施

---

[1] 书蠹（bookworm）. 槟榔屿开辟史 [M]. 顾因明，王旦华，译 . 台北：台湾商务印书馆，1970：91.

[2] Goh Ban Lee. Urban Planning in Malaysia: History, Assumptions and Issues[M]. Kuala Lumpur: Tempo Publishing（M）Sdn. Bhd，1991：57.

[3] 据陈耀威推测或因为马来人普遍建造亚答木屋，在西方殖民者眼中属于非永久性建筑，因此标识为虚线。

[4] 书蠹（bookworm）. 槟榔屿开辟史 [M]. 顾因明，王旦华，译 . 台北：台湾商务印书馆，1970：142.

也初步奠定现代城市基础。

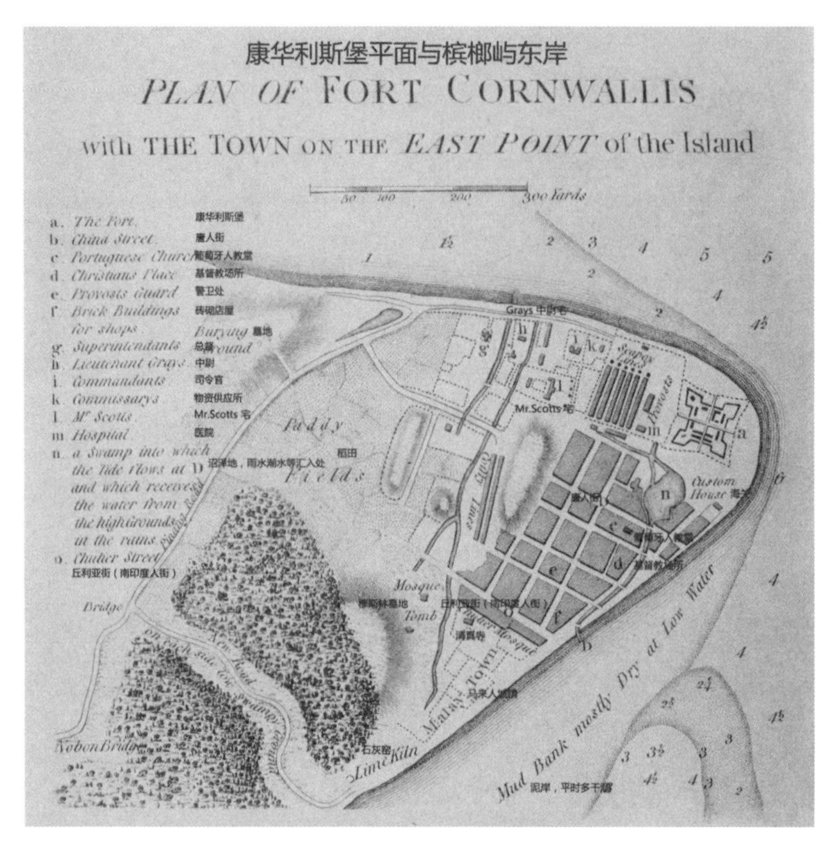

图 1.3.1 1798 年槟城乔治市地图

（2）1803 年城市规划

1803 年，总督乔治 · 李斯（George Leith）[1] 主持绘制了乔治市新的城市规划地图（图 1.3.2），地图直接呈现了城市范围的扩张与道路系统的细分。庇能律 (Penang Road)、牛干冬街的延伸将城市范围外扩到内陆森林沼泽地带，同时兵营也从康华利斯堡边上搬到城市西侧的李斯路（Leith Street）尽端。城市南侧的道路网络初现雏形，亚齐街（Acheen Street）和马来街（Malay Street）出现在原有马来城镇。东侧的沿海大道建成，并一路延伸到城郊。沿海地段路头的出现强化了船只接泊的功能，海鲜、家禽市场也直接落在沿岸处以方便交易。

[1] 乔治 . 李斯（George Leith），1766 年出生于苏格兰，1800 年受印度总督委任到槟城管理行政。在 1800-1802 年、1803-1804 年任期间扩展了槟城道路网络，排水系统等。后因东印度公司不愿让英国军人管理殖民地而离任。

华人城区被规划为城市的商业中心，棋盘式道路肌理也在原有规划基础上更加明确，南北向道路连通殖民者与各族群区域，东西向道路则建立内陆与海港的联系。这种方格网式道路源自西方近代城市，其典型特点是考虑效率、可达性、容易修复与重新创造。[1]在建筑表达上，华人区域整齐成排的店屋成为街道建筑的基本单元。最早的华人寺庙广福宫也在图中得以标示。西方人区域开始出现作坊、仓库、水井等市政设施，足见当时社会条件日臻完善。此外，乔治市地理环境也受到人为更改，1798 年城中几条南北走向的水系、华人街尽端的小山丘等，在 1803 年地图中都已不复存在。

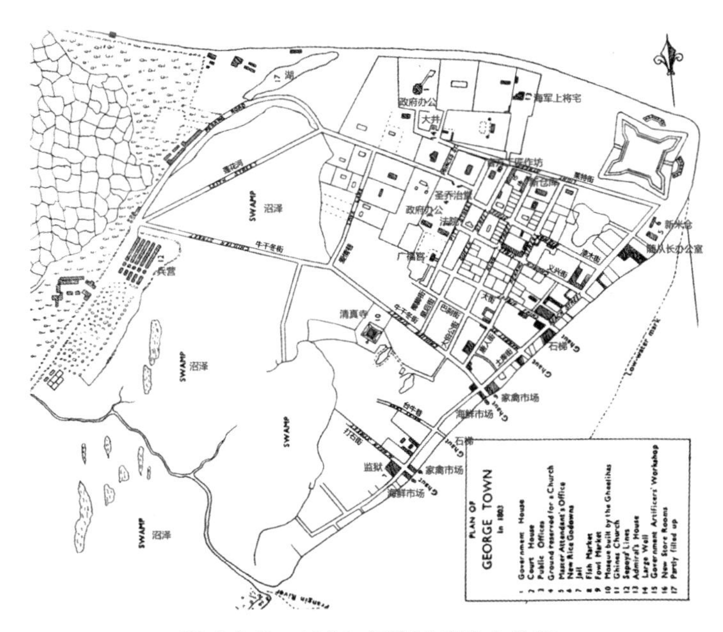

图 1.3.2　1803 年槟城乔治市地图

（3）1808 年城市规划

1808 年城市地图主要增加了详细的道路信息。1807 年成立的道路委员会接手槟榔屿道路规划与建设，逐渐成熟的道路系统使得内陆联系便捷，城坊范围内亚齐街、马来街、亚美尼亚街（Armenian Lane）等以族群名称命名的道路体现了自由港发展中不断发展的移民聚落，也反映了殖民当局族群分区管理思想的延续。1808 年华人区域路网格局则相对稳定，格局未发生明显变化，而马来巷（Malay Lane）相较于 1803 年向西南迁移，原址变成亚美尼亚街，也可看出当时族群不断引入引发的族群居住区域的

[1] 陈玉 . 文化的烙印：东南亚城市风貌与特色 [M]. 南京：东南大学出版社，2008：50.

变迁。此外，城市中还增加了米仓、监狱、西方人墓地等基础设施，可以看到开埠初期城市职能的不断完善（图 1.3.3）。

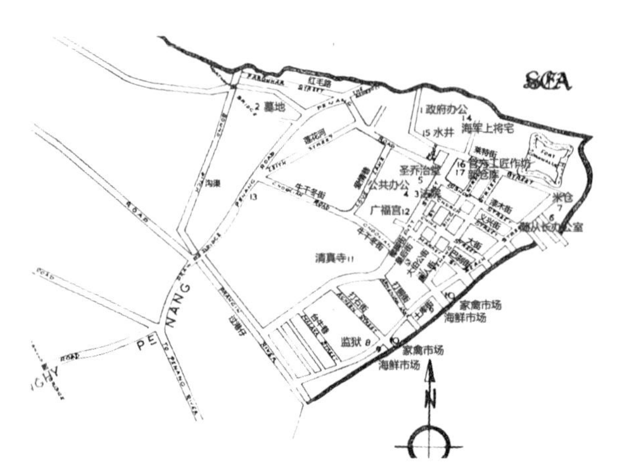

图 1.3.3　1808 年槟城乔治市城市地图

1.3.1.2　19 世纪中叶城市规划

19 世纪中叶，城市东侧沿海开始填土扩张，港口职能愈发突出。城市内部道路细分明显，东西向道路向内陆延伸，南北向道路则加强族群间联系。1851 年地图中已标示出当时华人的主要寺庙和会馆。标示出的主要华人建筑有：跨帮群寺庙广福宫，广府人会馆香山公司、新宁公司，福建人会馆陈公司、邱公司、谢公司，以及秘密会社存心社、义兴公司、和胜公司、建德堂等。可以看出初期城坊中广府人、客家人聚集区域的寺庙、会馆位置，福建人在城市南侧沿海已据有大面积土地，并逐渐向西南方向拓展的趋势（图 1.3.4）。

图 1.3.4　1851 年槟城乔治市地图，图中标示出华人寺庙与会馆建筑

1.3.2　伦敦殖民地部管制时期（1867—1957年）

1867年4月1日，海峡殖民地正式交由伦敦殖民地部直接管辖。槟城调和路（Transfer Road）的官方名称便是纪念这项权利的移交。[1] 这一时期颁布了许多城市法规、市政条例，如《Municipal Bylaws And Municipal Ordinance 1896》和《Bylaws with Respect to Buildings and New Streets》，对槟城城市面貌以及华人区域均造成巨大影响。

1.3.2.1　19世纪末店屋法规

鳞次栉比的店屋（Shophouse）是构成乔治市城市肌理的主要单元，也是多数华侨移民居住、贸易、生产的日常空间。早期的店屋多使用木材、亚答叶等容易获取的材料建造，却难防大火吞噬。莱特日记中记载了1789年爆发于牛干冬街的第一场火灾，损失财产价值西班牙币一万五千元以上。[2]1803年连发两次火灾，毁坏了大面积城镇。政府法令规定，每200英尺（约61米）联排亚答屋需留有50英尺（约15.2米）间隔，但这也只能减缓火灾的蔓延或者减小造成的损失。[3]1812年、1814年再度遭受火灾，乔治市内木屋与亚达屋燃烧殆尽，殖民当局不得不加大建筑管制与重建力度。1815年后，政府贷款给椰脚街（Pitt Street）东侧的住户，要求新建店屋需以砖瓦建造，城市也逐渐有了“永久居所”的味道（air of permanence）。[4]

直到1887年，乔治市内完全禁止使用亚答叶做屋顶建材，[5] 法律明文规定建造砖瓦店屋。此外，店屋重要的建筑规范“五脚基”[6] 也在19世纪末开始推行。1882年在新加坡率先实施后，海峡殖民地三州府各地大规模兴建，保证了沿街建筑面前设置连续且具有一定进深、长时间开放、能遮风避雨的步行廊道。可以说19世纪法律规定的“砖瓦建造、预留前廊”的五脚基店屋，重新定义了殖民城市的沿街建筑单元，也塑造了东南亚骑楼街道景观（图1.3.5，图1.3.6）。

---

[1] Andrew Barber. Colonial Penang 1786-1957[M]. Kuala Lumpur: Karamoja Press-AB&A Sdn Bhd，2017：78.

[2] 书蠹（bookworm）. 槟榔屿开辟史[M]. 顾因明，王旦华，译. 台北：台湾商务印书馆，1970：111.

[3] Goh Ban Lee. Urban Planning in Malaysia: History, Assumptions and Issues[M]. Kuala Lumpur: Tempo Publishing（M）Sdn. Bhd，1991：60.

[4] Andrew Barber. Colonial Penang 1786-1957[M]. Kuala Lumpur: Karamoja Press-AB&A Sdn Bhd，2017：56.

[5] The City Council of George Town. Penang Past and Present, 1786-1963: A Historical Account of the City of George Town Since 1786[M]. Penang:The City Council，1966：11.

[6] 五脚基，又称骑楼，在新加坡或马来西亚的闽南移民习惯称街为五脚基，“脚基”是直译自马来语“kaki”一词。“Kaki”的本意是“脚”，这里是指英尺，是马来语对英语的“feet”一词的意译，意指店铺住宅临街骑楼下的走廊，因法规规定廊宽需要五英尺宽。

图 1.3.5　1902 年大街骑楼

图 1.3.6　1910 年新街骑楼

1.3.2.2　填海造地与港口建设

19 世纪末乔治市海岸线因填海造地工程而发生巨大的转变。在历史地图上可以看到，19 世纪初土库街（Beach Street）为当时的滨海大街，与海岸线垂直的街道向海中延伸出石阶，以方便商船停靠卸货后的交接运输，华人把这种道路端头的码头称为“路头”。从 19 到 20 世纪末的槟城海岸线图（图 1.3.7，图 1.3.8）中可以看出，城市沿海地段已大面积扩出，但海岸线并不规整，可以推测并未有统一的规划和施工。早期的路头被填为城市道路，新建的房屋垂直海岸线向外生长，长度参差不齐，这些房屋多为货仓，船只运来货物后可以就地交易、运输或存储（图 1.3.9，图 1.3.10）。一些重要的公共建筑也在填海地段标示，如政府办公、市政办公、海关等。闽南移民“五大姓”家族中的杨公司也出现在牛干冬街填海处。

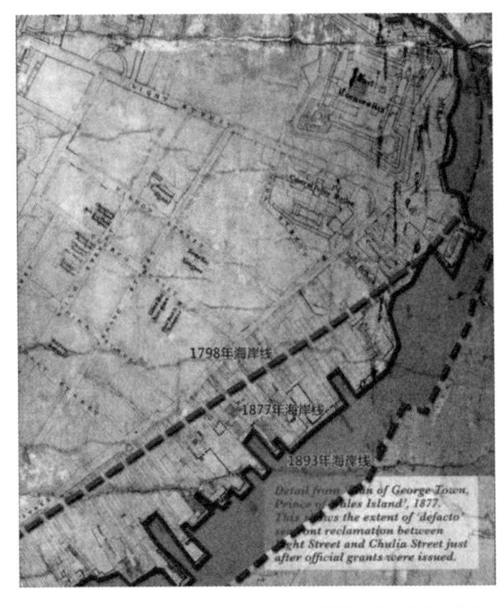

图 1.3.7　1877 年槟城海岸线变迁示意图

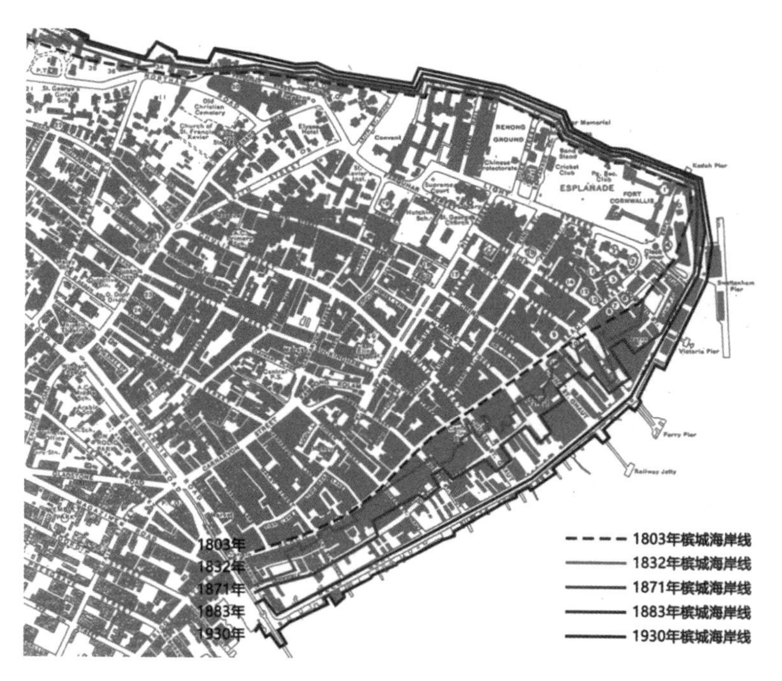

图 1.3.8　19-20 世纪槟城海岸线变化示意图

图 1.3.9　19 世纪末槟城海港中国货船

图 1.3.10　19 世纪末槟城海港华工

1.3.2.3　城市交通与功能关系

槟城开埠初期城市规模较小，城市建设主要集中于东北角的西方行政区、居住区和早期商业城坊，西部则保留原始沼泽地和丘陵，呈现“城内”和“城外”明显的城市格局，道路系统并不完善（图 1.3.11）。“城内”以纵横直街为城市轴线空间结构，划分出十余个大小不一的街廓，其中南北向以唐人街（Penang Street）、大伯公街（King Street）和美芝街（Beach Street）为联系族群的主要道路，东西向道路则受限于海岸与丘陵，相对短而密集。“城外”道路受地形地势的影响，呈现自由的路网形式，路网密度较小，与“城内”联系主要依靠美芝街等主要的交通道路。

19 世纪中叶随着城市道路委员会的成立，槟城城市路网得到较好完善（图 1.3.12）。城内路网延续原有布局，路网密度无明显变化，仅增加了与码头、康华利斯堡的交通联系。城外的道路逐渐增多，沿港仔乾运河（Prangin River）两侧道路网密度明显增大，并有多条道路与运河直接联系，可见运河带动了沿线城市街道的发展。东西主要联系干道为莱特街（Light Street）和牛干冬街，增强码头向城市内部的货物运输；南北向主要联系干道为椰脚街和美芝街，增强不同族群间的贸易交往与生活联系；四条干道围合的街区也成为当时商业贸易、人流密集的中心区域。

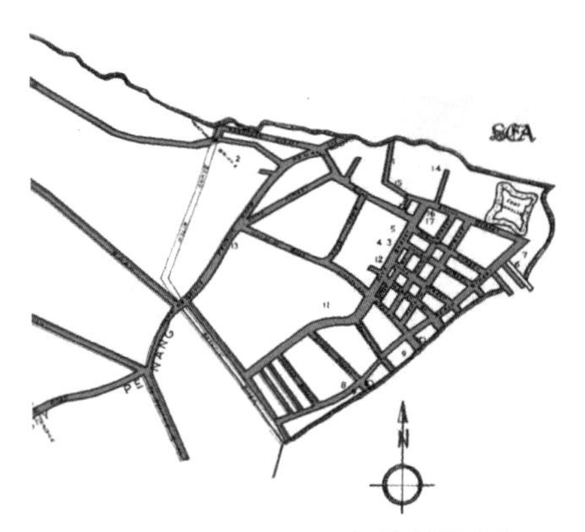

图 1.3.11　1808 年槟城路网

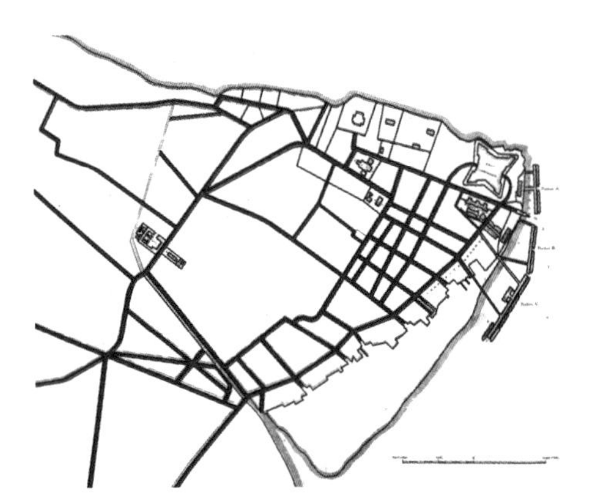

图 1.3.12　1871 年槟城路网

图 1.3.13　1883 年槟城路网

图 1.3.14　1951 年槟城路网

19 世纪末槟城路网则主要以原有形态框架为基础进行扩张（图 1.3.13）。根据前文填海造地的叙述，美芝街东侧的街区形态是滨水聚落填海陆地化而形成，19 世纪末也相应地将原有凹凸曲折的岸线进行规整，建成新的滨海大街海墘路（Weld Quay）。海墘路联系了瑞天咸码头（Swettenham Pier）、F.M.S. 铁路码头、港仔墘等重要节点，西侧的街区成为当时繁荣的码头与仓储地。原有的城内外区域已无明显的差别，新街、汕头街等道路的形成加强了城市内部的交通联系。另外，街区内部的后巷（Back Lane）开始预留并建设，体现了市政方面对于街区内部卫生、消防安全的考虑。

20 世纪中叶，槟城道路网络进一步细化，城郊道路系统更为完善（图 1.3.14）。美芝街与海墘路之间规划增加与美芝街平行的海墘新路（Victoria Street），对地块功能进行区分，其中北面主要作为商住店屋，南面用作仓储与码头工人宿舍，骑楼街区后巷基本建成，该时期道路格局基本定型并一直沿用至今。

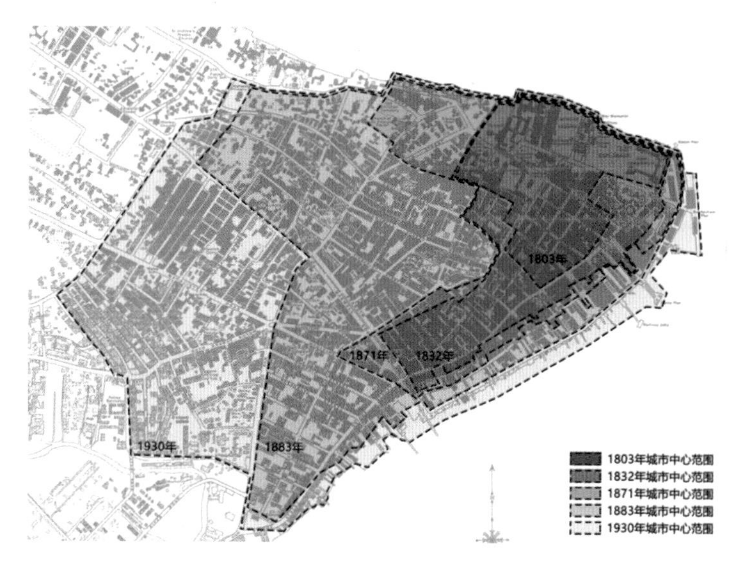

图 1.3.15　19—20 世纪槟城城市范围演变图

从槟城城市范围看，通过 1803 对年至 1930 年历史地图的叠加分析（图 1.3.15），可以清晰地看到城市中心范围的扩张过程。19 世纪初期城市中心由西方人行政区域和棋盘式的商业城坊组成，西侧为城郊的农田沟渠，东南侧城区边界至早期岸线处；19 世纪中叶的城市中心扩张缓慢，受限于西侧的低洼沼泽和东侧的海岸线，城区主要沿西北、西南双向发展，南侧沿海区域开始进行小范围的填海造陆；19 世纪末到 20 世纪中叶，城市范围快速扩展，西侧沼泽填为陆地、东侧完成填海工程，城市整体逐步向西侧渐进式发展。

在城市功能布局上，逐渐形成行政区、商住区、居住区、港口仓储区等为主的近代港口商业城市格局。东北角为西方行政中心、军事堡垒、公共草场及港口码头，路网密度较小，地块功能明确。商业城坊以下店上宅的骑楼街区为主，表现为商住混合用地特点，同时也包含了生产、娱乐等功能，符合殖民城市社会商业运作的多种需求，只有北部沿海西方人住区、少数华人富商宅第，以及马来人、印度人甘榜村落等为纯居住用地为主。

1.4 殖民城市中的族群格局

1.4.1 族群分区到包容共存

早期槟城乔治市最重要的规划思想是对不同族群的分区而治，各族移民言语、宗教、习俗泾渭分明，殖民统治者希望以“分割土地，划定疆界”的办法进行管理，并体现在 1798 年乔治市第一版城市规划图中（图 1.4.1）。西方殖民者占据城市北面沿海地段；华人与南印度人依次位于城区中的大街与牛干冬街一带；马来镇位于城坊南端，与穆斯林墓地一水相隔。1808 年城市地图延续了分区治理的思想，亚齐街（Acheen Street）、亚美尼亚街（Armenian Lane）等以族群命名的道路体现了槟城发展过程中不断增加的外来族群（图 1.4.2）。实际上，这种殖民城市规划无法阻隔族群间日积月累的交往与融合，也形成这种族群分区又相互渗透的早期殖民城市的社会关系。

在殖民体制上，欧洲殖民者掌握着殖民城市的主导权力，而土著人、外来人则基本属于无权或从属地位。但是在经济上，作为外来移民的华人却逐渐把重要的经济命脉控制在自己手中，“早期殖民统治者在经济领域的以下三方面严重依赖于华人，包括：与中国的贸易；从当地获得财富；以及为殖民城市提供服务。”[1] 华人在东南亚殖民地经营金融贸易、采矿建房、开荒种植等重要产业，特别是不断增加的华侨移民成为殖民城市化发展的主要人力资源。华人区域被规划为城市商业街道，南北向道路连通殖民者与各族群，东西向道路则建立内陆与海港的联系。华人在城市中经营日常百货、生产制造、餐饮娱乐，一直到人力车等城市交通，为城市各个族群提供各种各样的社会服务。

从 1860 年的槟岛主要族群人口比例看（表 1.4.1），到 19 世纪中叶欧洲殖民者仅占槟城总人口的 3.3%，在城市用地上却远超其人口比例。从城市空间格局上看，西方人占据了城市中资源、环境最好的地段，并以道路划分与其他族群的边界，市政设施和

[1] （美）孔飞力．他者中的华人：中国近现代移民史 [M]. 李明欢，译．南京：江苏人民出版社，2016：59.

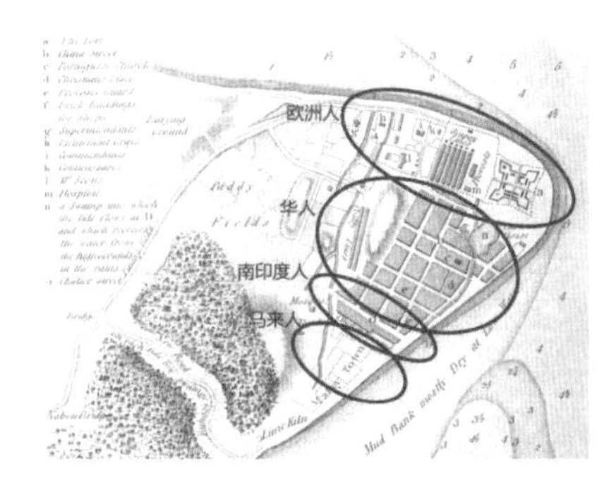

图 1.4.1　1798 年乔治市族群分区分析图

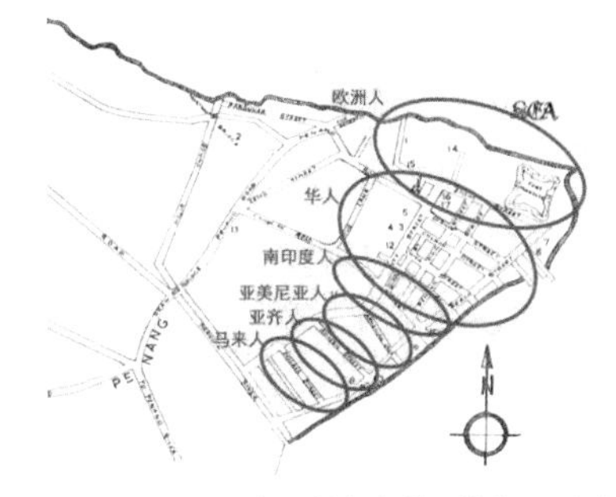

图 1.4.2　1808 年乔治市族群分区分析图

公共空间的设置同样偏向于殖民阶层区域。华人人口占槟城总人数 46.7%，是殖民城市中最主要族群，通过对城市提供社会服务，逐渐累积财富并大量投资地产，逐渐发展到城市外围的土库街、新街、汕头街等区域。从 19 世纪末的 Kelly Map [1] 城市地图上看，华人街区已然拓展到除西方殖民者之外的城市大部分区域，为殖民城市提供各种日常经营服务。马来人、印度人等依然保持相对独立的族群社区 [2]，并融入华人街区成为城市中的散布聚落，从而形成相互包容与共存的殖民城市格局（图 1.4.3）。

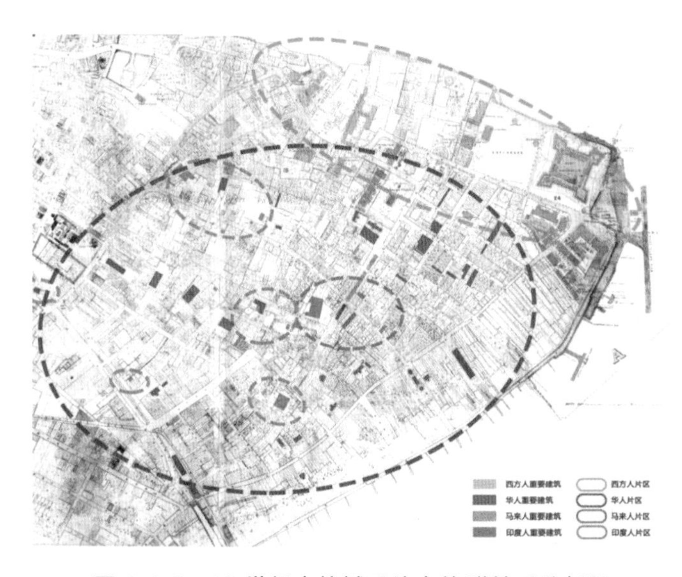

图 1.4.3　19 世纪末槟城乔治市族群关系分析图

[1] 1893 年海峡殖民地官员 F. W. Kelly 主持测绘槟城乔治市城市地图，最初作为店屋税收依据而使用，地图以街区划分，对房屋进行详细编号，平面则精准到建筑层面，反映当时建筑的平面类型及街道布局等。

[2] 19 世纪末槟城马来人住区为传统的村落形式，在当地被称为甘榜（Kampong）。马来人村落的设置通常以居民对清真寺的归属而决定，在其村落周边往往设有清真寺和墓地。部分印度移民由于相同的回教信仰，加上与马来人通婚，也逐渐发展出类似马来甘榜的聚落形式。此外，在牛干冬街一带同样聚集了大批印度商人，这部分印度人则以居住店屋为主。

1860 年槟岛主要族群人口数目及比例（单位：人） **表 1.4.1**

族群	欧洲人	华人	马来人	印度人	其他	总人口
人数	1995	28018	18887	10618	438	59956
比例	3.3%	46.7%	31.5%	17.7%	0.8%	100%

1.4.2 西方人区域

1881 年乔治市地图中标示出西方人区域的具体建筑范围（图 1.4.4），可以看出西方人区域主要沿城市北部的海岸线呈带状分布，与其他族群区域通过道路区分。较其他族群生活区域，西方人住区建筑密度、道路网密度小，临海视野开阔，景色优美。建筑以独栋式为主，位于地块的中心，四周种植大片的树林、草地，以及花园苗圃等，类似早期美洲殖民地巨大的种植庄园。此外，紧靠西方人区域的西南角还设有部分城市行政机构，包括市政厅、医院、军营、监狱等，成为与其他族群区隔的过渡地带。

西方殖民者带来了现代的政治制度和社会管理模式，1893 年地图可以看出殖民政府的军事、行政、宗教与教育等重要公共建筑设置在靠近旧关仔角一带，以及莱特街与椰脚街的“族群交汇区”。开阔的草地广场、雄伟的建筑体量象征着殖民者的威权，与其他区域矮小密集的街廓建筑形成巨大的反差，将西方人区域与城市其他区域形成两个不同的社会肌理。此外，西方人尤其注重警察局的配置，除在玻璃后（Union Street）的中央警察局、打石街的监狱，其余城市的主要街区、公共领域均设有警察司署，体现殖民者对城市治安的严控以及对各外来族群的强大威慑（图 1.4.5）。

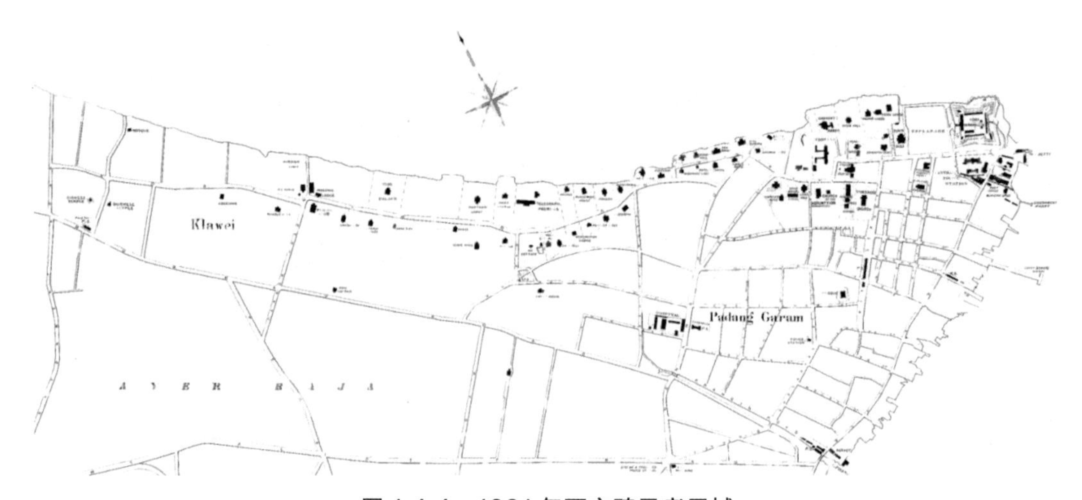

图 1.4.4　1881 年西方殖民者区域

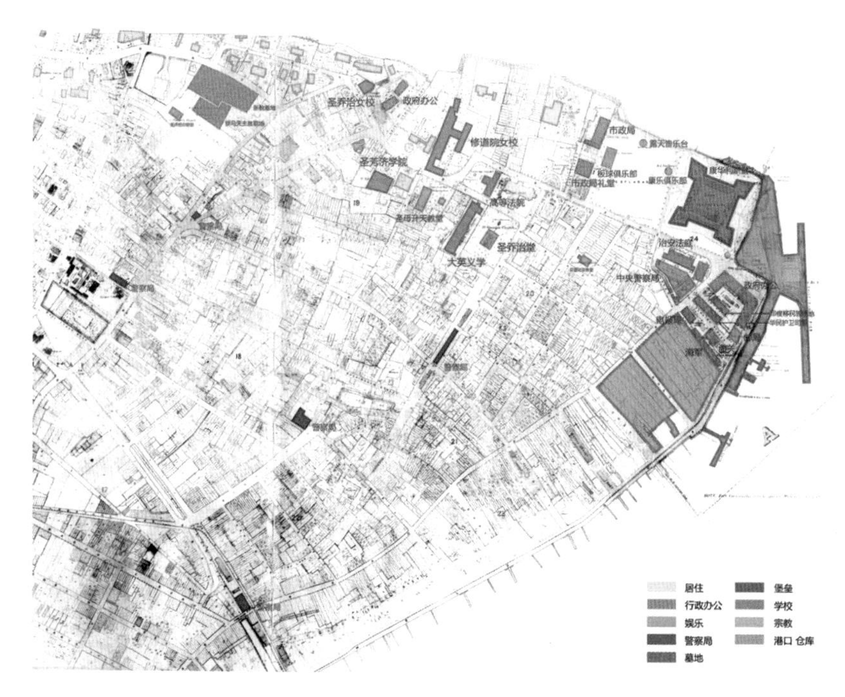

图 1.4.5　19 世纪末西方殖民者区域

西方人区域内的行政办公、宗教学校等公共建筑多采用当时欧洲主流的新古典主义、折中风格等建筑样式，如立法议会、法院、市政厅、铁路局等，也根据殖民文化理念结合东南亚环境形成的殖民地外廊样式，如总督府、移民局、俱乐部、东印度公司总部等建筑。这些外廊样式建筑，四周柱廊立面规整，装饰纹样精美细致，建筑主体在地块内独立或成组而建，平面大多呈规则几何型且沿中轴对称。

槟城最早的西方学校是大英义学[1]，早自开埠初期的 1816 年便选址于西方区域南侧的爱情巷（Love lane），最初的校舍形制简单，两栋矩形平面校舍环绕敞廊，并通过披檐步廊相连，木构立柱纤细柔美，双坡屋面两侧山墙开设圆形气窗，有利于热带地区所需的遮阳与通风（图 1.4.6）。位于土库街与唐宁街交汇处的东印度公司总部[2]形制与其相近，建筑主体四面围合高敞外廊，立面开有早期海峡折中样式的简洁券门洞，简洁的四坡屋面适宜于热带潮湿多雨的气候（图 1.4.7）。

---

❶ 大英义学 Penang Free School，1816 年由英国牧师哈京斯（Rev. R. S. Hutchings）创立，位于爱情巷圣芳济学院后侧，1821 年迁至华盖街现址。其以英国本土的学校制度为样本，逐步推广英国语言与文化，并且不论宗教、种族与背景，开放予各民族学子就读。华人也积极捐资建立校舍。

❷ 英国东印度公司成立于 1600 年，此处为管辖槟城的东印度公司总部，建于 19 世纪初，1903 年重建为当前建筑用于邮政总局办公处，为晚期海峡折中样式。

1821 年大英义学校址迁至华盖街（Farquhar Street）[1]，形成了中轴对称的平面布局，在多次改建后形成 19 世纪末五栋成组的校舍建筑（图 1.4.8），沿华盖街与椰脚街开有出入口，南侧为基督教的圣乔治教堂，与华人的平章会馆和李氏宗祠隔墙相邻（图 1.4.9）。五栋建筑均为殖民地外廊样式，一二层有连续拱券组成的走廊相互连接形成巨大的体量，上部山花带有巴洛克风格精美装饰线脚，立面山花后部高耸带穹顶塔楼。

大英义学以英国本土的学校制度为样本，逐步推广英国语言与文化，并且不论宗教、种族与背景，开放予各民族学子就读，也成为 19 世纪华人教育的主流。在 1816 年 2 月 24 日槟城的威尔斯太子岛公报（Wales Island Gazette）中记载建校初期社会各界的捐资状况，其中来自华人的有[2]：Keeat（20 元）、Che Osoee（60 元）、Low Ammee（50 元）、Teekoa（100 元）、Boseang（10 元），共 240 元，约占社会捐款 18.5%。[3]可以看出早期华人社会对西式教育的接受与融入西方社会的热忱。

到 19 世纪末大英义学扩建，建设经费也来自公众捐款，其中以华社捐款最为大宗。1895 年《槟城新报》中报道华人捐款约占总数的五分之一。[4]到 1900 年，33000 元的捐款总额中 12000 元来自华人甲必丹郑景贵。1903 年，政府又以 20000 元买下校舍西侧土地增建新翼，华社捐款再度居多。[5]除大英义学外，19 世纪槟城英式学堂还有莱特街修道院学校（Convent Light Street）[6]、圣芳济学院（St. Xavier’s Institution）[7]、圣乔治女校（St. George’s Girls School）等，如同大英义学的状况，在建校经费的捐献上，华裔人士往往名列前茅。

1873 年由英国军事工程师英尼斯（Innes）设计的槟城市政厅（Town Hall）位于旧关仔角草坪西北侧（图 1.4.10），对侧为西方板球俱乐部，背面建有多栋洋楼别墅，侧院中有华商辜上达捐建的喷水池一座，代表华商阶层与殖民政府的交好（图 1.4.11）。市政厅主体是带有孟加楼特征的折中风格建筑，近方形平面，布局规整；外观两层，凸

[1] （马）陈剑虹．槟榔屿华人史图录 [M]. Penang：Areca Books，2007：174.

[2] 捐资名单原文为英文记录，但在其名字后注明华人身份，其中文原名未进行考证。

[3] Marcus Langdon. Penang: The Fourth Presidency of India 1805–1830 Vol. 2: Fire, Spice and Edifice [M]. Penang: Areca Books, 2013: 275.

[4] （马）陈剑虹．槟榔屿华人史图录 [M]. Penang：Areca Books，2007：178.

[5] Marcus Langdon. George Town's Historic Commercial & Civic Precincts[M]. Penang: George Town World Heritage Inc, 2015：164

[6] 修道院学校，19 世纪 60 年代由巴黎圣莫尔修道院的修女创办，是马来西亚历史最悠久的女子学校。

[7] 圣芳济学院创办于 1858 年，1895 年双层校舍建竣，华裔人士为主要捐献者。1907 年注册学生中有 825 名华人，300 名欧亚混血人，25 名泰米尔人。

出的入口由三组券拱组成门廊，上部设半圆拱券外廊。1906 年翻修后形成当前所见的晚期海峡折中样式，带有三组西式山花，柱式装饰细腻，整体华丽庄严稳重。

建于 1907 年的马来联邦铁路局[1]为主体三层，平面长方形，整体沿中轴对称，带有高耸的西式钟楼的折中风格建筑，底层带有连续的砖砌拱券外廊，简化的晚期海峡折中装饰遍布四面外墙，入口设于大街路头，两侧的巨柱非常显眼，中部耸立的西式钟楼上覆球形穹顶钟楼为 20 世纪初槟城最高的标志物（图 1.4.12）。

图 1.4.6　19 世纪大英义学爱情巷校址历史照片

图 1.4.7　19 世纪槟城东印度公司总部历史照片

图 1.4.8　大英义学华盖街校址历史照片

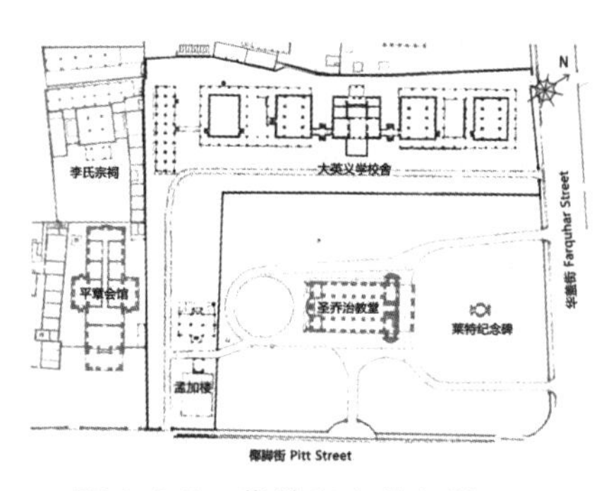

图 1.4.9　华盖街大英义学平面

图 1.4.10　槟城市政厅

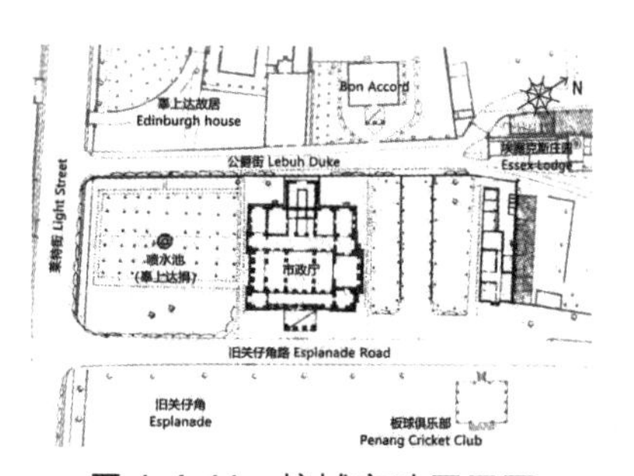

图 1.4.11　槟城市政厅平面

[1] 马来联邦铁路局（FMSR），位于大街路头 China Street 与新海墘路 Pengkalan Weld 的交汇处，原址为政府的码头货仓，现为槟城海关署。20 世纪初建成后，布置有铁路局办公室，餐厅以及住宿客房。

图 1.4.12　马来铁路局（现马来西亚海关总署）

在住宅形式上，欧洲人普遍以带有殖民地外廊特征的孟加楼或别墅为主，拥有完整的独立地块，四周花园草地开敞宽阔，彼此之间通过围篱分隔，保有私密性的考虑。建筑密度低，在住宅周边设置园林花圃，注重考虑住区环境（图 1.4.13，图 1.4.14）。总督府[1]位于华盖街的修道院女校内，是建于 1805 年的英印风格建筑，整体朴素实用，无多余装饰线脚，原建筑平面方形，底层无前廊，仅以长廊同附楼相连，20 世纪改建中增加部分外廊（图 1.4.15）。19 世纪初建于红毛路的 The Aloes 住宅是乔治市内现存较早的西方人孟加楼，其主次入口分别面向红毛路及海岸线，外观上整体简洁朴素，前廊竖立四根西方柱式，上部柱头承接二层平面，带有英印殖民建筑特征（图 1.4.16）。20 世纪初，建筑艺术和技术的革新使得传统孟加楼进一步发展。建筑师诺布朗纳（Alfred Neubronner）自宅于 1906 年在广东民路（Cantonment Road）建造，外观为爱德华风格，拥有简洁的装饰和均衡的立面构图；屋顶为当地传统屋面做法，出檐深远；二层矮墙带连续钥匙型栏杆，底层四面为连续券拱门洞，前部突出的门廊位于正立面一侧，与主体形成 L 形平面布局的是海峡折中样式向早期现代样式过渡的孟加楼（图 1.4.17，图 1.4.18）。

除此之外，槟城升旗山（Penang Hill）上建有多处西方人宅邸，建筑类型多样，自孟加楼、洋楼别墅到早期现代样式均有保留。西方建筑师查理斯 · 米勒（Charles

[1] 槟城第一座非军事建筑，由罗伯特 · 汤森德 · 法夸尔（Robert Townsend Farquhar）总督建造，原址地产属于莱特总督的贸易伙伴。总督府至今历经多次改建、修复，主体保留完好。

Miller）的自宅便位于山脉一侧，主体建于 1933 年，是采用预制混凝土结构的艺术装饰样式，简洁清晰的几何体量在纵向相互穿插，外部无多余烦琐的装饰线脚，是 20 世纪初具有代表性的早期现代住宅之一（图 1.4.19）。❶

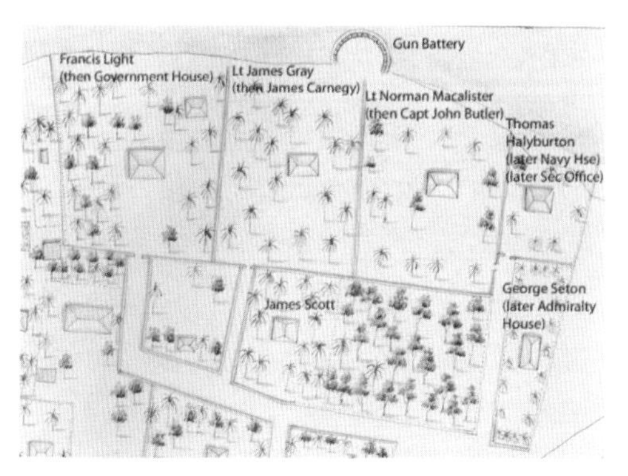

图 1.4.13　1809 年欧洲人住宅区

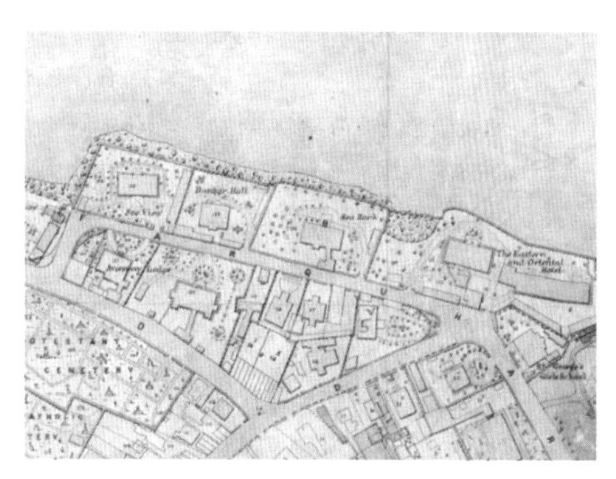

图 1.4.14　1893 年欧洲人住宅区

图 1.4.15　总督府现状照片

图 1.4.16　The Aloes 住宅现状照片

图 1.4.17　建筑师诺布朗纳自宅

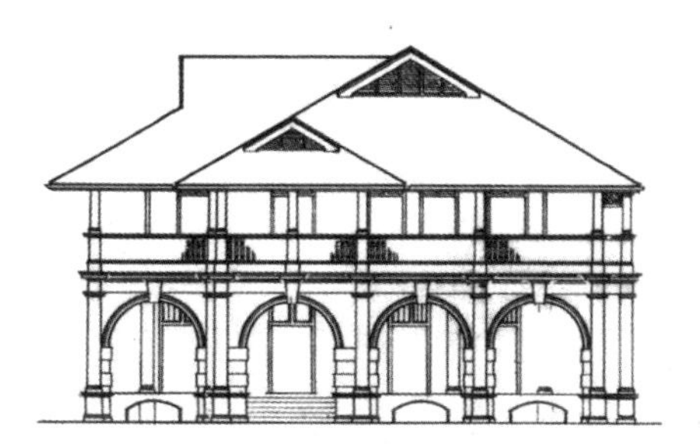

图 1.4.18　建筑师诺布朗纳自宅立面图

❶ Jon Sun Hock Lim. The Penang House: And the Straits Architect 1887-1941[M]. Penang: Areca Books, 2015: 168.

图 1.4.19　西方建筑师查理斯·米勒自宅历史照片

1.4.3　马来人、印度人区域

在《槟榔屿开辟史》中西方殖民者对于马来人有这样的记载："马来人，则族类繁多，有来自吉打者，有来自马来半岛其他各地者，有来自苏门答腊及爪哇两岛者，亦本岛居民中之一大成分也。其人泰半皆负苦，艺术及工商业皆非所知，雇以伐木，则敏而且勤，用以耕种谷物，亦能胜任。"[1]书中另有关于印度人的描述，"朱利亚人，来自戈罗麦狄海之各部。泰半居吉打已久，亦有生长于彼中者，皆充店伙及苦力，居此者约计千人，有携眷同居者。其人一般性情，人所共知，不庸赘述，惟其中与马来人相处已久者，较之初从戈罗类狄海来者，尤为凶恶，然要皆不足信，亦不足畏。"[2]。

19 世纪末槟城马来人住区依然为传统的村落形式，在当地被又称为甘榜（Kampong）。根据不同的地理条件，主要有渔村、稻田村落、种植村落以及山谷凹地村落这四种类型。[3]马来人村落的设置通常以居民对清真寺的归属而决定，在其村落周边往往设有清真寺和穆斯林墓地。部分印度移民[4]由于相同的回教信仰，加上与马来人通婚，也逐渐发展出类似马来甘榜的聚落形式。在卖菜街（Carnarvon Street）一带的甘榜嘉嘉（Kampong Kaka）与甘榜哥南（Kampong Kolam）均属印度裔。[5]此外，在

---

[1] 书蠹（bookworm）. 槟榔屿开辟史 [M]. 顾因明，王旦华，译 . 台北：台湾商务印书馆，1970：140-141.

[2] 书蠹（bookworm）. 槟榔屿开辟史 [M]. 顾因明，王旦华，译 . 台北：台湾商务印书馆，1970：139.

[3] 梅青 . 中国建筑文化向南洋的传播——为纪念郑和下西洋伟大壮举六百周年献 [M]. 北京：中国建筑工业出版社，2005：39.

[4] 在 19 世纪末，"印度人"族群包括锡克人及其一系列亚种姓，还混淆了来自南亚次大陆不同地区的语言和职业群体。这些人彼此之间很少有历史和文化联系，但行政当局据以认识和管理当地社会的种族分类。

[5] Lin Lee Loh-Lim. Traditional Street Names of George Town: Featuring 118 Streets Within the George Town World Heritage Site (GTWHS) and Beyond[M]. Penang: George Town World Heritage Incorporated，2015：69-70.

牛干冬街一带同样聚集了大批印度商人，也因此得名“吉宁仔街”，这部分印度人以居住店屋为主，到 20 世纪 80 年代因旅游发展需要，参考新加坡印度街区的简称为“小印度”（图 1.4.20）。

总体而言，槟城穆斯林村落主要集中于打铜街（Armenian Street）与打石街（Acheen Street）一带，即位于市区中两个主要的清真寺之间，可见伊斯兰宗教文化强大的影响力，成为当地村落的象征符号。由于伊斯兰教较少强调财富积累而注重朝圣，影响了对房屋建设的投资，所以市区中的穆斯林村落相对较少，更多地集中在城郊。[1]19 世纪末随着城市规模向郊区外围的扩张，在历史地图可以看出穆斯林村落位于新的街区中心，外围是华人的骑楼街道，二者相互依存，又彼此划定界限。两个外来族群以不同的生活方式居住在同一街区，表现出多元文化社会中巨大的包容性（图 1.4.21，图 1.4.22）。

图 1.4.20　19 世纪末马来人、印度人生活区域

图 1.4.21　19 世纪末骑楼街区内部原有的穆斯林村落

图 1.4.22　槟城传统马来人村落历史照片

---

[1] 张庭伟 . 转型的足迹：东南亚城市发展与演变 [M]. 南京：东南大学出版社，2008：44.

传统的高脚屋作为早期马来与印度人的普遍居所，现在威省北海的马来村落还可以见到大量传统的高脚屋，其普遍采用干栏式高架的建筑形式，以木材和竹材作为主要建筑材料[1]（图 1.4.23）。平面近方形，底层通过木桩架空用于饲养家畜或储物之用，架高的高度越大，显示屋主身份地位则越高。外观一至两层，木质水平的舢板墙面开有多个窗口；屋脊高耸以利于排出雨水，屋面上覆亚答[2]等当地植物树叶，后期多用锌板或石棉瓦取代。从室外地面至首层设有喇叭形木质楼梯，家庭内部空间与对外会客空间界限分明，以走廊连接主要房间与附属用房。[3]

随着英国殖民者的进入，带来了英印早期的殖民建筑文化，逐渐融合形成了底层封闭的砖构马来屋，楼梯依然设置在户外，亚齐清真寺地块内建有数栋此类马来屋（图 1.4.24）。这些砖构马来屋的平面呈方形，底层布置附属房间，内部用砖柱支撑，二层主要用房通过外廊楼梯到达；建筑整体外观简洁，木构百叶在立面上连续排列，立柱、窗户和分层线脚都用几何图案装饰。马来屋住宅与清真寺、穆斯林墓园及外围马来店屋共同形成封闭的内院，以宗教为中心的马来人住区（图 1.4.25）。

马来及印度人的公共建筑多带有宗教属性的传统符号，也融入了西式殖民建筑装饰元素。位于阿贵街（Ah Quee Street）的回教徒学校[4]是外观为两层沿街店屋形式（图 1.4.26），临街立面底层砖构五脚基柱廊，三开间的仿殖民地拱券柱式，二层竖向长窗几何化分隔，木构外廊楼梯设于左侧，带有传统马来屋的外廊楼梯特征；立面顶部檐口竖立象征伊斯兰教的新月标志。槟城伊斯兰清真寺的神坛朝向圣地麦加方向，故多坐东南面西北，位于地块内部，与地块道路边界呈偏转角度，在沿街布置店屋或围栏，规模较大者在入口附近建有宣礼塔。印度裔穆斯林圣庙同清真寺相似，带有印度式的白石外墙、尖券门洞、小尖塔以及穹顶。值得一提的是，临街而建的印度裔穆斯林 Nagore Durgha 圣庙（图 1.4.27，图 1.4.28），由南印度穆斯林于 1803 年建成，以苏非派穆斯林圣徒 Syed Shahul Hamid 墓葬为基址的圣庙（Shrine），是槟城最早的穆斯林圣庙之一，其带有同相邻店屋贯通的五脚基外廊，是为受英殖民建筑影响而产生的变化之一。

---

❶ 梅青 . 中国建筑文化向南洋的传播—为纪念郑和下西洋伟大壮举六百周年献 [M]. 北京：中国建筑工业出版社，2005:35.

❷ 亚答是以棕、榈科叶子编成的屋顶铺盖物，星马印，多数采用 Nipah（亚答树）或 Rumbia（硕莪树）树叶制成。

❸ Mohamad Tajuddin Mohamad Rasdi. Traditional Islamic Architecture of Malaysia[M]. Kuala Lumpur：Dewan Bahasa dan Pustaka，2012.

❹ 阿贵街回教徒学校在 19 世纪位于马来甘榜内，20 世纪随着阿贵街的开辟而改建，前部临街而增设五脚基。马来与印度回教徒均可就读该校。

图 1.4.23　北海马来高脚屋外观

图 1.4.24　亚齐清真寺内马来屋外观

图 1.4.25　亚齐清真寺地块平面

图 1.4.26　回教徒学校外观

图 1.4.27　Nagore Durgha 穆斯林圣庙外观

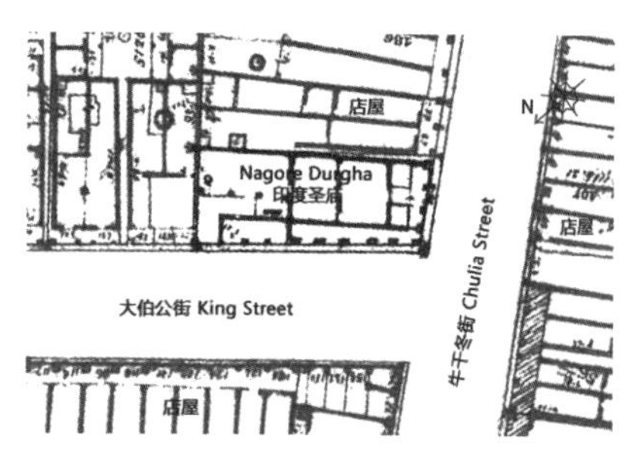

图 1.4.28　Nagore Durgha 穆斯林圣庙平面

1.4.4　华人区域

19 世纪末，华人人口已占槟城总人数一半以上，成为殖民城市中最主要族群。华侨移民向来热衷于累积财富，力求开设店铺，投资地产，更是凭借优秀的经商能力占据槟城这一“商贸城市”中的多数房产。通过槟城华人生活区的范围可以看出，除了早期规划的“商业城坊”，华人居住范围扩散到美芝街南段一带的福建“五大姓”区域、过港仔一带的惠安人“七条路”[1]区域，以及新街、汕头街一带的广府、潮汕人区域。

[1] 从社尾越过港仔墘水道之后共有七条平行的街道，故得名“七条路”，19 世纪末到 20 世纪初来自福建省泉州市惠安县的华侨多数落脚于此。

华人生活区根据方言群存在大致的划分，同时与其他族群住区相互包容，甚至在西方人生活区中也出现了两排华人店屋（图 1.4. 29）。

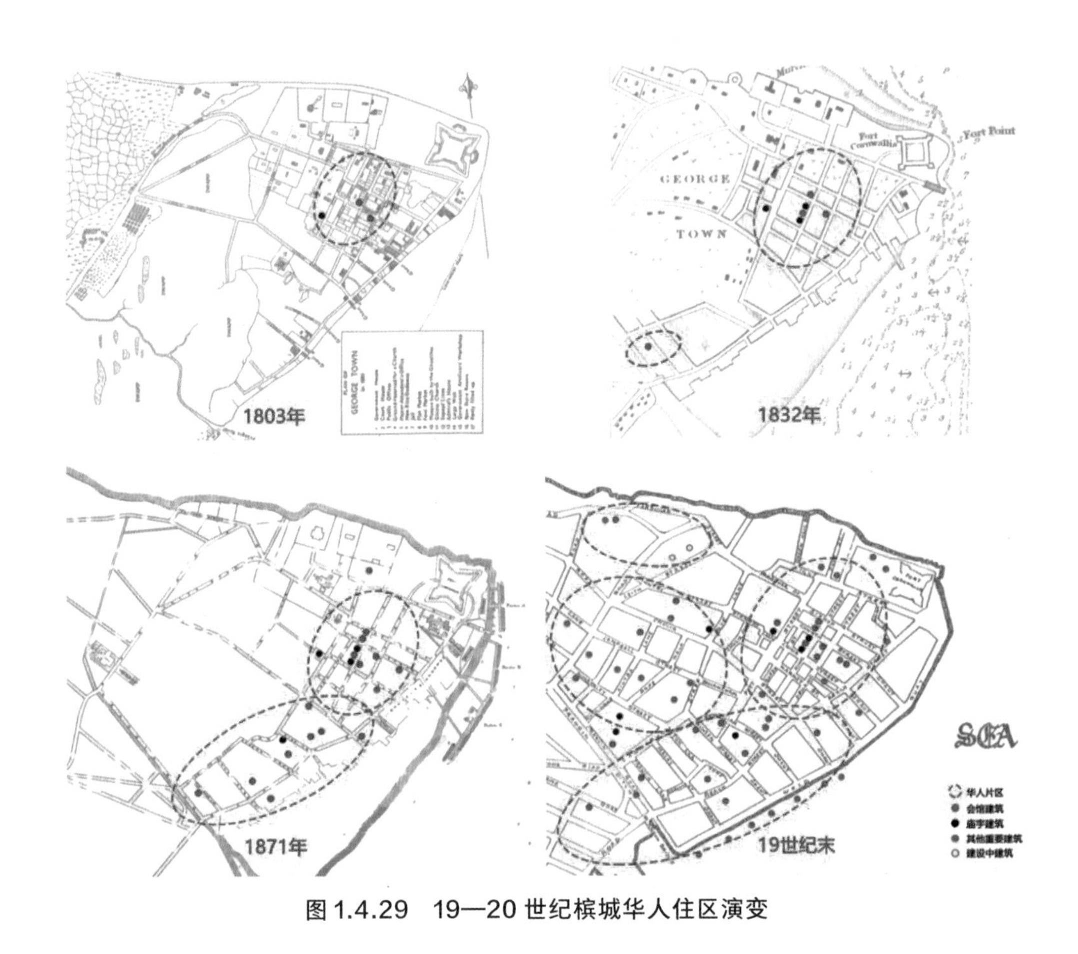

图 1.4.29　19—20 世纪槟城华人住区演变

将华人会馆与寺庙定位到城市地图（图 1.4.30），可以看出华人寺庙会馆主要集中于城市东南沿海一侧，是华人在 19 世纪之前定居的区域，往城市西北方向拓展的区域更多为贸易、生产、娱乐等功能，如福建惠安人“七条路”区域，以及新街、汕头街的广府、潮汕人区域，这些拓展的区域内的寺庙和会馆数量较少。槟城东南沿海一侧密集的地方会馆与寺庙往往作为族群聚落的核心区域，周边则是会馆成员安身立业的生产生活的场所。除福建五大姓公司位于街区中心，其余会馆基本沿城市道路设置。从会馆的疏密程度也能看出福建人势力范围逐渐领先于其他方言群，以牛干冬街为界，大致形成粤、客籍华侨与福建人“分庭抗礼”的局面。

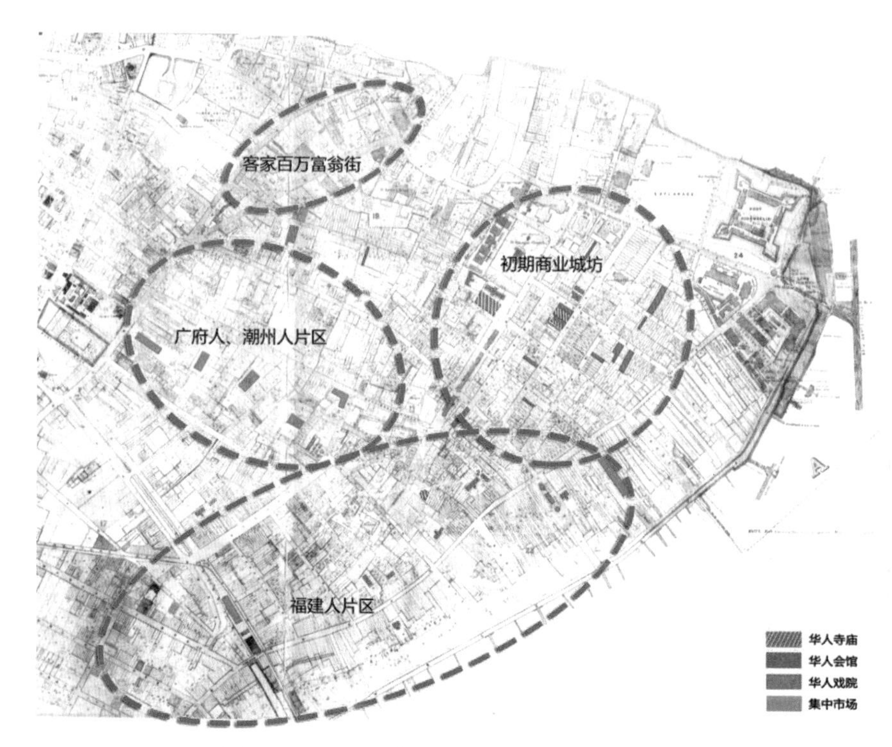

图 1.4.30　19 世纪末槟城主要华人社会空间

图 1.4.31　19 世纪末槟城主要街道中文地名与行业街市

麦留芳在对方言群聚落类型的研究中提出，“方言群的聚落地区大致上是基于职业行业，经济或生产的形态”[1]。这同样反映于街道的命名，背后往往蕴含着市井的生活风貌以及城市的空间职能。从 19 世纪槟城主要街道与中文地名可以看出（图 1.4. 31），槟城除了是东西方交融的商港，还是产业汇聚的工贸区。

漆木街、面线街、打索街、咸鱼埕等以商品命名的街道反映了当时业态的分布。以漆木街为例，这里曾是早期槟城广府人工匠集中制造油漆、木作的街道。在 1821 年一份关于议会成员厄斯金（J. J. Erskine）的私宅家具清单中[2]，大厅、阳台各配置了多套中国油漆的桌椅（China Painted Chairs），并且价格低廉。这也证明了当时中式家具的流行，西方人住宅中同样采用中式家具。新街（Campbell Street）是 19 世纪槟城风俗产业聚集的场所，华人称之为“新街”，语带双关地暗指“新妓”，是因为 19 世纪从广州经由澳门来到槟城的粤籍妓女，大多落脚于这条街的小旅社或妓院。[3] 同样日本横街也得名于 19 世纪街上汇集的日本妓院与艺妓馆。近代时期东南亚的女性移民所占比例极低，一定程度上也影响了卖淫业的发展。《辛卯年英护卫司花册》中记载：槟城妓女一千一百八十人，槟城之过港四十六人，共一千二百二十六人。而勾院则槟城九十九间，槟城之过港七间，共一百零六间（表 1.4.2）。[4]

19 世纪末乔治市主要街道与方言路名　　表 1.4.2

英文路名	福建话路名	广东话路名	备注
Acheen Street	打石街 / 高楼仔	打石街 / 高楼仔	曾有多家刻制墓碑的石铺
Armenian Street	本头公巷 / 打铜街	大伯公巷 / 打铜街	曾有多家铜匠商铺
Beach Street	土库街	土库街	最早的海墘路，分为六个路段
Bishop Street	漆木街 / 顺德公司街	漆木街 / 顺德公司街	早期制造、油漆家具的街道
Chulia Street	牛干冬街	牛干冬街	印度泰米尔人聚集地
China Street	大街	大街 / 观音庙直街	早期华商贸易街道
Campbell Street	新街 / 新大门楼	新街 / 花街	早期风俗产业街道
Cintra Street	日本横街	日本横街	因街上日本艺妓馆得名
Church Street	义兴街	义兴街	早年义兴公司总部所在

[1] （马）麦留芳 . 方言群认同：早期星马华人的分类法则 [M]. 台北：中央研究民族学研究所，1985：92.

[2] 详细清单见：Marcus Langdon. Penang: The Fourth Presidency of India 1805–1830 Vol. 2: Fire, Spice and Edifice [M]. Penang: Areca Books, 2013: 453.

[3] Lin Lee Loh-Lim. Traditional Street Names of George Town: Featuring 118 Streets Within the George Town World Heritage Site (GTWHS) and Beyond[M]. Penang: George Town World Heritage Incorporated，2015：34.

[4] 陈可冀 . 清代御医力钧文集 [M]. 北京：国家图书出版社，2016.：304.

续表

英文路名	福建话路名	广东话路名	备注
Chowrasta Road	吉宁仔万山	吉灵巴刹	早期印度市场
Downing Street	大人关	问话馆	早期殖民地行政区
Farquhar Street	红毛路		西方人区域街道
Kimberley Street	汕头街 / 面线街	潮州妹街	街上多是汕头港南下的潮州人
King Street	大伯公街	大伯公街 / 烟公司	广东宗祠会馆街道
Light Street	玻璃口 / 莱特街	玻璃士前	“玻璃”即警察之意
Malay Street	台牛巷	劏牛巷	马来人宰牛街道
Market Street	巴刹街	巴刹街	新巴刹所在街道
Muntri Street	南华医院街	南华医院街	槟城南华医院所在街道
Prangin Lane	咸鱼埕		社尾商家在此暴晒咸鱼
Penang Street	广东街 / 九间厝	广东街 / 唐人街	早期广府人店铺所在
Queen Street	十二间 / 旧和合社街	十二间 / 旧和合社街	街上十二间相同的店屋
Rope Walk	打索巷 / 义福街	义福街	早期制作绳索的街道
Victoria Street	海墘新路 / 文山堂路		19 世纪末滨海大街

除了街道与业态的对应，不同方言群的从属行业也暗含着“物以类聚，人以群分”的规律（表 1.4.3），即各方言群一般从事特定的几种行业。如麦留芳所言“行业与乡镇的关系就几乎等于方言群与乡镇的关系”。[1] 这同样可以作为分析 19 世纪不同籍贯华侨族群聚落分布的佐证。大人关、玻璃口、吊人桥等殖民地名，则体现了华人与统治者之间不对等的社会阶层。[2] 玻璃口代表警察司署，大人关则与移民事务司相关。综上可见，华化地名是城市网络背后重要的物质与内涵呈现，与官方命名呈现出两种截然不同的文化诠释。

槟城乔治市主要方言群行业分布　　**表 1.4.3**

籍贯	主要职业
福建人	硕莪粉制造商、脚夫、泥水匠、码头工人、饷码商的小差、银行商、五金店、鱼贩、商贾
潮州人	出入口商、烧炭商、打石工人、屠夫、甘蔗和胡椒种植园工人
广府人	酒楼、砖窑工人、当铺、造船商、面包师傅、木匠、打金匠
客家人	牙医、药材店
海南人	咖啡店主、家庭帮佣

[1] （马）麦留芳．早期华人社会组织与星马城镇发展的模式 [M]. 台北：中央研究民族学研究所，1984：397.

[2] 高丽珍．马来西亚槟城地方华人移民社会的形成与发展 [D]. 台北：台湾师范大学地理学系，2010：156.

第 2 章 槟城华侨建筑类型

2.1 华侨建筑分类

根据功能和意义的不同，新马华侨建筑可以分为不同的类型，关于华侨建筑的已有研究中华侨建筑类型广泛，内容涉及不同类型华侨建筑的分类方式。最早是在 1984 年，David G.Kohl 所著的《Chinese Architecture in the Straits Settlements and Western Malay: Temples, Kongsis and Houses》[1] 中将华侨建筑分为宗教和纪念建筑、华人的各色住所和店屋。其中宗教和纪念建筑包括华侨庙宇、公司、石窟寺、戏楼、塔、牌楼 6 种，华人的住所包括农舍、渔民住所、矿工宿舍、窑洞、排屋、中西合璧的独立式住宅和院落大宅 7 种（表 2.1.1）。

David G. Kohl 对华侨建筑的分类　　表 2.1.1

宗教和纪念建筑	庙宇（Temple）、公司 / 会馆（Kongsi）、石窟寺（Cave Temple） 戏楼（Theatrical Stage）、塔（Pagoda）、牌楼（P'ai-lou and P'ai-fong）
华人住所	农舍（Farmhouse）、渔民住所（Fishermen's Home）、矿工宿舍（Miners' Dormitory）、窑洞（Cave Dwelling）、排屋（Terrace House）、中西合璧的独立式住宅（Free-Standing European-Chinese Mansion）、院落大宅（Courtyard Mansion）
店屋（Shophouse）	

1990 年出版的《Malaysian Architecture Heritage Survey: A Handbook》[2] 中将华

[1] David G. Kohl. Chinese Architecture in the Straits Settlements and Western Malay: Temples, Kongsis and Houses[M]. Hong Kong: Heinemann Educational Books (Asia)，1984.

[2] Heritage of Malaysia Trust. Malaysian Architecture Heritage Survey: A Handbook[M]. Kuala Lumpur:Badan Warisan Malaysia，1990.

侨建筑分为庙宇、公司、居住建筑、混合功能建筑4种类型，居住建筑类型又分为排屋、院落大宅、洋房/平房以及别墅共4种类型。不同于David G. Kohl的是，书中将华侨店屋归为混合功能建筑类型，又将庙宇和公司或会馆建筑分为两种建筑类型（表2.1.2）。

《Malaysian Architecture Heritage Survey》对华侨建筑的分类 表2.1.2

庙宇（Temple）	
公司/会馆（Kongsi）	
居住建筑	排屋（Terrace House）、院落大宅（Courtyard Mansion）、洋房/平房（Bungalow）、别墅（Villa）
混合功能建筑	店屋（Shophouse）

1998年Chen Voon Fee编著的《The Encyclopedia of Malaysia 5：Architecture》[1]中将马来西亚建筑类型分为本土马来房子、清真寺、庙宇、宗族建筑、店屋、豪宅等，其中华侨建筑范畴包括店屋、排屋、洋房/平房、别墅、院落大宅、庙宇及宗族建筑7种类型，该书中店屋已经被划分为华侨住宅建筑类别（表2.1.3）。

《The Encyclopedia of Malaysia 5：Architecture》中对华侨建筑的分类 表2.1.3

庙宇（Temple）	
宗族建筑（Chinese clan house）	
住宅	店屋（Shophouse）、排屋（Terrace House）、院落大宅（Courtyard Mansion）、洋房/平房（Bungalow）、别墅（Villa）

综上所述，以往的研究从功能类型上看，住宅民居、宗族建筑（公司/会馆）和庙宇建筑是东南亚华侨建筑的重要类型，但很多类型的华侨建筑类型未被涵盖，如沿海临水的华人水上屋，遍布各地村落、结构简易的木屋民居等。根据现有调查资料，从建筑功能大类来区分，可以分为居住建筑、公共建筑、商业建筑等类型。其中，华侨居住建筑可分为乡村木屋、水上屋、孟加楼、居住排屋、商住店屋、院落大宅、洋楼别墅等类型；华侨公共建筑可分为庙宇、会馆、学校、医院、娱乐场所等主要建筑类型；华侨商业建筑可分为市场、贸易公司、银行、餐饮及旅社等主要类型；还有华人义山、纪念建筑等其他建筑类型。

[1] Chen Voon Fee. The Encyclopedia of Malaysia Architecture[M]. Kuala Lumpur：Archipelago Press，1998.

2.2 居住建筑类型

2.2.1 店屋

店屋是商住结合的沿街建筑，海外华侨建筑中最常见的形式，常被称为骑楼或五脚基店屋，在《Malaysian Architecture Heritage Survey: A Handbook》一书中对于店屋的定义为："指为了满足商人在同一座房屋中既可以进行商业活动又可以居住的需求而产生的建筑类型。平面沿用传统布局，最前面带有五脚基外廊，一层平面功能为前面是商店后面是储藏与厨房，二层则是居住空间。平面中央的天井除了为房间提供良好的采光与通风，还具有收集和处理雨水的功能。这些窄长的店屋沿着街边不断重复相连，形成尺度适宜的城市景观。"[1] 近代店屋的建筑形式来源于中国传统街屋，如闽南人的手巾寮、竹竿厝，广府人的竹筒屋等，由于沿街建筑面宽的限定，无法像传统合院一样围绕天井来布置房间，于是就有了房屋沿长轴排布并间隔天井的窄长型平面，朝向也不完全遵从传统合院的南北朝向原则，而是取决于城市环境和街区布局。

1822 年新加坡殖民总督莱佛士（Sir Thomas Stamford Bingley Raffles）在《建筑法令》（Building Regulations）中提出对街道店屋的改造，要求店屋临街架空的步廊需要达到一定宽度，并将其规定为向街道两侧开放的连续公共步行空间。到 1890 年海峡殖民地雪兰莪《Conservancy Regulation》（No. VIII）（雪兰莪州第八号管理条例）中规定"The footway within any verandah-way must be at least five feet in the clear"，将店屋沿街底层步廊的宽度明确规定为 5 英尺（1.5 米）以上。[2] 早期移民新加坡的闽

---

[1] The shophouse is a form that evolved to allow merchants to live and work in the same building. Basically, the design follows the same floor plan to the present day. A covered colonnade forms the transition from the street, the shop is in front with storage and the kitchen at the rear. Upstairs is the living/dining/sleeping areas. A central air well provides internal light, ventilation and facilities the collection and disposal of rain water. These long narrow buildings are repeated in endless repetition to create streets and squares in an understandable pattern and of human scale. 引 自 Heritage of Malaysia Trust. Malaysian Architecture Heritage Survey: A Handbook[M]. Kuala Lumpur: Badan Warisan Malaysia，1990：72.

[2] 1822 年 11 月 4 日海峡殖民地新加坡《Building Regulations》规定："All houses constructed of brick or tiles have a uniform type of front each having a verandah of a certain depth , open to all sides as a continuous and open passage on each side of the street"，规定一定宽度向街道开放的连续步廊。到 1890 年海峡殖民地雪兰莪《Conservancy Regulation 》No. VIII（雪兰莪州第八号管理条例）规定："Every person who shall erect a building which abut on any street or road shall provide a verandah-way or an uncovered footway of the width of at least seven feet measuring from the boundary of the road or from the street drain... and the footway within any verandah-way must be at least five feet in the clear"规定步廊通行宽度须至少达到五英尺。引自 Jon Sun Hock Lim. The "Shophouse Rafflesia" An outline of its Malaysian Pedigree And Its Subsequent Diffusion In Asia[J]. Journal of the Malaysian Branch of the Royal Asiatic Society，Vol. 66，No. 1（264），1993：49-51.

南华侨直接将“five-foot way”用闽南语翻译成“五脚基”，并成为骑楼的代名词，无论骑楼宽六尺、七尺、八尺……，任何退缩的骑楼空间都称之“五脚基”。[1]

槟城店屋主要分有“商住一体”和“纯商业”两种功能布局类型，其中商住一体的类型中又可分为“前店后住”与“下店上住”两种格局。早期华侨商业贸易以个人经营占多数，商住兼具的店屋最为方便，是普通华人的日常生活空间。在实地调研发现，槟城的沿街店屋主要采用“下店上住”的平面布局。店屋平面从单进无天井的、两进单天井至三进两天井带后院的形制均可见到，其中两进单天井较为常见。其首层临街空间均用于商业功能，后部作为商业附属空间，如餐饮业的厨房、零售业的库房等均布置于后落；二层以上为住宅区域，厅堂、卧室、厨房等房间围绕天井布局，并与通透的格栅分隔房间，商业的部分仓储库房也设于二楼以上，开设“楼井”用滑轮设备上下吊装货物（图 2.2.1，图 2.2.2）。

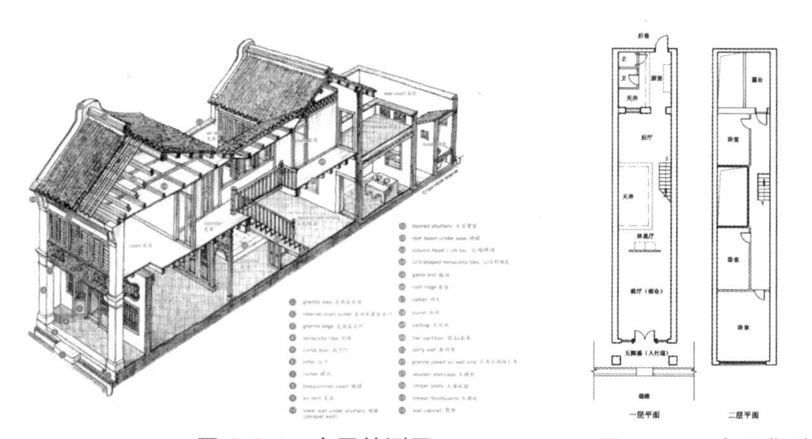

图 2.2.1 店屋轴测图　　图 2.2.2 店屋典型平面

沿街店屋的立面外观变化相当丰富，因建造时代的不同主要有五种代表性样式，分别为早期砖构样式、华南折中样式、海峡折中样式、艺术装饰（Art Deco）样式和早期现代样式。[2] 分别具有以下特点（表 2.2.1）：

---

[1] 林冲 . 骑楼型街屋的发展与形态研究 [D]. 广州：华南理工大学，2000：215.

[2] 店屋样式分类结合陈耀威与 Jon Sun Hock Lim 的研究，根据不同样式的兴衰时间将其分为五类。在陈耀威《Penang Shophouse》一书中，根据槟城骑楼立面样式的差异，将其风格分为早期槟榔屿、华南折衷、早期海峡折衷、晚期海峡折衷、艺术装饰以及早期现代共六种。另外，Jon Sun Hock Lim 根据建筑法规的发展，将槟城近代骑楼分为三个发展阶段。参见：（马）陈耀威（Tan Yeow Wooi）. Penang Shophouses: A Handbook of Features and Materials[M]. 槟城：陈耀威文史建筑研究室，2015；Jon Sun Hock Lim. The"Shophouse Rafflesia" An outline of its malaysian Pedigree And its Subsequent Diffusion in Asia [J]. Journal of the Malaysian Branch of the Royal Asiatic Society, Vol. 66, No. 1 (264)，1993：53.

店屋立面样式特征 **表 2.2.1**

立面样式	特征	典例
早期砖构样式	高度两层为主，砖墙木屋架，较为低矮厚重，坡屋顶临街出檐较短，二层连续百叶窗，一层门面、柱廊以及二层栏板均简单朴素无装饰	
华南折中样式	沿街建筑两层为主，砖墙木梁架，坡屋顶临街，二层有连续木百叶和带镂空雕花砖的窗下墙，由木横梁支撑，局部有中国传统彩绘与灰塑，一层中开梳子门，两侧木方窗与上部气窗呈对称构图，体现出闽粤地区传统街屋的影响（图 2.2.3，图 2.2.4）	
海峡折中样式	高度两层到三层，出现少量钢混房屋，水泥铺地与上釉砖取代前期红砖地面。廊柱及壁柱为西方柱式，柱头带雕刻灰塑，二层设落地券洞窗，部分店屋墙面带繁复装饰细部，整体融入大量西方建筑装饰特征（图 2.2.5）	
艺术装饰样式	高度多为两层以上，钢筋混凝土梁柱局部木构，水刷石取代前期石灰抹面。立面突出中心，竖向线条简洁形成韵律，梯状山花高于坡屋面檐口，多在中央设立高耸的旗杆，整体极少带有繁复装饰，受到 20 世纪 20 年代西方艺术装饰建筑设计理念的影响	
早期现代样式	沿街多层建筑，钢筋混凝土框架结构，平屋顶女儿墙临街，转角曲线与挑板呈舒展的流线型构图，水平玻璃窗简洁实用，上有连续排布的圆形小气窗。一层出现悬挑取代原有柱廊五脚基，底层大面积玻璃门窗形成开敞式商业空间，整体受到了早期现代建筑设计理念的影响	

店屋底层门面除了采用梳子门带左右窗的住宅门面之外，还应用了从木构到铁艺等多种材质的折叠门。前者入口较为狭小，多出现于经营零售业和小型商业的骑楼建筑中，具有较强的私密性，门面也更具有中国传统对称居中的特点；后者开启后可向街道完全开放，用于商业、库房或进出大件商品的骑楼建筑门面。店屋建筑整体为底层通透，上层紧凑，这些特点适应于东南亚炎热潮湿的气候和多样的商业需求。

图 2.2.3　本头公巷华南折中式商住骑楼立面

图 2.2.4　店屋二层门面华南折中样式装饰

图 2.2.5　店屋二层门面海峡折中式装饰

案例：孙中山纪念馆

孙中山纪念馆[1]位于打铜仔街（Armenian Street）120 号，坐西北朝东南。原建筑在 19 世纪末为商住骑楼，1908 年“槟城阅书报社”成立后，其作为同盟会南洋总机关的所在地，是孙中山革命基地的中枢[2]，现为展览馆。建筑外观为两层华南折中样式骑楼，前部五脚基同相邻骑楼贯通；底层门面华丽，梳子门与扇形气窗带有鎏金雕花板，下部贴日本面砖；矮墙及水车堵带有卷轴、花鸟等纹样彩绘（图 2.2.6，图 2.2.7）。平面为三进两天井带后院，首层分前中后三厅，由前至后分布用于展览、休息和办公，中轴线上保留有带花草镂空雕花板的传统屏门；中厅与天井相连无隔断，通往二楼的楼梯设

[1] 孙中山纪念馆所处的骑楼建筑约建于 1880 年，至今历经多次改造与修复，20 世纪初因后部增加道路而去除后院，现今改造为展览馆，用于展览孙中山相关文物及史料文物，立面装饰彩绘及雕刻为 2010 年修复。参见：(马) 陈耀威编著 . 文思古建工程作品集 [M]. 槟城：文思古建有限公司，2018：114.

[2] 参见孙中山纪念馆内文史资料。

置于中厅后部；后厅设餐厨及卫生间。二层分隔五间卧室，且有大面积起居空间和良好采光的露台（图 2.2.8—图 2.2.10）。

图 2.2.6 孙中山纪念馆外观

图 2.2.7 孙中山纪念馆檐下及水车堵泥塑彩绘

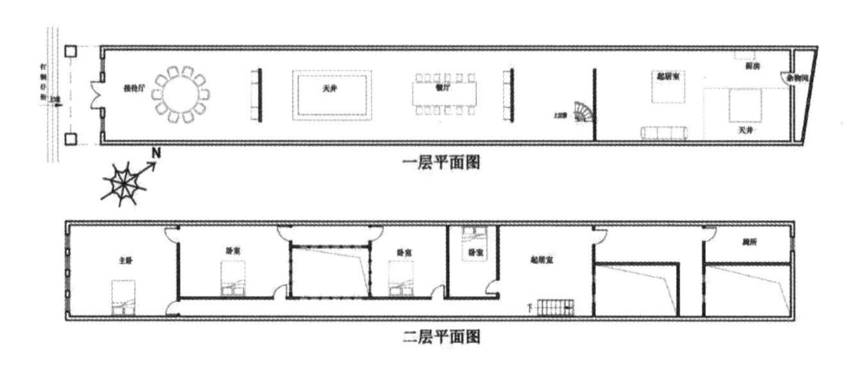

图 2.2.8 孙中山纪念馆平面示意图

图 2.2.9　孙中山纪念馆前厅

图 2.2.10　孙中山纪念馆中厅

2.2.2　排屋

排屋，又被称为“Terrace house”或“Town House”，在槟城表现为联排、纯居住功能建筑，《Malaysian Architecture Heritage Survey: A Handbook》一书中对于排屋的定义为：“指拥有相似立面的连续的房屋，常有庞大的家庭居住其中的纯居住功能建筑。排屋有多种，一些早期的排屋与店屋相似，例如它们都有天井和建筑前连续的走廊。排屋三个重要元素是：神祖厅、会客厅和天井，其中祭拜祖先的神祖厅最为关键”❶。部分排屋前部带有封闭庭院，相邻的五脚基互不连通，分割形成私密的住宅。外观上则根据屋主的财力、身份而变化多样，但多数普通华人居住的排屋装饰简洁，实用朴素（图 2.2.11- 图 2.2.13）。

槟城的排屋同遍布于城中的店屋建筑整体结构基本相同，拥有二到三层统一的对称立面，狭窄面宽和长条进深平面，但在功能布局以及入口上存在一定差异，部分排屋可内部联通，形成如北海纪家大院❷一类的居住组群。其建造用于纯居住使用，底层入口多采用住宅门面，即中部设梳子门，两侧设窗户与气窗。首层前落作为起居室，案桌居中设置，为传统民居厅堂形制。走廊设置于楼梯一侧，前后贯通的空间序列由此形成，中间设置小天井，每进空间分割出小间住房，后落内天井设置厕所、厨房等空间，二层延续居住功能，这与商住骑楼相类似。排屋的平面布局清晰实用，建筑装饰简洁

---

❶ Commonly called a link or terrace house these are attached houses with similar façade treatment. Found in the inner city they are similar to the row housing of Europe. There are different types of terrace houses but some of the earliest examples are similar to shophouses in that they have a covered walkway as a linkage, though in some cases an extended party wall blocks the passage. The important elements of the house are the ancestral hall, the sitting room and the air well. 引 自 Heritage of Malaysia Trust. Malaysian Architecture Heritage Survey: A Handbook[M]. Kuala Lumpur: Badan Warisan Malaysia，1990：71.

❷ 纪家大院，由纪来发建于 19 世纪末，位于北海爪夷市。北海保存完好的早期住宅组群之一，占地 4 英亩，由纪氏家庙与一组排屋组成，建筑材料与雕花家具均来自中国。纪来发（1834-1892 年），爪夷市种植业及制造业富商。曾受英殖民政府授予“杖爵”荣誉。

朴素，是槟城普通华人的日常生活空间（图 2.2.14，图 2.2.15）。

图 2.2.11 三条路带前院排屋鸟瞰图

图 2.2.12 头条路排屋街道外观

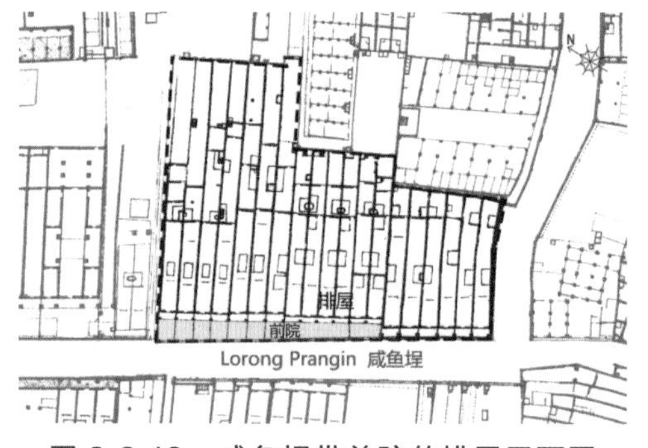

图 2.2.13 咸鱼埕带前院的排屋平面图

图 2.2.14 纪家大院排屋外观

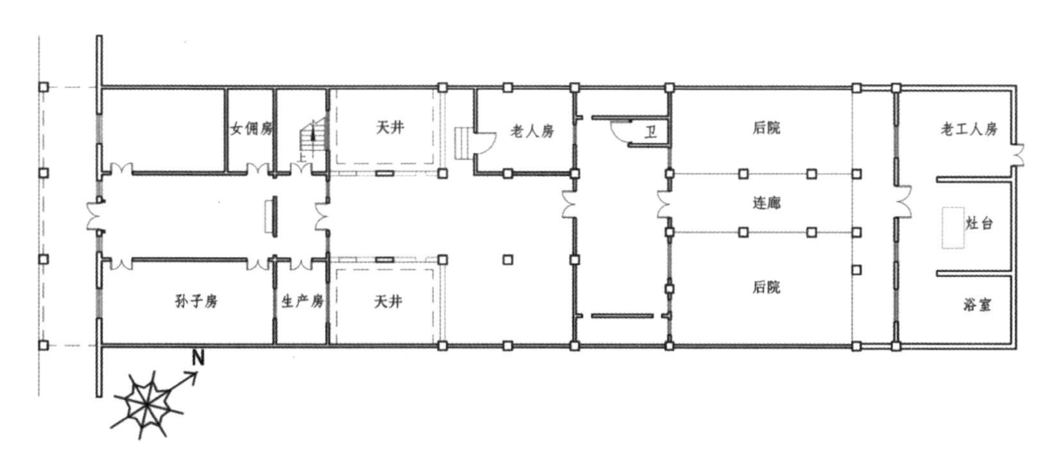

图 2.2.15　纪家大院排屋平面图

2.2.3　院落大宅

槟城的院落大宅（Courtyard Mansion）多沿用中国传统合院布局，与西方建筑元素相结合，是带有多元建筑文化的华人大型宅邸。《Malaysian Architecture Heritage Survey:A Handbook》中定义为："19 世纪晚期建造，原型为中国的传统合院式住宅，采用中国传统的建筑平面，在东西向轴线上的庭院前后分别设置两个大厅，用走廊与其他房间相连接，多个这样带有庭院的平面组合在一起形成一个庞大的建筑群。院落大宅的三个重要特征，分别为神祖厅、客厅和天井。"[1] 可以看到马来西亚当地学者对华侨院落大宅的认知，当然两个大厅应该在南北轴线上，而且是两层以上的重楼大宅。在长期资本的积累下，部分华人富商于乔治市内兴建此类院落大宅，典型如张弼士故居、海记栈和王文庆故居[2] 等，一定程度上延续了中国传统院落的生活形态。

案例 1：张弼士故居

张弼士故居坐落于槟城莲花河 14 号，现因其靛蓝外墙也被称为"蓝屋"，是华人富商张弼士[3] 在南洋众多宅院中最为华丽、庞大的院落大屋（图 2.2.16）。故居占地约

---

[1] 原文为"These mansions are more traditional Chinese mansions found in China. The three important elements of these houses were the ancestral hall,the sitting room and the air well. Built during the late 19th Century, in Malaysia they follow a courtyard plan with two major halls transversing on the east-west axis of the house connected by corridors to other rooms. This courtyard plan is connected to other courtyards creating a large square or rectangular complex." 引自 Heritage of Malaysia Trust. Malaysian Architecture Heritage Survey: A Handbook [M]. Kuala Lumpur: Badan Warisan Malaysia，1990：70.

[2] 王文庆故居，现为"东印度阁"旅社，建于 19 世纪初，位于大街 25 号。华人甲必丹郑景贵曾在 1846 年拥有该产业，后转手给闽帮商人王文庆。

[3] 张弼士原名张肇燮（1840-1916 年），客家人，出生于广东梅州大埔，南洋第一代资本家及末代清朝官吏，曾任清廷驻槟榔屿副领事及新加坡总领事。

$5200m^2$，建筑群体包含府第式主屋及马路对侧的五间排屋等部分。府第式主屋平面为粤东客家地区常见的“双堂双横屋”格局，由位于中轴的两进三开间的正屋及左右两侧的横屋组合而成,并将传统堂横屋的平面格局进行整体“楼化”,形成两层的建筑体量，并在天井两侧、后廊以及横屋对称地增加楼梯。

从开阔的前院拾阶而上五脚基式门廊，中式传统大门居中，上悬“光禄第”匾额，进入为下堂和正堂，高敞明亮，正对入口的木雕格栅屏风装饰精美，绕过两边侧门进入内部天井。两侧横屋的上下层各有六间房，正屋二层各设四间大房于平面四角，居住空间舒适宽敞，适应于富裕华人的生活需求（图 2.2.17）。从屋面山墙来看，主体兼有潮州和客家的建筑特征，诸多中国传统装饰元素遍布排屋型正屋各处，包括壮观的红瓦屋面和华丽的山墙装饰、一层檐口悬挑的木梁架披檐。内部细节更加精美，代表所谓的五行金元素的西式铸铁柱式和栏杆装饰，庭院中的鎏金镂空雕花格栅等，都是中西建筑装饰文化融合的成功之作（图 2.2.18，图 2.2.19）。

图 2.2.16　张弼士故居外观

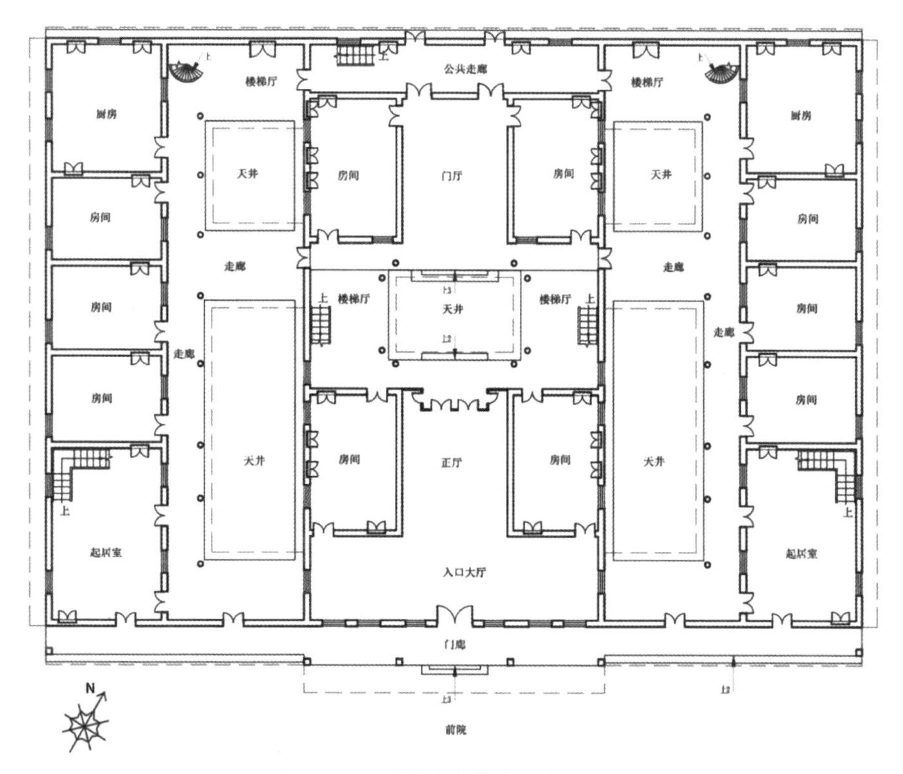

图 2.2.17　张弼士故居一层平面图

图 2.2.18　张弼士故居中厅

图 2.2.19　张弼士故居护厝

案例 2：郑景贵故居

郑景贵[1]故居位于义兴街 29 号，由居中的正屋海记栈同右侧的慎之家塾组成的合院住宅。（图 2.2.20）海记栈是甲必丹郑景贵在槟城的总部，面阔三开间，平面中轴对称，布局以粤东客家传统“双堂屋”格局为原型，并整体二层化。正立面为典型的海

[1] 郑景贵，名嗣文（1821-1901 年），广东增城人。锡矿业起家，曾任霹雳和太平华人甲必丹，海山党魁，清廷“赏戴花翎二品官阶”。

峡折中样式，连续的拱形百叶窗，临街而立设有贯通五脚基，入口门厅两侧房间对外设八角凸窗；二进主厅两侧也各设一房，中部天井左侧为侧门厅，通往左侧的内庭院。侧入口出挑精致铁艺阳台，下部落柱形成面向内庭的门廊。后部设置外廊并与厨房附属建筑通过廊道相连，围合形成几个内庭院，附属建筑独立设置于主楼之外是殖民地孟加楼的特征之一。主体右侧慎之家塾为传统祠堂布局，兼作家族私塾之用，前有退让的庭院空间，组成中式合院的附属部分（图 2.2.21）。海记栈没有沿用郑氏原乡客家大屋的青砖灰瓦建造，而是采用海峡折中样式和中式传统合院进行中西融合，折中的建筑元素和装饰，以及室内陈设体现出华人传统合院的在地化特征。西化的海记栈与中式的慎之家塾，作为两种异质的建筑形态在院落大宅的并存反映出海外华侨独特的生活方式与复杂的情感需求，也正是华侨介于中外双重身份的真实写照（图 2.2.22，图 2.2.23）。

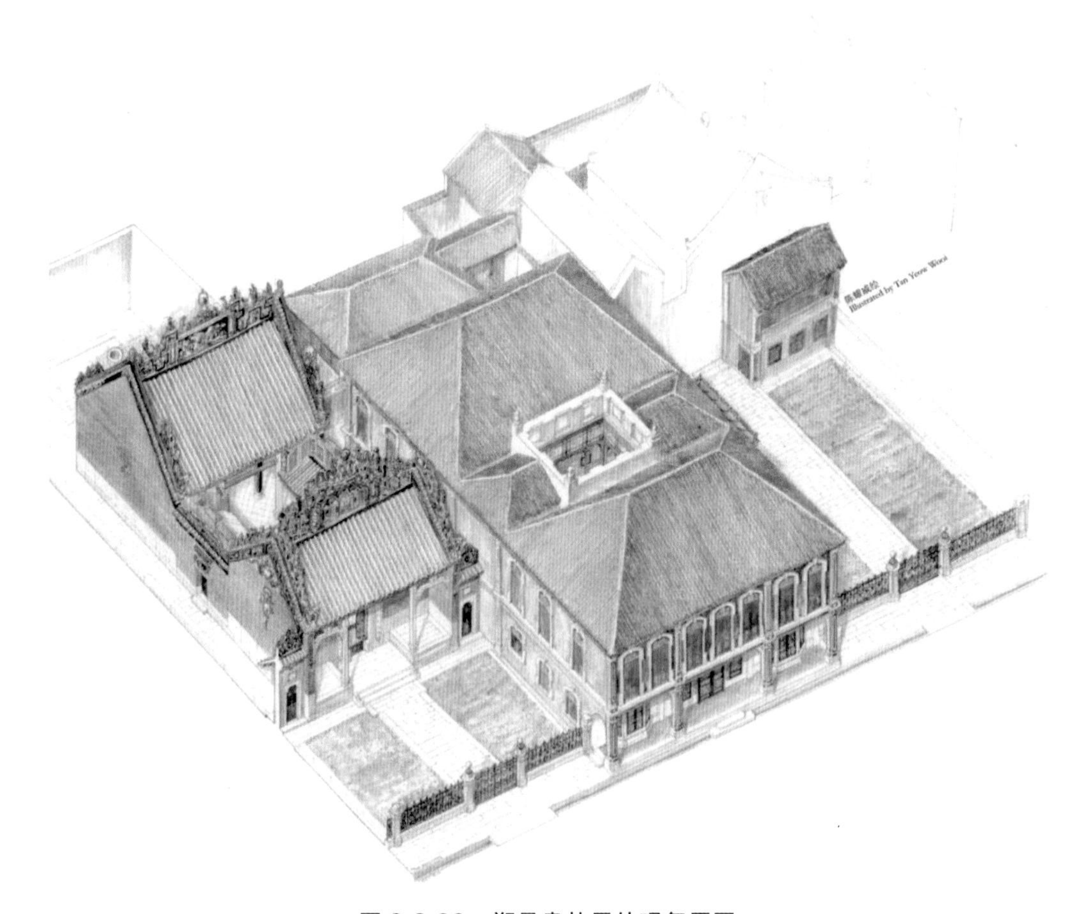

图 2.2.20　郑景贵故居外观复原图

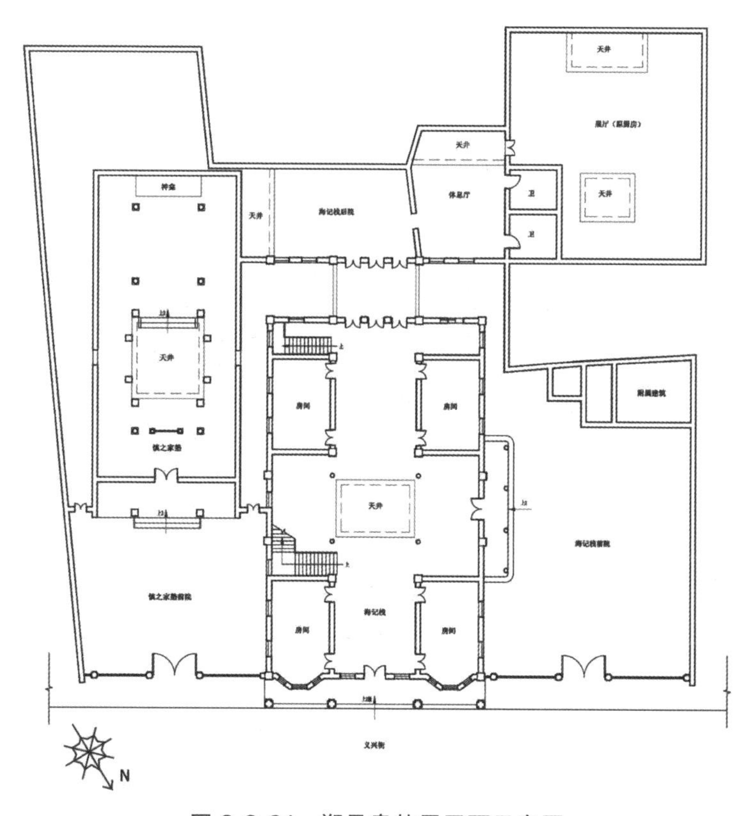

图 2.2.21　郑景贵故居平面示意图

图 2.2.22　郑景贵故居外观

图 2.2.23　郑景贵故居天井内景

案例 3：连瑞利故居

位于威省武吉淡汶的连瑞利[1]故居是较大规模的院落大宅（图 2.2.24），平面为三开间两进带后院的传统格局，并带有单侧一层护厝。主体立面为两层，成排的百叶联

[1] 连瑞利（1875—1924 年），土生华人，为古楼潮州人。农业大亨，20 世纪初来到槟城后活跃于槟城的社会和活动，是韩江学校的创始人之一，也是槟城马球场的捐建者。

窗为典型的华南折中样式，整体装饰细致而高雅，是上层华人身份财力的体现。底层门面在入口门楣、水车堵、窗框上均带有装饰彩绘与泥塑雕刻，以中国传统题材为主，从山水花草、麒麟瑞兽到人物故事，层出不穷。二层门面的水车堵部分，群青彩绘同西方柱式、线脚相结合，矮墙中置镂空雕花砖工艺精湛（图 2.2.25）。

图 2.2. 24　连瑞利故居外观

图 2.2.25　连瑞利故居泥塑彩绘装饰细部

2.2.4　洋楼别墅

19 世纪末期到 20 世纪初期，随着华商经济实力的发展，商贾富豪纷纷建造洋楼别墅（villa）以显耀自己的财富与地位。建筑多由槟城的西方建筑师设计建造[1]，受到当

---

[1] 如约翰 · 麦克尼尔（John McNeill），约瑟夫 · 查理斯 · 米勒（Joseph Charles Miller），查尔斯 · 杰弗里 · 布彻（Charles Geoffrey Boutcher）等建筑师，参见 Jon Sun Hock Lim. The Penang House: And the Straits Architect 1887-1941 [M]. Penang：Areca Books，2015.

时流行的意大利别墅和英国乡村住宅的启发。洋楼别墅主体两到三层，早期建造材料为砖石木，后期开始运用混凝土结构。外观为新古典或折中风格，立面中轴对称，门廊沿中轴凹入或突出，形式上主要吸取了西方建筑的特征，相较马来本土影响较多的孟加楼更接近于西方庄园别墅。洋楼别墅多数独栋而建，周边拥有广阔的庭院，大多带有长廊及附属建筑，建筑体量较大。此类型洋楼主要分布于乔治市红毛路两侧以及市郊、升旗山等区域，其中，红毛路又被称为“百万富翁街”，诸多知名华人商业领袖，如叶祖意、连瑞利、林连登等在此购置产业，形成槟城一道独特风景线。

连瑞利故居又名诺兰住宅（Northam Lodge），1911 年建于红毛路 46B 号，由英国建筑师约翰 · 麦克尼尔（John McNeill）设计，是模仿西方城堡式的华侨洋楼（图 2.2. 26）。其豪华雅致的建筑风格也影响了当地其他建筑师，包括设计林连登故居[1]等洋楼别墅的查理斯 · 米勒（Charles Miller），迎合了当时华侨富商所追求的西方上流社会的时尚品位。建筑主体大量采用西方建筑古典装饰元素，对称而设的壁柱柔美细致；入口上覆带有蛎壳玻璃的巨大透光顶棚，立面上通过设于两侧的八边形和圆形翼楼形成非对称的均衡构图；别墅通身呈白色，搭配铁艺门窗显得精致典雅，中间突起三角形山花，灰塑装饰线脚精美，具有英国流行的新帕拉迪奥建筑的风格特点。

林连登住宅（Woodville）建于 1926 年，整体上依据连瑞利故居而建。城堡式外观中心性强烈，通过廊房与右侧两层附属建筑连接，形成占地庞大的豪华宅邸。立面左侧的三层塔楼带有巴洛克式穹顶和高窗，借鉴了格拉斯哥苏格兰商业银行的穹顶设计。在平面布局上，查理斯 · 米勒在槟城红毛路设计建造的独栋别墅大多具有同样的空间序列与韵律，均为平面沿横纵两轴线布局，主体建筑两到三层，带附楼的洋楼组群，是红毛路上极具代表的华人别墅建筑（图 2.2.27，图 2.2.28）。

叶祖意[2]住宅（Homestead）建于 1919 年，同上述连瑞利故居都是麦克尼尔的经典之作，原属于槟城富商林妈裁（Lim Mah Chye），后转手叶祖意。值得一提的是，叶祖意在其故居旁加建一栋西式私人戏院建筑，用于演出中国戏剧。建筑纵向以入口和主厅、后厅为序列，左侧设接待室及书房，配有凸窗及阳台，右侧为餐厨。通向二楼的大楼梯置于中部居右，二层包含居住及其他功能用房。横向可通往附楼的餐厅，附楼后部设有厨房及盥洗室。整体布局适应于富裕华人居民的生活，华丽的外观也体现了他们的尊贵地位（图 2.2.29，图 2.2.30）。

---

[1] 林连登（1870-1963 年），广东惠来县人，农业大亨，1893 年移居槟城，历任槟州中华大会堂主席、潮州会馆主席。

[2] 叶祖意（Yeap Chor Ee，1867-1952 年），华人富商、慈善家，创立槟城第一家华人银行，积极投入教育事业。

图 2.2.26　连瑞利故居鸟瞰

图 2.2.27　林连登故居外观

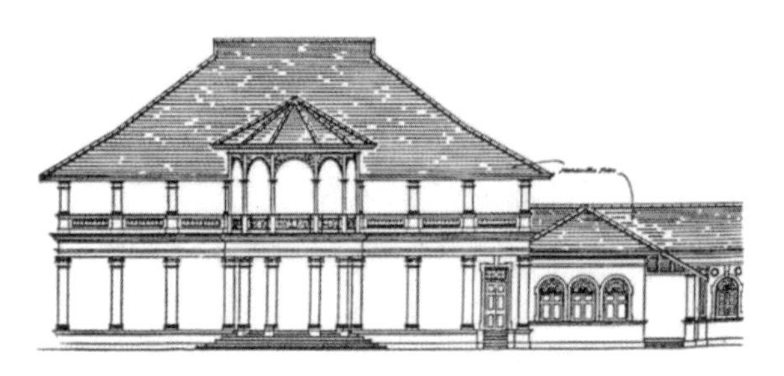

图 2.2.28　林连登故居背立面图

图 2.2.29　叶祖意故居外观

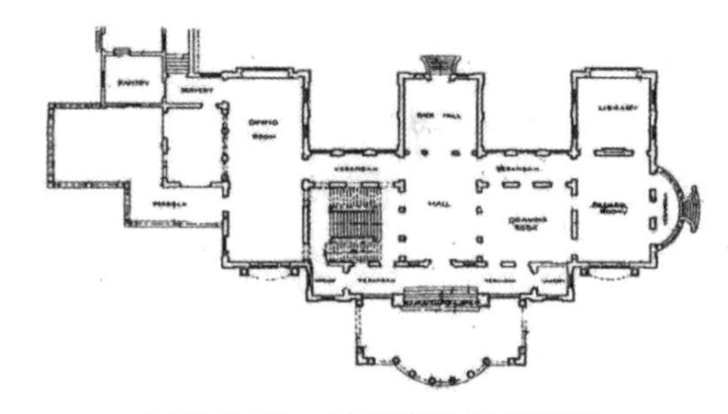

图 2.2.30　叶祖意故居平面图

2.2.5　孟加楼

孟加楼（Bungalow）来源于早期马来传统民居高脚屋，《The Planter's Bungalow: A Journey down the Malay Peninsula》一书中提到了"Bungalow一词来源于印度孟加

拉地区，指的是木质的、茅草屋顶的并带有阳台的孟加拉房屋”。[1] 在英国殖民统治时期，砖造墙体、砖柱逐渐替代了原有的木材，建筑由开始的下砖上木发展为后期的全砖结构。乔治市中心的早期孟加楼外观大多朴素简洁，以实用为主；红毛路至市郊则有富商或社会上层建造的孟加楼豪宅，立面装饰精美华丽，西式比例的券门洞带有花卷纸草以及走兽雕刻，装饰精美（图 2.2.31）。

槟城早期的孟加楼多为西方殖民者或马来、印度家族所有，是代表尊贵身份的独栋住宅，后期华人通过购买或自建的方式也拥有了部分孟加楼住宅，当前在牛干冬街两侧仍能见到许多保留完整的孟加楼。位于亚珍巷（Hutton Lane）17 号的哈顿洛奇酒店（Hotton Lodge）是印度人转手给华人的典型，这栋孟加楼建于 1890 年，原属于印度的马里坎家族（Marican）[2]，20 世纪初转手谢昌林 [3]。其面阔五开间，前部凸龟门廊落有四根立柱，底部贯通，上部并联四组木构百叶，顶部开有圆形气窗（图 2.2.32）。

最早由华人建造的孟加楼应属位于莱特街市政厅旁的爱丁堡住宅（Edinburgh House），由辜上达 [4] 建于 1869 年，现已改建为槟城大会堂。爱丁堡住宅建筑主体庞大，前部带有私家花园及车道，底层外部建有贯通回廊，以砖砌西方柱式环绕，具有英印建筑（Anglo-Indian）的特征。二层立面大量应用落地木百叶窗，整体无多余装饰，沿用传统孟加楼的质朴外观（图 2.2.33, 图 2.2.34）。

图 2.2.31　杨章成故居

图 2.2.32　谢昌林故居

---

[1] Chen Voon Fee. The Planter's Bungalow: A journey down the Malay Peninsula [M]. Singapore: Editions Didier Millet Pte Ltd，2007：15.

[2] 马里坎（Marican），印度穆斯林家族姓氏，也被称为 Marawthiyar。槟城开埠时期登岛的早期印度移民部落，19 世纪拥有诸多产业。

[3] 谢昌林 Cheah Cheang Lim（1875-1948 年），福建漳州海澄人。槟城著名富商，锡矿主，华人教育的推动者，活跃于马来西亚各地的俱乐部和社团。

[4] 辜上达（1833-1910 年），华人甲必丹辜礼欢曾孙，槟城首位太平居绅。1878-1883 年间捐资兴建大英义学新建筑，市政中心喷水池等。

图 2.2.33　辜上达故居历史照片

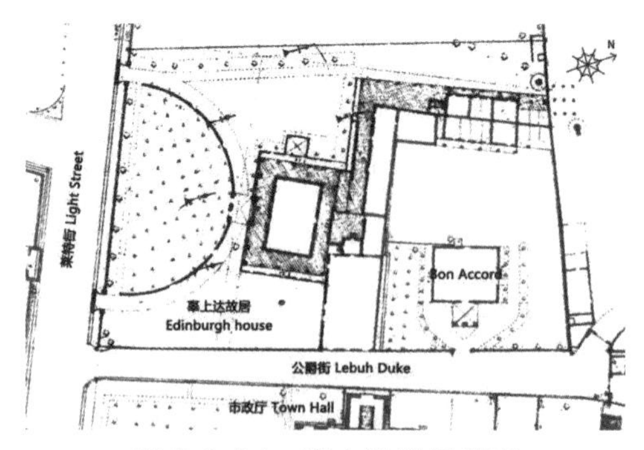

图 2.2.34　辜上达故居平面

2.2.6　乡村木屋

从 19 世纪的老照片中可以看到许多木制的乡村住宅，被当地称为甘榜[1]木屋（图 2.2.35），其与乔治市内联排而建的木构店屋形成早期城市居住空间。建筑单体沿街而建或者散布在村庄聚落内，是早期华人移民所建造的本土木屋，也被称为板屋或“亚答屋”。在英殖民统治时期，它们也是乔治市内底层社会常见的居住建筑。20 世纪 80 年代后，乡村木屋的建造因钢筋混凝土等新型建筑材料的普及而逐渐停滞，目前乔治市内只保留极少数，但是在城市郊区大路后的相公园（图 2.2.36）、武吉淡汶网寮、美湖等地的华人村镇中仍然建设有大量木屋。

图 2.2.35　19 世纪槟城华人乡村木屋历史照片

图 2.2.36　大路后华人乡村木屋

乡村木屋表现为一至二层的民居，主入口位于中轴线，平面多为两至三开间，主要作为乡镇华人的居住或商住空间。民间常通过亚答叶铺盖屋顶的行数—“路”[2]来形

[1] 甘榜，指传统村庄、乡镇。由 Kampong 或 Kampung 音译而来。

[2] 马来西亚民间以亚答铺盖屋顶的行数称为“路”，并用“路”来衡量木屋的大小规模。一般上，3.66—4.57 米宽的客厅铺三行，2.74—3.05 米宽的房间铺两行，所以一栋两开间，即一厅一房面宽的木屋叫“五路厝”。原文参考自：（马）陈耀威 . 木屋—华人本土民居 [C]. //（马）廖文辉 . 马来西亚华人民俗研究论文集 . 吉隆坡：策略咨询研究中心，新纪元大学学院，2017：71.

容木屋的面阔规模，如客厅宽三路，房间宽两路。“三路厝”和“五路厝”分别对应一厅和一房一厅的平面布局。建筑进深沿用原乡传统的“落”，区别是木屋两落之间多数无天井，屋面直接以天沟相接进行排水。华人木屋采用本地易取得的木材为主要材料建造而成，从梁柱、隔墙到门窗基本都使用木材制造。结构柱与墙体会采用不同树种的木材，所形成的木屋适应于东南亚风土气候和生活作息。二战后，木屋的屋面逐渐铺设锌板或石棉瓦，取代早期的亚答叶屋面。

案例 1：武吉淡汶网寮郑氏民居

武吉淡汶网寮的村镇居民多以渔业为生，至今仍然采用木材作为主要的建筑材料，村镇内保留有大量华人木屋与马来高脚屋。网寮的郑氏民居建于 1962 年 11 月，入口上悬荥阳郡望堂号，屋主郑氏以捕鱼为业，三代家庭居住于此。该木屋是网寮村中形制保留较为完整的，除屋面采用锌板替代原有的亚答叶屋顶，外墙底部砖砌墙裙以外，通身使用木板建造（图 2.2.37）。

郑氏民居为平面面阔两间、两落进深的“五路厝”，前厅作为厅堂及起居室，左侧即为大房（现为储藏室），紧接二房与后房；前厅后侧为“屏后房”，年长的父母或老人居于此；厨房与盥洗室位于后落两侧，两落相接处还开有两天井，增加一定采光效果；后落作为附属空间，整体高度低于前落，后部开有后门通往后院（图 2.2.38，图 2.2.39）。郑氏民居建筑体量较大，外观两层，内部实为一层。内部高耸的屋架形成开放的上部空间，有利于厅堂与卧室的空气循环流通，并通过正面七扇玻璃高窗排出室内热气，下部部分窗扇保留原始木构，两侧以住房位置开高低窗口。整体无烦琐装饰，朴素实用，适应于炎热潮湿气候条件下乡镇华人的生活起居（图 2.2.40）。

图 2.2.37　武吉淡汶网寮郑氏民居

图 2.2.38 武吉淡汶网寮郑氏民居厅堂

图 2.2.39 武吉淡汶网寮郑氏民居室内屋架

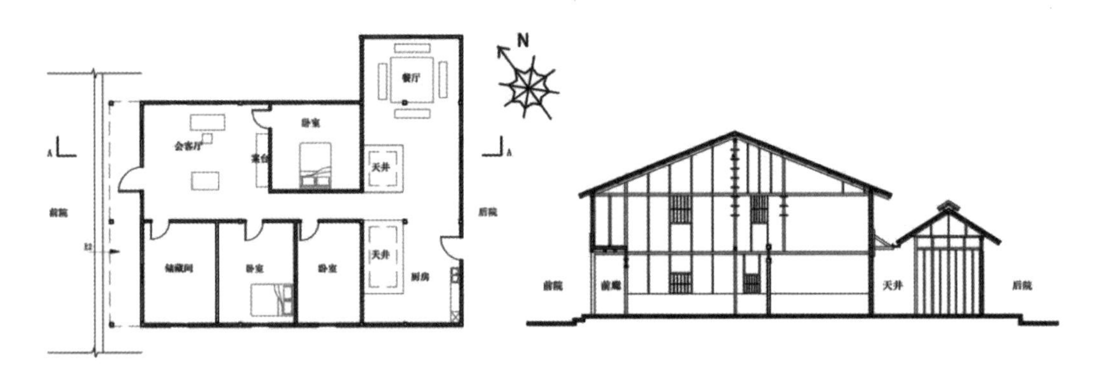

图 2.2.40 武吉淡汶网寮郑氏民居平面、剖面示意图

案例 2：大路后相公园木屋

槟城大路后的相公园是陈氏潮塘社的产业，潮塘社成立于 1857 年，据称其族人是开漳圣王陈元光的二十五世孙陈贵乡的后代，两百年前为缅怀故乡和联络族人而建。因其供奉的家乡保护神——武安尊王张巡又被称为“相公爷”，故称该潮塘社产业为相公园。相公园目前为一处华人乡村聚落，聚落内大量散布有早期的木屋，整体建筑形态完整并保留至今。

该栋相公园木屋平面横向布局，为面阔三间单落进深的“七路厝”。正厅及左右两间大房前部设五脚基柱廊，入口上悬陈氏颍川郡望堂号。主体建筑平面中轴对称，厅堂居中，屏扇前设供桌，左侧为房间，右侧作为餐厅，屏后房两侧也作为居住使用，房间地面高于厅堂餐厅，附属功能常置于右侧披舍[1]内，类似于传统民居的护厝部分，布

[1] 披舍当地称为“Pi Sei”，汉字尚无得知，暂时可写成“披舍”或“披榭”。引自（马）陈耀威．陈忠日木匠谈马来西亚槟城华人木屋的营建 [M]. // 陈志宏，陈芬芳．建筑记忆与多元化历史．上海：同济大学出版社，2019: 64.

局紧凑无天井空间（图 2.2.41，图 2.2.42）。该木屋整体体量不大，主体只有单层，无多余装饰，朴素实用，与两侧木屋形成围合院落，家族建筑组群关系紧密。

图 2.2.41　大路后相公园木屋外观

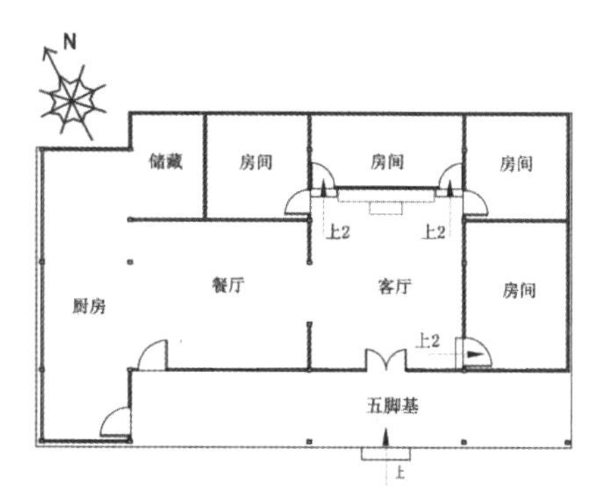

图 2.2.42　大路后相公园木屋平面示意图

2.2.7　水上屋

槟城乔治市的东北部海墘区域保存大量的华人海滨木屋，常被称作水上屋或是桥屋，现在还居住着大量来自中国福建闽南的华侨后裔，该区域被称为“姓氏桥”，从北至南顺序依次为姓王桥、姓林桥、姓周桥、姓陈桥、姓李桥、杂姓桥与姓杨桥（图 2.2.43）。姓氏桥是特殊的移民聚落，居民在海上搭屋生活，早期除杂姓桥外，其余都为同姓聚居在一座桥上。除槟城姓氏桥外，霹雳十八丁、雪兰莪吉胆岛以及东马的哥打基纳巴鲁（Kota Kinabalu）等地的海边渔村都建设有大量水上屋。姓氏桥水上屋多数只是单栋建筑依桥而建，形成鱼骨状的辐射发展模式，没有出现类似合院住宅或乡镇散点布置的建筑群体组合。

水上屋的平面布局、体量大小与陆地上的华人乡村木屋基本相同，多数由五脚基、厅和房组成。客厅中多设置有供桌，供奉神明和祖先，单侧或者两侧设置有房屋。水上屋多并列而建，通过共同建设或者独立搭建的木桥直接进入建筑，部分增设有前院。外观上同样拥有倾斜的坡面以满足排水需求，布局紧凑无设置天井，两侧为木板墙，整体装饰简洁，朴素自然（图 2.2.44，图 2.2.45）。

案例：姓林桥 28 号水上屋

姓林桥位于牛干冬街路头端点，始建于 19 世纪末，主要由来自同安县后田村（现厦门市集美后田村）的林氏族人组成。从 1910 年代姓林桥的历史照片已可见房屋初具规模，通过共有的一座桥与岸上进行联系。姓林桥现约有 32 户，20 世纪 70 年代之前居民主要是从事驳船运输和载客轮渡，70 年代末多数经营接驳日本的远洋渔货船。整

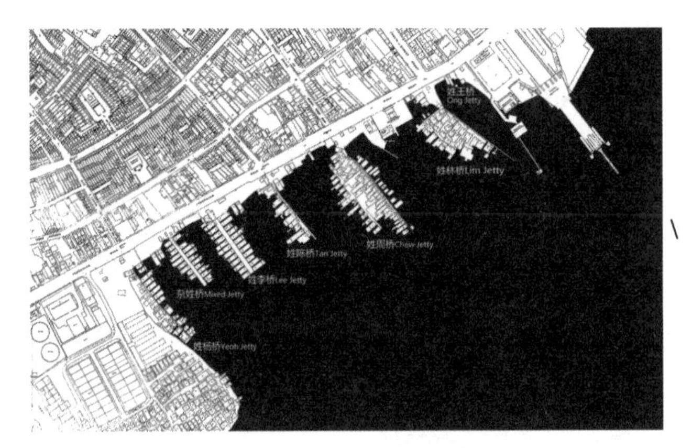

图 2.2.43 姓氏桥分布图

图 2.2.44 1910 年姓林桥历史照片

图 2.2.45 姓陈桥现状照片

体聚落通过主栈道与单侧横向分栈道连系，紧密排列的水上屋连接在数条小巷道周边。

自桥头横向分栈道进入可见 28 号水上屋于左侧，其门前的内部桥由自家出钱建设。入口出挑屋面形成五脚基遮盖小巷道。该水上屋为一进五路厝，单层建筑，内部无天井。平面布局上，前厅居左，用于起居，厅后为屏后房，右侧并联两间卧室。后部用于餐厨，盥洗室居右。内部木制屋架高耸，结构清晰简洁（图 2.2.46，图 2.2.47）。

图 2.2.46 姓林桥 28 号水上屋内景

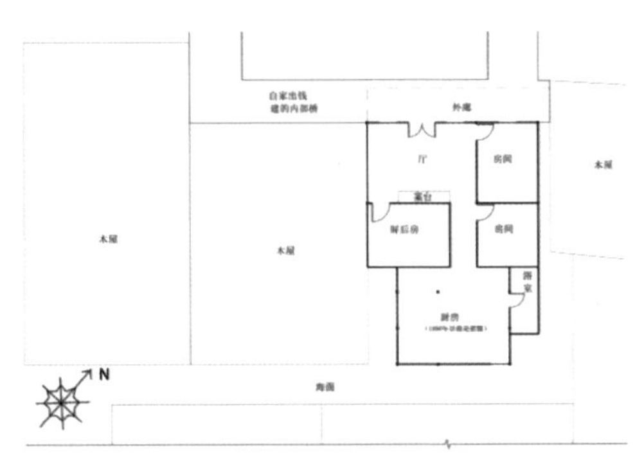

图 2.2.47 姓林桥 28 号水上屋平面示意图

2.3　公共建筑类型

2.3.1　庙宇

华人移民来到南洋，带来他们所信奉的宗教和民间神明，随后建造奉祀神明的庙宇建筑。早期华人寺庙供奉各种通俗的民间神祇，从佛教到神化的传奇人物、圣贤，这些神明连同闽粤地方神构筑了华人祭拜的各阶层神祇。[1] 华人庙宇根据庙内奉祀信仰的不同主要分为汉传佛教寺庙和民间信仰寺庙两大类。前者由华人移民将汉传佛教传入新加坡马来西亚，并陆续建立汉传佛教寺庙。例如新加坡双林寺、槟城极乐寺、吉隆坡观音阁以及怡保一带的岩洞庙宇霹雳洞、三宝洞等。而民间信仰中奉祀的神明主要包括传自闽粤侨乡和在侨居地创造发展两大类：如观音、福德正神、妈祖等，同时也包括拿督公、洪仙公等新马本土神明。

庙宇建筑存在公众寺庙和家族祠庙两种。公众寺庙面向外界开放，建筑多是采用中国的传统寺庙格局，屋面延续歇山顶或硬山顶等常见做法，与原乡寺庙并无大的差异，如车水路观音寺 [2]（图 2.3.1），福建公司辖下清龙宫、蛇庙 [3]（图 2.3.2，图 2.3.3）等。槟城最大的寺庙极乐寺 [4] 则颇为壮观（图 2.3.4），据《槟榔屿志略》记载："级尽左转即达极乐寺之前门……，即为得如，善庆及本忠三禅师所建之大士殿……，如是再循阶曲折而上，可达大雄宝殿。" [5] 其建筑组群依山而起，以大雄宝殿和万佛宝塔为中心，建有多个殿堂，山墙与屋脊曲线平缓，带有闽东建筑特征。同时，也有少部分采用殖民地的西式建筑作为祀奉庙宇，如祀奉南洋信仰的斗母宫。

另一类是以福建五大姓公司为典例的家族祠庙，主要面对家族内部具有较强的私密性。五大姓公司内的家族祠庙多为中西结合，拥有传统祠堂格局在中厅祭拜先祖之外，还会奉祀来自原乡的民间信仰神明，如邱公司二层祠庙分为三间，中室和左室分别是

---

[1] （马）陈剑虹．槟榔屿华人史图录 [M]. Penang：Areca Books，2007：203.

[2] 观音寺（Kuan Im See），建于 1922 年。主祀观音菩萨，供奉城隍公、九皇大帝等其他中国地方性神明，属民间信仰寺庙。

[3] 清龙宫（Cheng Leong Keong）又名大帝爷庵，建于 1891 年，主祀保生大帝；蛇庙（Hock Hin Keong/Snake Temple）又名福兴宫，原 1820 年代私庙，1872 年扩建为福建人公众寺庙，主祀清水祖师，属民间信仰寺庙。福建公司辖下五大庙宇均为个人或公司集资而建。

[4] 极乐寺（Kek Lok Si Temple），全称白鹤山极乐寺（碑刻所记），始建于清光绪三十年（1891 年），由时任广福宫主持的妙莲法师（1844-1907 年）所建，作为福州鼓山涌泉寺的廨院，属汉传佛教寺庙。张弼士、郑景贵等六名主要华人富商倡建助缘。

[5] 姚枬，张礼千．槟榔屿志略 [M]. 上海：商务印书馆，1946：97.

正顺宫和福德祠，右室是祭祖的诒谷堂。家族祠庙的外观上融合传统宗祠建筑特征和海外殖民地的西洋柱式、外廊空间乃至装饰细部，整体气势恢宏，庄严肃穆。

图 2.3.1　观音寺正面外观

图 2.3.2　清龙宫外观

图 2.3.3　蛇庙外观

图 2.3.4　1920 年代极乐寺历史照片

2.3.2　会馆

会馆是中国传统社会变迁中特殊的社会组织，其与明清以来的移民文化、商业经济和科举制度等方面的发展紧密相关，成为中国传统文化流动性一面的重要历史见证。《中国会馆史》中对其的定义："会馆是一种地方性的同乡组织，创建会馆的目的在于'以敦亲睦之谊，以叙桑梓之乐，虽异地宛若同乡'，每逢年过节或每月之朔望，同乡欢聚一堂，祭神祀祖，聚餐演戏。"[1]19 世纪初闽粤等地华侨大规模移居海外时，这些寄托乡思的海外华侨会馆就陆续开始建立，这些海外华侨会馆建筑几乎是原乡会馆的海外移植，由相同籍贯、方言、姓氏和职业等关联的华侨社会组织所建立，也称为公司、公所、公会。

槟城会馆建筑的类型及外观样式具有多样性，受华人组织的不同而产生差异。地缘性会馆会带有所属籍贯的传统建筑特征，如带有广府方耳山墙的宁阳会馆（图 2.3.5）、采用潮汕凹肚门楼的潮州会馆与具有闽南建筑特征的福建籍会馆。另外，华侨会馆作为海外华侨与外界交流的重要窗口，也存在大量同西方建筑样式融合的会馆建筑，如具有商住骑楼特征、近代摩登化的嘉应会馆（图 2.3.6），采用西式折中样式的惠安会馆（图 2.3.7）等，更多的会馆建筑既保持中华建筑文化特别是地方建筑的特色，又吸收西方建筑和侨居地的一些元素。

这些会馆功能上主要包括奉祀共同祖先、先贤的祭祀空间，民间信仰的崇拜场所，集体议事的集会空间以及会馆产业、戏台等附属建筑组成。在平面布局上仍然保留中轴对称的传统空间观念，前厅两侧设置会馆办公或展厅，主厅正中设神龛祀奉先祖神明，次间布置会议桌或会议室，后落为附属用房，作为接济南来的同乡"新客"暂时居住落脚的地方，部分建有二层则将内部办公与会议设于楼层。整体建筑主次轴线明确，内部空间开阔敞亮，适应于祭祀、议事、交谊等内部活动之用途（图 2.3.8，图 2.3.9）。

图 2.3.5　宁阳会馆外观

图 2.3.6　嘉应会馆外观

[1] 王日根 . 中国会馆石 [M]. 上海：东方出版中心，2007：27.

图 2.3.7 惠安会馆外观

图 2.3.8 宁阳会馆内景

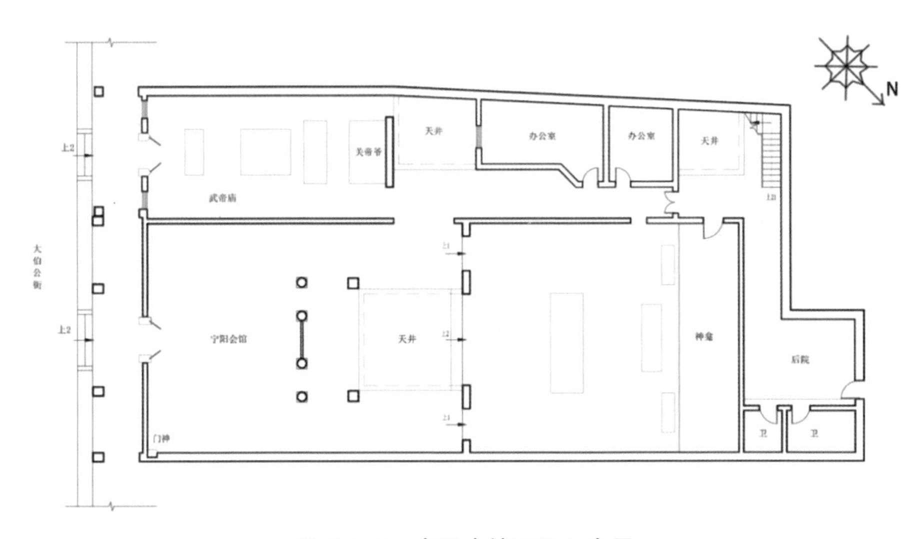

图 2.3.9 宁阳会馆平面示意图

2.3.3 学校

槟城华人所兴建的教育建筑始于 19 世纪初，是与殖民地英校同期而生的小型私塾及书院建筑，这类小型教育建筑以私塾教育为主，形成了早期的华文教育。[1] 当前保留的近代华校建筑主要建设于 19 世纪末至 20 世纪中叶，这些受教育改革影响而出现的新式学校初期通常以租借或暂用的形式来选择校舍。《槟榔屿志略》建置志中记载："义学，借平章会馆中，为闽义学。粤义学二，在会馆左右。……某等欲衍中原之圣教，开荒岛之文风，暂借平章会馆，延师讲学。"[2]19 世纪的平章会馆就曾作为南华义学（1888 年）、崇华学校（1904 年）、中华学校（1904 年）的校舍（图 2.3.10）；钟灵中学也曾

[1] （马）陈剑虹 . 槟榔屿华人史图录 [M]. Penang：Areca Books，2007：74.

[2] 陈可冀 . 清代御医力钧文集 [M]. 北京：国家图书出版社，2016.：312.

借槟城阅书报社[1]办学育人（图 2.3.11）。另外也有大量华人社团或氏族觅地新建学校，如谢氏义学、邱氏两等学堂等。

近代华校建筑样式丰富多样，以大型孟加楼和洋楼建筑为主，同时有小部分中式传统建筑。张弼士筹建的孔圣庙学校为殖民地外廊样式，前部带有古典主义门楼山花（图 2.3.12）；平章会馆和槟城阅书报社等则为具有西方建筑元素的大型孟加楼；郑景贵的慎之家塾则是砖木构造、瓦顶灰脊的广府式的传统建筑。功能布置上以教室及活动室为主，一层后部或二层设教师办公室，多数乔治市内校舍旧址因规模小而不设礼堂或运动场（图 2.3.13）。

图 2.3.10　19 世纪南华义学历史照片

图 2.3.11　钟灵学校旧址现状照片

图 2.3.12　1930 年代孔圣庙学校历史照片

图 2.3.13　辅友社小学现状照片

案例：丽泽学校分校

丽泽学校分校是丽泽社[2]位于峇田仔街 152 号的产业，购置于 1923 年，主体建筑

[1] 槟城阅书报社（孙中山纪念馆），位于中街 65 号。前身为小兰亭俱乐部，1905 年孙中山在此发表槟城第一次革命演讲，后作为同盟会南洋总支部。曾为钟灵中学、槟华女校旧址。

[2] 丽泽社，由孙中山的青年追随者于 1921 年创立。该孟加楼原属于邱天保产业，几经转手给丽泽社同人所，创办丽泽学校，全盛时期拥有 5 间小学，规模达 700 余人。

原为带后部附楼的孟加楼住宅，带有完整前院及侧院，前院内设有喷泉。转手作为华校后，建筑外观保留原先早期海峡折中样式的孟加楼，入口为四柱券拱门廊，两侧各立一柱。二层前部为三扇木构百叶，上方有圆形气窗，檐口有简洁装饰线脚，整体装饰朴素自然（图 2.3.14）。

建筑平面布局上，主体左侧增宽形成通道连系前院及侧院，并且拆除后部左侧附楼用于室外活动场地（图 2.3.15），教室位于建筑一层中心，目前改建为老人院住房。主座后落设置大楼梯通往二层，后部附楼作为活动室以及餐厨空间。教师办公以及会议室置于二层，丽泽学校分校以教室和活动室作为中心，相较原先居住建筑格局，整体格局清晰，流线简洁，适应于集体性的教育活动（图 2.3.16，图 2.3.17）。

图 2.3.14　丽泽学校外观

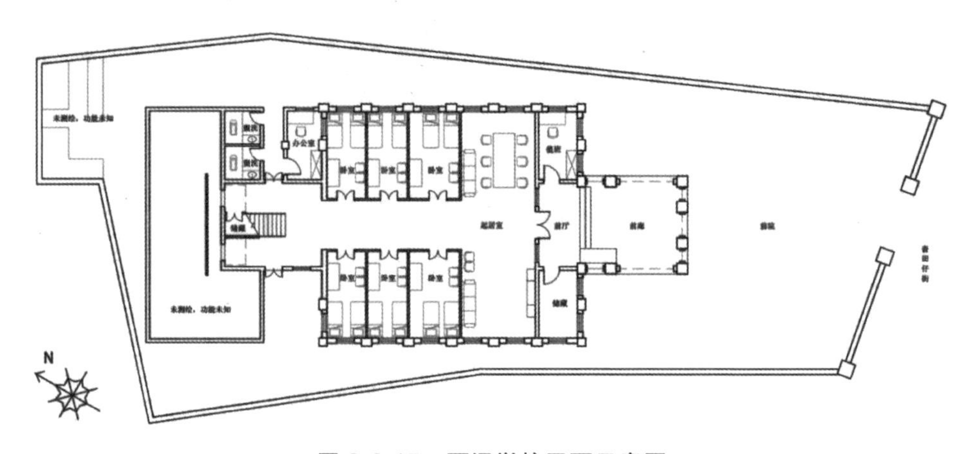

图 2.3.15　丽泽学校平面示意图

图 2.3.16　丽泽学校内景

图 2.3.17　丽泽学校室内楼梯

2.3.4　医院

在建立殖民地后，英国东印度公司会派驻医生建立小型的军事医院（military），负责在当地欧洲人的身体健康，只有欧洲人和少数其他族群的上层人物能够享受到较好的医疗救治。槟城虽然曾经作为海峡殖民地首府，但槟城中央医院（Penang General Hospital）[1] 这样的官方医院一直到 1882 年才集资建成。早期的华人多到私人的中医馆或药铺里抓药看病，19 世纪末华人领袖戴喜云 [2] 等就是经营药铺起家。华人早期的公共医疗是由一些宗乡组织所建立，病患只能在简易搭建的构筑物中接受治疗，义兴公司首领文科（Wen Ke）在 1854 年创立的贫民医院就属于此类，平面呈矩形四面落柱，上覆带亚答叶双层升气顶（Jack Roof）[3]（图 2.3.18）。

1883 年闽粤两帮共同建立槟城第一所华人医院——南华医院，华人社会开始有了自身的公共医疗服务。据《槟榔屿志略》记载："医院之始创，自癸未夏。所定章程，仿东华医院。……于是择地鸠工，堂室规模一如华夏，弥月落成。" [4] 南华医院的建院章程与香港东华医院 [5] 相同，常年慈善行医，赠药赠医与贫困乡民。早期南华医院选址于平章会馆后李氏家庙的前院，"三楹堂室，门屏一如中国制，为闽、粤人施医地" [6]。现

---

[1] 1882 年槟城中央医院由英国殖民政府建立，历经多次改扩建，原址是 1854 年为穷人和鸦片成瘾者建立的一个简易医疗中心。该官方医院由多个种族共同捐资募地而建，华人参与其中。

[2] 戴喜云 Tye Kee Yoon（1849-1919 年），广东大埔人。槟城富商，曾任清廷驻槟城副领事，驻海峡殖民地代总领事。19 世纪末经营槟城中药铺杏春堂，涉足多行业。积极投身慈善及医疗，出资捐助槟城南华医院、槟城爱德华国王纪念医院（King Edward Memorial Hospital）和槟城基督复临安息日医院（Adventist Hospital）等。

[3] 升气顶（Jack Roof），架设于主屋顶上部的屋顶，两屋顶之间架空，用于通风采光。陈耀威（Tan Yeow Wooi）. Penang Shophouses: A Handbook of Features and Materials[M]. 槟城：陈耀威文史建筑研究室，2015：22

[4] 力钧 . 清代御医力钧文集 [M]. 北京：国家图书出版社，2016：314

[5] 香港东华医院，建于 1870 年，早年为谭才等 14 位绅商集资在上环太平山上建立的一间义祠，而后港英政府集资建成东华医院，为香港第一所中医院，长期向华人提供慈善医疗服务。

[6] 力钧 . 清代御医力钧文集 [M]. 北京：国家图书出版社，2016：314.

址位于南华医院街（Muntri street）36 号，1955 年重建，沿街留有约 6 米宽的前院，建筑主体装饰简化，阶梯形体量，竖向线条长窗搭配水平遮阳板，为 20 世纪中叶流行的现代建筑样式（图 2.3.19）。

早期由华人家族或私人创办的传统中药行、中医馆依然长期保存发展，出现了大量中西医兼具的私人医馆，甚至单纯的西医医馆。他们在华文报章上刊登行医广告，吸引华人前往诊治。这类医馆建筑规模较小，多将行医、售药及办公置于同一建筑中，多设于路边商住骑楼店屋，当地华人就诊非常便利。其中，余仁生药行[1]和思明药房等属于其中规模较大中医药行（图 2.3.20，图 2.3.21），余仁生药行建于 1959 年，建筑位于牛干东街和椰脚街的交汇处，底层店铺以售卖药材为主，带有小型中医诊所，楼层部分设有少量病房，顶层设办公与会议室。思明药房建于 1914 年也位于街道转角，早期现代建筑的竖向隔板富有韵律，转角处高起的圆形穹顶非常显眼，具有突出的商业广告效应。

2.3.5 娱乐建筑

随着近代槟城殖民经济的发展，促进了消费商业和休闲服务业的发展，而休闲娱乐又与城市的公共生活、社会交往紧密相关。华侨的社会公共领域经历了保存族群文化与殖民同化之间的冲突和对话的过程，既有迎合也有抗衡，也有寻求接近与调和。华人在海外常常把原乡的日常娱乐空间复制到海外侨居地，这些以戏院为主的华人娱乐建筑与西方殖民者的俱乐部、运动场和马来、印度人的戏院共存发展，形成多元多样化的槟城城市娱乐空间（图 2.3.22）。

19 世纪的华人社会十分盛行各种方言戏曲，这些戏曲表演出现于戏台（戏园）中，这些建筑只用亚答叶搭建，设备简单，如日本横街与打索街之间的公共戏台和家族戏台。20 世纪初，为适应不断发展的戏剧演出方式，槟城出现大量新式戏院建筑，外观多采用艺术装饰与早期现代样式，体量规模庞大，用地开阔，可见当时华人戏院的盛况。另外，在延续原乡传统的娱乐活动的同时，上层华人社会也适应了西方娱乐方式，建造了俱乐部、音乐台等系列华人娱乐空间。

早期华人俱乐部建筑多为中西结合的样式，位于旧关仔角的康乐俱乐部（Penang

[1] 余仁生药行，由余广成立于 1879 的霹雳州，初为小型药铺，主营中医诊疗，中药材销售，后在槟城、新加坡等地开设分馆。余广（Eu Kong）为广东佛山人，1873 移民霹雳。

图 2.3.18　1854 年槟城贫民医院历史照片

图 2.3.19　南华医院外观

图 2.3.20　余仁生药行外观

图 2.3.21　思明药行外观

Recreation Club）[1] 体量较小，外观一层，前部落柱外廊面向公共草坪，后部为俱乐部房间，屋顶为殖民地特点的多坡屋面（图 2.3.23），平面呈近似圆形的多边形，功能单一，布局简洁。后期，华人富商的私人庄园或西式别墅在社交活动中也被作为俱乐部用于集会交谊，如王明德的清芳阁和温文旦的陶然楼等（图 2.3.24- 图 2.3.26）。陶然楼属于闽籍儒商温文旦的家宅，温文旦从漳州海澄南来，弃科举而置身商海，却一生酷爱书画文章，藏珍丰富，为流寓槟城的文人和过境的官吏谈文论艺之地。清末御医力钧游历至槟城，在《槟榔屿志略》中曾作《陶然楼记》“温君旭初招饮寓楼，楼亦以‘陶然’名。观瞻之状，收藏之富，朋游之盛，觞咏之欢，如居京师”。[2] 从历史照片看，陶然楼虽然为早期孟加楼形制，凸出的前廊带纤细券拱立柱，西式建筑构件围栏等，但旅居海外的华人上层社会对中华传统文化的推崇，还是让来自北京的力钧有“如居京师”之感。

---

[1] 旧关仔角 Esplanade，属于西方人休闲娱乐场地，也是乔治市内少有的大型室外活动空间。18 世纪末为兵营所在，1803 年迁至城郊后改为西方人休闲活动的场所。康乐俱乐部，建于 1890 年，是以欧亚裔人士为主要使用人群的华人俱乐部。

[2] 力钧．清代御医力钧文集 [M]. 北京：国家图书出版社，2016：310.

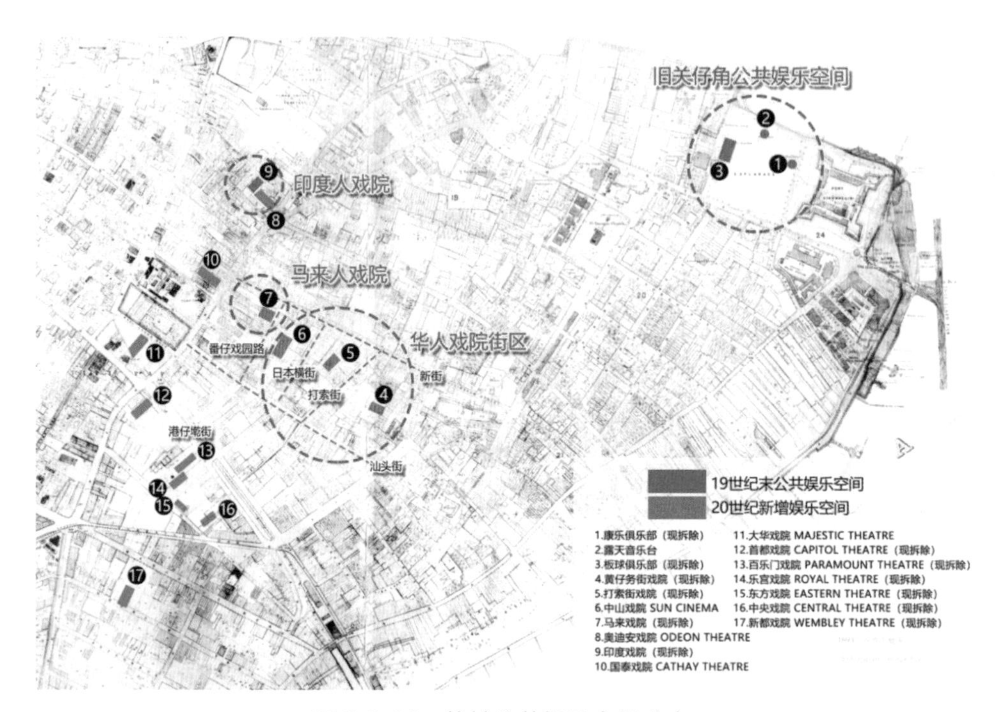

图 2.3.22　槟城公共娱乐空间分布

图 2.3.23　康乐俱乐部历史照片

图 2.3.24　陶然楼历史照片

图 2.3.25　清芳阁俱乐部历史照片

图 2.3.26　清芳阁俱乐部门楼历史照片

华人戏院作为延续华人传统娱乐方式的建筑，与中国传统戏台有较大的不同

（图 2.3.27），从外观到室内都进行现代化的改造。戏院内部均为高大开阔的观演大空间，主体以观演厅为中心，后部设有舞台及高幕，适应于戏曲表演、电影默片的多种需求。多数拥有开阔前院用于停放车辆，并于建筑四周设有交通通道，除前部的主入口外，于两侧另设有一到两个次入口。外观上，20 世纪初的华人戏院建筑多采用当时主流的艺术装饰建筑及早期现代样式，拥有清晰有力的建筑体量和摩登化的几何线条，简化的西式柱式和山花也会出现于正立面入口处，如来福戏院[1]和奥蒂安戏院（图 2.3.28，图 2.3.29），同期也出现大华戏院[2]采用晚期海峡折中样式，拱券柱廊富于节奏感，横向连续的水平线脚和屋顶檐口，丰富的线脚雕刻于入口山花（图 2.3.30）。

图 2.3.27　19 世纪末槟城的中国传统大戏历史照片

图 2.3.28　来福戏院（皇后戏院）历史照片

图 2.3.29　奥蒂安戏院外观

图 2.3.30　大华戏院外观

案例：中山戏院

---

[1] 来福戏院（又称皇后戏院，Queen Theater），建于 1927 年。后于 1960 年代转手陆运涛（其父陆佑为马来西亚著名企业家、慈善家），建设国泰戏院（Cathay Theater）。

[2] 大华戏院前身为善佑戏院，由邱善佑筹资，周荣炎设计建造于 1926 年。邱善佑（1886-1964 年），槟城邱氏龙山堂松房成员，槟城富商和政治家，曾任平章会馆会长，槟城中华总商会会长。周荣炎（Chew Eng Eam，1895-1972 年），槟城早期受西方教育的华人建筑师之一，曾任职于 H. A. Neubronner 事务所。设计有槟城邱善佑路建筑群，槟城华人总商会，乐台居餐厅，叶氏宗祠等建筑。

中山戏院于20世纪初建成，前身是庄清建戏院[1]，早期主要演出潮州戏，位于番仔戏园路和日本横街地块的内部院落中。其主入口设在新街，地块外围为连续的骑楼店屋，侧面开设小巷次入口，戏院主体具有一定内向性，观影人群需通过主入口或侧向入口进入前院，前院较为宽阔，作为停车与露天的市场。建筑四周有宽达2-3米的环形通道，同时作为外围商住骑楼的后部巷道，是槟城大型戏院的典型布局方式（图2.3.31）。

该戏院外观采用当时流行的艺术装饰样式，正立面中央设突出门廊，上覆玻璃顶棚，入口位于正中，两侧各立四根高低不同的壁柱，竖向壁柱韵律感强烈，与墙面的水平线脚形成多层次变化，立柱柱头设环状装饰带。钢筋混凝土框架结构支撑内部高耸的观众厅，后部可见高于坡屋面的混凝土结构，侧面结构梁柱突出，整体建筑体量庞大，也具有早期现代主义结构暴露的表现方式（图2.3.32）。

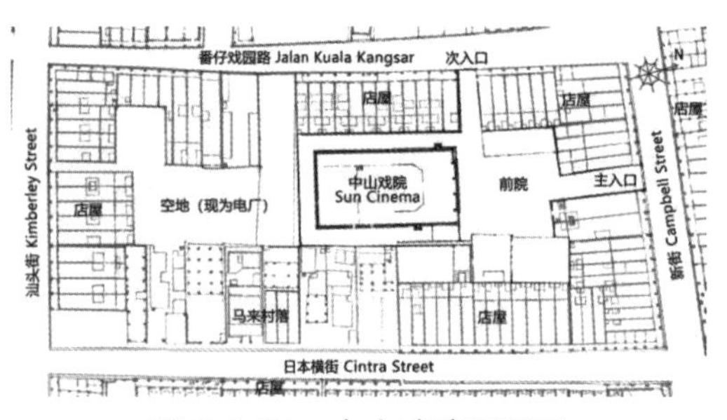

图2.3.31 中山戏院平面图

图2.3.32 中山戏院外观

2.4 商业建筑类型

2.4.1 市场

市场在海峡华人社会中有“万山”（Bansan）、“巴刹”（Pasar）[2]等多种语言称呼，是殖民城市中华人与不同族群进行贸易互动、信息传递以及文化交流的场所。市场建筑多数是由市政委员会置地而建，提供给各个族群进行商业贸易，如19世纪末建

[1] 庄清建（1857-1916年），福建同安人，庄氏第一代南洋移民。其子庄来福为本屿峇峇，橡胶种植园主，于20世纪初建成庄清建戏院纪念父亲。后改名为中山戏院（Sun Cinema）。

[2] 万山是马来文Bangsal的音译，原指人们囤积货物的小仓库或棚子，后被用指市场。巴刹Pasar源自波斯语，意指市场、集市。

立的新街口万山(Campbell Street Market)[1]和吉宁万山(Chowrasta market)[2]等(图 2.4.1，图 2.4.,2)，也存在华人自建市场如槟榔路万山(Penang Bazaar)[3](图 2.4.3)，根据市场所处位置的不同，存在港口区域市场和宗教区域市场两类，服务于不同的人群(图 2.4.4)。

图 2.4.1　吉宁万山历史照片

图 2.4.2　新街口万山外观

市场建筑多集中于街道中央或转角处，充分考虑交通可达性，也有部分市场设置于宗教区内人群密集处，形成类似中国古代"庙市"的活动区域。槟城市场多呈矩形或 L 形平面，两侧布置摊位，中间开设贯通走道以便顾客通行。不同类型的摊位分区域布置，每个摊位又相互隔断，具有一定独立性，便于管理经营，槟榔路万山在还于入口设广告牌标识各个摊位信息(图 2.4.5)。同时建筑配备有自来水与下水道，如社尾万山(Prangin Market)(图 2.4.6)、椰脚街万山(Pitt Street Market)等同澡堂、公厕结合布置，有利于环境卫生和冲凉，这是华人为适应热带气候而向当地马来族群学习的生活方式。[4]

市场建筑主要采用大面积双坡屋面，上覆锌板或石棉瓦，顶部带有升气顶。建筑四面向街道开放，多为单层钢构桁架结构，主入口立面带有一定装饰性，位于钢构桁架或西式山花上，如新街口万山的入口采用经典的维多利亚女王风格，两个拱门的外观优雅，顶部是带有拱形窗户的山墙。整体建筑体量高大、形制简单且朴素实用。

---

[1] 新街口万山，位于新街与卖菜街交界处。用地原是甲必丹清真寺的墓地，19 世纪末由市政委员会购买，改建于 1900 年。档口售卖海鲜及肉类，外部摆蔬菜摊。

[2] 吉宁万山，1890 由政府建成于旧脚枢路。华人多称之为"Kelinga Bansan"，早先多为印度人(泰米尔穆斯林 Tamil Muslim)在这里的市场经商，后期华人商贩迁入。

[3] 槟榔路万山，位于槟榔路(Penang Road)，由华人锡矿主黄宝美(Ng Boo Bee)建于 1904 年。

[4] 南洋地区气候炎热，冲凉是当地土著的生活习俗，华人移民来到南洋跟当地人学习如何适应自然环境，冲凉被认为是保证健康的一种有效方法，每日都冲凉五六次。薛莉清. 晚清民初南洋华人社群的文化建构：一种文化空间的发现 [M]. 北京：生活 · 读书 · 新知三联书店，2015：262-266.

图 2.4.3　槟榔路万山历史照片

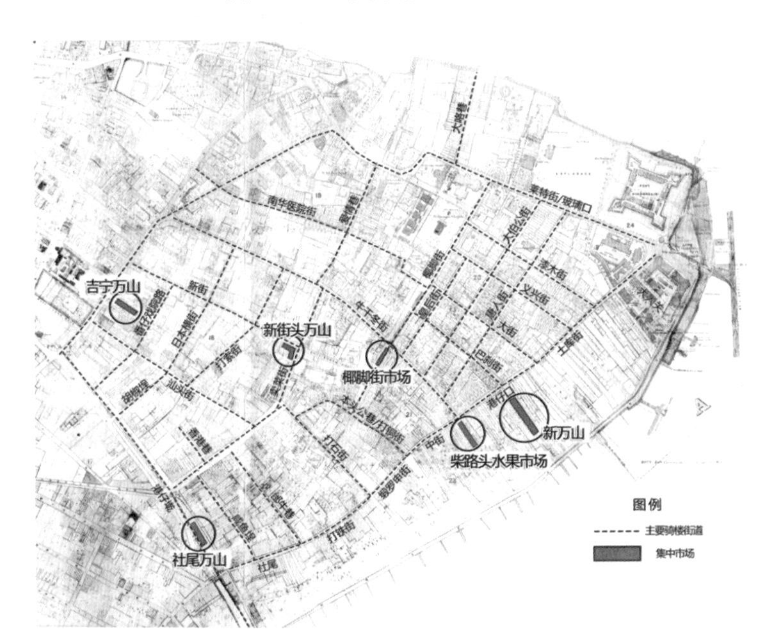

图 2.4.4　19 世纪末槟城集中市场与商业街市分布图

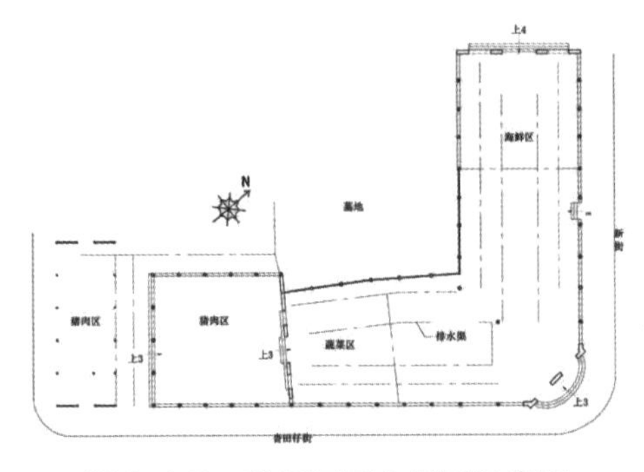

图 2.4.5　新街口万山平面示意图

图 2.4.6　社尾万山历史照片

2.4.2 商贸公司

至19世纪末期，由于商业资本的快速积累和贸易活动规模的扩大，槟城华人开始兴建商贸公司建筑，包括办公大楼以及大型综合商场（Shopping complex）。与早期市场、商住骑楼一类的小规模商业建筑不同，是以商业及办公为主要功能的大型商业建筑。主体建筑体量较大，由一组商住骑楼改建或置地新建，占地可与数间联排商住骑楼相同，多建造于街道转角人流密集处，交通便捷。

商贸公司中的商场建筑平面多以零售柜台或展架为中心，除正立面一个主入口外，另有多个供顾客使用的次入口。部分商场在平面上分隔成多区域租借给不同贸易公司[1]，或依据售卖货品的不同而设置单独出入口。附属用房包括库房和办公管理，库房设于一层后部，上部楼层设有办公室。办公大楼则在底层开放部分空间用于接待和处理事务，上部楼层为自用或租借给其他组织办公，如叶祖意位于海墘街的万兴利公司[2]（图2.4.7，图2.4.8）。

建筑外观多采用当时主流的折中主义建筑样式，以及艺术装饰等摩登风格。19世纪末期的商场，如郑景贵创办的罗根遗产大楼（Logan Building）[3]，作为槟城第一个华人大型购物中心，建设之初为典型的晚期海峡折中样式，三层的建筑外部大量采用维多利亚时期的环状装饰带，券拱门窗线脚精美；20世纪30年代的改建中，建筑师林秀龙[4]在拆除第三层后在檐口增加了艺术装饰元素，形成当前所见的华丽外观（图2.4.9，图2.4.10）。[5]建于20世纪初的世界眼镜公司[6]则属于当地常见的外廊建筑式样，檐口下整齐的小气窗，二层大面积的百叶窗，顶部建有退台作为内部休息室，上覆马来当地特色的多边形红瓦坡屋顶（图2.4.11）。

---

[1] Messrs Swan & Maclaren 测量公司及 Stark & McNeill 建筑事务所等都曾于1890年在Logan Building中设立办公室。参见 Jon Sun Hock Lim. The Penang House and the Straits Architect 1887-1941[M]. Penang: Areca Books, 2015: 22.

[2] 万兴利公司，又名万兴利号，由叶祖意始创于1890年，位于大街路头的一排商贸办公楼建成于20世纪20年代。原址为码头仓库建筑。

[3] 罗根遗产大楼（Logan Heritage Building），又称“Logan Building”，1882年由郑景贵筹建，是槟城第一个大型购物中心。位于漆木街与土库街交汇处。

[4] 林秀龙（Lim Soo Loon），本地华人建筑师，早年与周荣炎在H.A Neubronner事务所共事。

[5] Marcus Langdon. George Town's Historic Commercial & Civic Precincts [M]. Penang: George Town World Heritage Inc, 2015: 39.

[6] 世界眼镜公司，是槟城最早的眼镜商场，兼具制造和配镜销售。由蓝允旋（潮州会馆董事）于1934年建于莲花河。

图 2.4.7　万兴利公司东侧现状照片

图 2.4.8　万兴利公司西侧现状照片

图 2.4.9　罗根遗产大楼历史照片

图 2.4.10　罗根遗产大楼现状照片

图 2.4.11　世界眼镜公司现状照片

2.4.3　银行

自叶祖意于 1935 年建立了第一家槟城本地的华人银行——万兴利银行[1]后，打破

[1] 万兴利银行（Ban Hin Lee Bank），现为南方银行（CIMB Bank），位于槟城银行街 43 号。1935 年由华人富商叶祖意创立，现址原为 F. G. 公司的两层办公楼，转手后委托 Stark & McNeill 建筑事务所的洪万和建筑师设计改建。洪万和（Ung Ban Hoe），早期受英国教育的华人建筑师之一，伦敦大学建筑系毕业，在英国获得建筑师资质，为槟城五大姓公司中杨公司设计牛干冬街（Chulia Street）一带建筑。

了槟城由外资银行为主导的货币贸易垄断。[1] 而后来自中国的汇丰银行、中国银行等大型银行也于 20 世纪中后叶在槟城租楼置业，华人便活跃于商业货币贸易活动中。华人银行建筑以办公为主，底层部分开放为银行业务使用，上部楼层设置内部办公及会议室，部分楼层租借给其他贸易公司入驻使用。建筑设有主次入口以及内部员工通道，相较于多数早期的西式建筑的对称格局而言，复杂的功能需求带来更加多变的平面。

现存的华人银行建筑集中于槟城银行街（Beach Street）一带，整体体量宏大，外观庄严稳重，装饰线脚简洁（图 2.4.12），多为新古典主义的建筑样式，如万兴利银行立面采用古典主义同艺术装饰结合，入口开有高大券拱门洞，上部为黑色遮光玻璃，侧面立有简化西式壁柱直达三层檐口（图 2.4.13，图 2.4.14）。华侨银行 [2] 则为艺术装饰样式，垂直线条带来强烈的上升感，竖向长窗简洁实用，外覆深色水刷石，中央面板上仍可看到银行的原始标志（图 2.4.15）。

图 2.4.12　汇丰银行现状照片

图 2.4.13　万兴利银行现状照片

图 2.4.14　万兴利银行正面外观

图 2.4.15　华侨银行现状照片

[1] 槟城最早的银行，渣打银行分行（The Chartered Bank of India, Australia and China）自 1875 年成立后，包括荷兰银行（ABN-AMRO Bank）在内的西方银行大量入驻槟城，集中分布于槟城银行街一带的西式建筑中。参见 Khoo S N. Streets of George Town Penang [M]. Penang: Areca Books，2007：46.

[2] 华侨银行（OCBC Building），位于银行街 28-30 号。该址原为 Howarth Erskine 工程公司办公楼，1921 年转手银行，1938 年由槟城建筑师布奇（C. G. Boutcher）设计改建。Marcus Langdon. George Town's Historic Commercial & Civic Precincts [M]. Penang: George Town World Heritage Inc, 2015：63.

2.4.4 餐厅及旅社

在槟城近代华人社会的发展中，餐厅与旅社服务业作为重要一环，自华人移民大量进入之时就已形成初步模式。19 世纪后的华人移民又被称为“新客”，其中多数在初抵槟城时居住于华人社团或个人所建的会馆、客栈中，这些早期客栈建筑多为结构简单的砖木构建筑或长条店屋，提供简易餐厅和水房。如福建帮群位于槟榔律（Penang road）建于 19 世纪末的爱吾栈和谢公司位于本头公巷的汕头客栈（图 2.4.16）。而仅提供餐饮的餐厅建筑类型多样，1919 年创立的乐台居餐厅（LOKE THYE KEE）作为最早的大型华人餐厅，位于车水路和槟榔路的交叉处，由邱善佑委托周荣炎建筑师设计建造，拥有中西结合的外观，二层出挑外廊，上覆来自泰南的“宋卡瓦”披檐，三层露台建有花园及餐厅（图 2.4.17）。

相较于早期客栈，旅社与旅店拥有更大的规模和较完善的设施，多为大型宅邸或孟加楼改建而来，哈顿洛奇酒店与燕京旅社是此类典型。前者改自孟加楼住宅，后者建筑为三开间带五脚基的长型店屋建筑。燕京旅社（Yeng Keng Hotel）位于牛干冬街 362 号。原建筑为19 世纪中叶所建的英印样式独立洋楼，20 世纪初在前埕加建广式门楼，1939 年改建为旅社，立面矮墙上覆精美纹饰雕刻，带有中国传统建筑元素（图 2.4.18）。20 世纪初，随着华人资本积累，槟城出现大量配置完善且豪华的酒店建筑，许多也是改造自富商豪宅，如甲必丹郑太平在新关仔角建造的上海饭店[1] 以及红毛路的莱佛士酒店[2]（图 2.4.19/ 图 2.4.20）。上海饭店整体为独栋别墅形制，四面带高耸的海峡折中样式券拱门洞，中央顶部上覆巨大穹顶，檐口装饰线脚精美。其服务人群多为华人上层及西方人，功能上设置了迎合上层社会的大型舞厅及餐厅，同时兼备豪华套房与花园（图 2.4.21）。莱佛士酒店是槟城最早的五层独栋洋楼，外观上具有孟加楼的建筑特征，前部的六边形门廊独具特色，三层为观景平台，整体装饰奢侈华丽。

---

[1] 上海饭店，初为郑太平故居，后改为上海饭店。具体建造年代不详，约为 19 世纪末至 20 世纪初，为郑太平 1935 年逝世留下的重要产业之一。郑太平（Chung Thye Phin，1879-1935 年），祖籍广东增城人，郑景贵四子。本屿著名矿商，霹雳华人甲必丹。平章会馆、增龙会馆信理员，时中学校发起人之一。

[2] 莱佛士酒店，位于红毛路与调和路转角处，现已荒废，由谢德顺建于 1880 年，初为其宅邸别墅后在 1910 年改为酒店。谢德顺（Cheah Tek Soon，1852-1915 年），漳州海澄人，19 世纪槟城著名富商，谢公司成员，曾捐资建造 Weld Quay 码头。

图 2.4.16　爱吾栈现状照片

图 2.4.17　乐台居餐厅现状照片

图 2.4.18　燕京旅社现状照片

图 2.4.19　莱佛士酒店历史照片

图 2.4.20　上海酒店历史照片

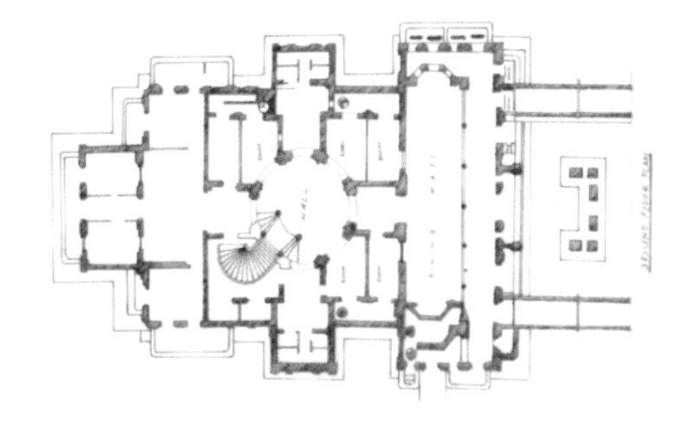

图 2.4.21　上海酒店平面图

2.5　其他建筑类型

2.5.1　华人义山

中国的丧葬文化大体包括“生死如一”、“族群而葬”及“神人相通”[1]，海外华人

[1] 靳凤林．死亡与中国的丧葬文化 [J]. 北方论丛，1996（5）：27-32.

移民也多遵循于此。早期南下的华人多处于底层阶级，往往无力处理自身后事。根据1888年峇都甘东福建公塚碑文记载：“自海禁开，闽粤间民游贯海南群岛者以亿万计，所之既远，亲故相失，往往沦于异域而不能首邱，气涣情漠，势固然欤？怡山僧微妙自槟榔屿归，数为言逆旅主人之贤，屿有义塚葬闽之客死者。”华人社团组织，尤其是地缘与血缘团体，集资购地建设公塚及家塚供南来移民埋葬，这种行为成为社会上传颂的义举，故此类华人的坟山也被称为“义山”。[1]华人社会的义山组织丧葬机构，处理本社群先人的营葬和祭祀，同时也具有界定社群成员身份、承担团结、凝聚与整合本社群的重要功能（图2.5.1，图2.5.2）。[2]

槟城的华人义山由社团组织创立，分为公塚与家塚两大类，前者根据地缘籍贯的不同分为福建公塚[3]以及广汀公塚[4]等，服务于同籍贯的华人移民。由于对土地有大量需求，华人公塚多分布于乔治市西部开阔地带，距离市区约5公里，临近山麓呈南北向排列。而家塚为家族氏族创立，是祖先崇拜的象征，也是门第观念的具体化，用于表示家族的身份地位，服务于家族内部成员。如谢公司所设立的谢氏家塚（图2.5.3，图2.5.4）和邱公司的邱氏家塚（图2.5.5）。谢氏石塘家塚位于浮罗池滑福建公塚后，墓园门楼的楹联记载：“宝树植公坟，宗亲谊笃；石塘开福地，侨旅灵依。”宝树为谢氏堂号，石塘为海澄原乡村社名，可见谢氏家塚仅服务于谢氏宗亲和乡民。

就墓葬形制而言，槟城华人墓葬基本延续了其祖地墓葬传统形制的特点。以墓墙围绕墓塚为中心，墓碑、墓桌、墓手组成为拜埕，形成“前俯后仰”之势，民间称此类型墓为“太师椅”状，符合“藏风聚水”的风水格局（图2.5.6-图2.5.8）。因受土地面积及经济条件等因素的限制，槟城华人义山相对中国闽南及广东地区墓葬规模较小。墓葬整体由墓塚、墓墙、墓碑、墓桌、墓手及墓埕等基本元素组成，但常见于闽粤各地大中型墓葬的牌坊、石像生及碑亭等元素，在槟城华人义山的墓葬中较为少见，且

[1]（马）白伟权．柔佛新山华人社会的变迁与整合：1855-1942[M]．吉隆坡：新纪元学院，2015：158.

[2] 曾玲．坟山组织、社群共祖和帮群整合：十九世纪新加坡华人社会[M]．亚洲文化，2000（24）.

[3] 19世纪末福建公塚共有三个，分别为峇都兰樟第一公塚（Batu Lanchang Cemetery）、浮罗池滑第二公塚（Pulau Tikus Cemetery）、以及峇都甘东第三公塚（Batu Gantong Cemetery），在1923年合并为联合福建公塚。最早的峇都兰樟公塚建立于1805年。温振祥．槟城福建联合公塚二百年[M]．槟城：联合福建公塚董事会，1993：6.

[4] 19世纪末的广东公塚共有两个，分别为广东暨福建汀州第一公塚（1801年始建）和第二公塚（1885年始建），均位于白云山山麓。林廷俏．槟榔屿广东暨汀州会馆二百周年纪念特刊[Z]．槟城：槟榔屿广东暨汀州会馆，1998：166.

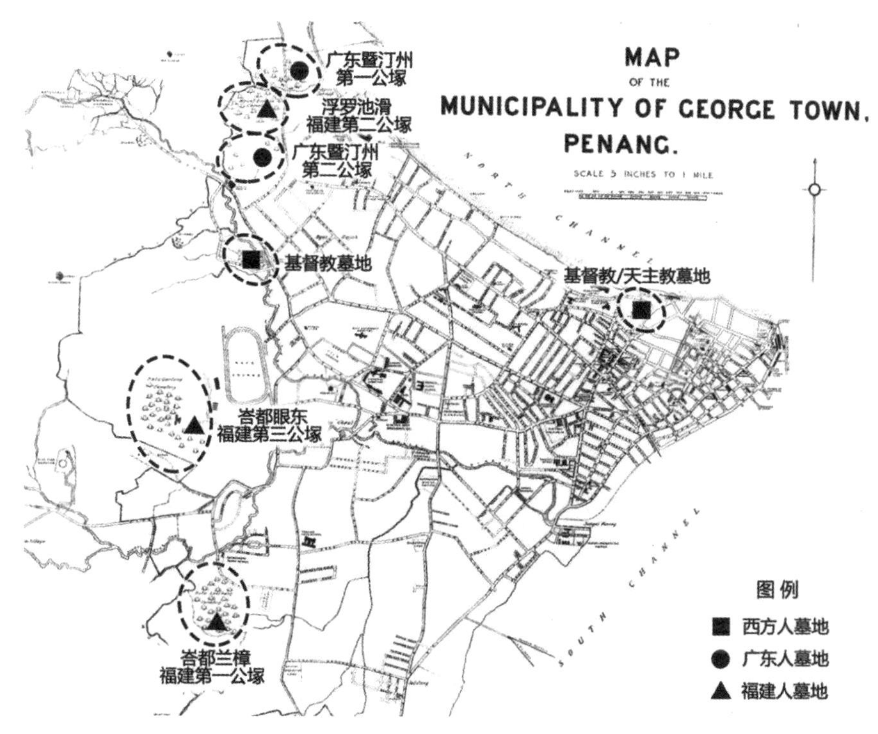

图 2.5.1　19 世纪末槟城华人公塚分布

图 2.5.2　峇都甘东福建公塚

图 2.5.3　谢氏家塚门楼

图 2.5.4　谢氏家塚外景

图 2.5.5　邱氏家塚

墓埕部分简洁朴素，多为一、二级拜埕形式，郑景贵墓[1]这样的多级拜埕类型极少出现。

在华人义山建有公共祭拜之用的塚亭，也作为休息和守灵人的临时住所。早期华人义山塚亭建筑规模较小、构造简单，随着华人社会的不断发展，因清明集体祭拜空间的需要，多采用木构桁架支撑，上部开有双层升气顶，后期改以大跨度的钢构桁架为主。在平面布局上，以武吉淡汶的塚亭为例，以祭祀空间为主，布置案台、纪念碑铭等，边上附祀福德正神、大峰祖师、拿督公等地方神明，在前面外廊空间留有休息场所，整个塚亭四面架空对外开敞（图 2.5.9- 图 2.5.11）。

图 2.5.6 峇都甘东福建公塚墓塚

图 2.5.7 峇都兰章福建公塚墓塚

图 2.5.8 广东公塚墓塚

图 2.5.9 武吉淡汶塚亭外观

图 2.5.10 武吉淡汶塚亭内景

2.5.2 纪念建筑

纪念建筑因其“纪念碑性”而在维护社会稳定，构造历史完整性等方面具有重要作用[2]。槟城的华人移民在异乡落地生根之时，除了基本的生活物质需求外，传统的礼

[1] 郑景贵之墓，建于 1898 年，20 世纪初全马最大，等级最高的华人墓葬之一。背枕白云山，前部溪流为界，占地 13 英亩。整体为福建墓葬风格，墓石落款:“厦门龙泉街迩开张，张泉顺造”，同龙山堂石雕出自同一石雕厂；墓道左右设四位石将军，标志其在两国的官位与成就。参见:（马）陈耀威 . 甲必丹郑景贵的慎之家塾与海记栈 [M]. Penang: Pinang Peranakan Mansion Sdn. Bhd，2013：68.

[2] 纪念碑性（Monumentality），源于拉丁文“monumentum”，本意为提醒。指的是纪念碑的纪念功能，其与回忆、延续以及政治、种族或宗教义务有关，内涵决定了纪念碑的社会、政治等意义。参见巫鸿 . 中国古代艺术和建筑中的“纪念碑性”[M]. 李清泉等，译 . 上海：上海人民出版社，2009：5.

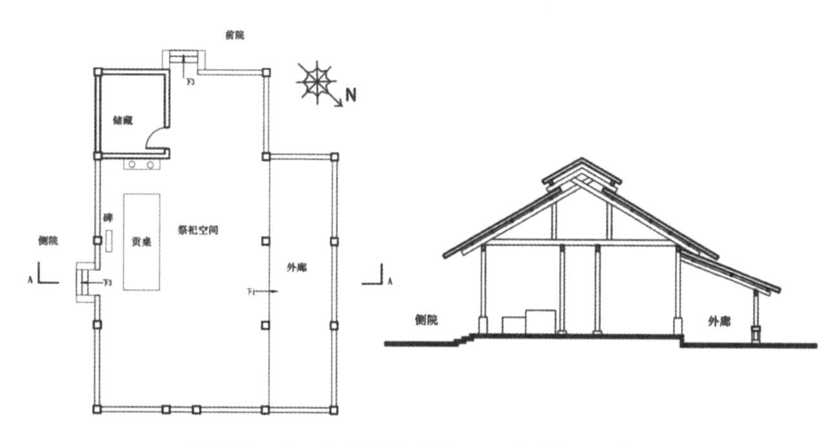

图 2.5.11 武吉淡汶塚亭平面和剖面示意图

义忠孝的教化作用也尤为重要，带来了家乡传统的中式门楼、牌坊等纪念建筑，竭力营造华人的人文传统并强调彼此的相互勉励。此外，华人社会上层也热衷于设立纪念建筑以迎合西方殖民当局，捐建了大量西式纪念碑等。

燕京旅社与胡泰兴住宅[1]前部的门楼是槟城中式门楼的典型。前者为带堆剪的潮州式歇山顶，檐下饰有安金浮雕封檐板，门楼带有券拱门洞，两侧凹入的装饰块以及围墙装饰线脚均为西式（图 2.5.12）；后者现已不存，从历史照片可见为闽南式带水型山墙的硬山屋顶，入口两侧采用砖砌西方柱式，更为装饰简洁（图 2.5.13，图 2.5.14）。牌坊在槟城出现较少，20 世纪初红毛路竖立着一座中西结合的牌坊，用于恭迎英国康诺特公爵（Duke of Connaught）到访槟城。红毛路牌楼在形制上属于四柱三间重楼牌坊，整体结构简洁，与中式传统牌坊不同的是立柱间为西式拱门，上书“恭迎千岁”，每一柱书有楹联，为华人借用中式称号赞颂英国皇室，也迎合了西方殖民者想象的中国文化（图 2.5.15）。

图 2.5.12 燕京旅社门楼外观

图 2.5.13 胡泰兴住宅门楼历史照片

[1] 胡泰兴住宅（Foo Tye Sin Mansion），位于莱特街与唐人街交界处，1891 年建成，后归林文虎。胡泰兴（Foo Tye Sin，1825-1921 年），龙岩永定人。槟城著名富商，慈善家，平章会馆发起人之一，活跃于中华总商会等社团中。

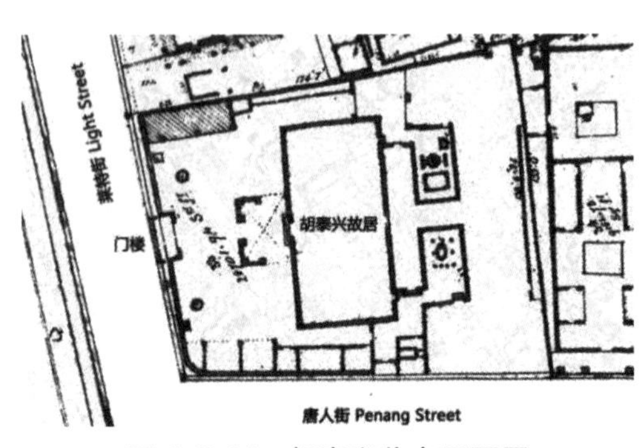

图 2.5.14 胡泰兴住宅平面图

图 2.5.15 红毛路牌坊历史照片

华人捐建的西式纪念建筑大量出现于西方人区域内及公共场所中（图 2.5.16），旧关仔角区域(Esplanade)集中了几处华人捐建的纪念建筑。如 1883 年辜上达捐建喷水池，赠予乔治市市政厅；1884 年谢德顺在此捐建露天音乐台回馈市民；1897 年谢增煜捐建维多利亚女王纪念钟楼。[1] 维多利亚女王钟楼为五层塔楼样式，底层八边形平面，顶部设带穹顶钟室。钟楼的纪念碑中记载：“此钟楼为谢公增煜赠与本城者，盖以志维多利亚女皇登基六十周年纪念也。”另外，还有 1930 年的维多利亚女王纪念碑，也由华人社团捐建，雕刻家弗莱德里克 · 约翰 · 维克逊（frederick john wilcoxson）设计，竖立在中华体育会（Chinese Recreation Club）前的草坪上（图 2.5.17- 图 2.5.20）。在近代殖民社会环境下，华人通过这种赞颂西方政要伟绩的纪念建筑，也记录下华人对当地的社会贡献。

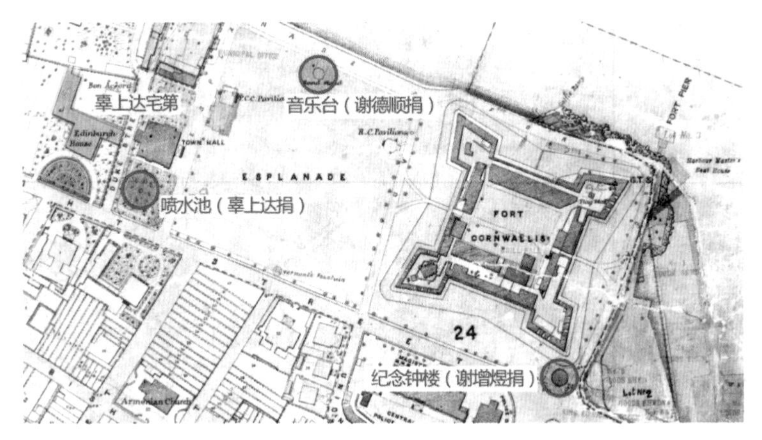

图 2.5.16 西方人区域内华人纪念建筑分布图

[1] Marcus Langdon. George Town's Historic Commercial & Civic Precincts [M]. Penang: George Town World Heritage Inc，2015：24、132、143.

图 2.5.17　维多利亚女王钟楼外观

图 2.5.18　维多利亚女王纪念碑历史照片

图 2.5.19　音乐台历史照片

图 2.5.20　喷泉外观

第3章

华侨会馆建筑

1891年著名中医力钧游历东南亚之后，在其所著的《槟榔屿志略》中记载："南洋风俗，随地皆有会馆，粤人尤多。有一府设一会馆，有一县设一会馆，惟福建会馆皆合一省而设。满剌加、吉隆皆有福建会馆。士文丹小村落耳，工人休息之所，亦署其门曰福建会馆。新嘉坡天后宫即福建会馆。合闽、粤二省人共一会馆，中国天津有闽粤会馆，海外惟槟榔屿也。平章会馆，凡屿中有事，集众议焉。"[1]可见东南亚华侨会馆的建立由来已久，同乡会馆更是海外华侨社会的一大特征，不同类型的社团也代表着早期华侨移民团结互助、共谋发展而建立的社会组织形式。

3.1 槟城华人社团发展

早期西方殖民者行政职能尚未健全，对华人内部事务无法直接干预，华人得以"自成体系"，通过各种会馆组织凝聚帮群。这些传统会馆是东南亚华侨社会最为基本的社会组织，主要在异国他乡保障乡亲利益、排解纠纷，并以乡族联谊与捍卫华侨利益为目的。近代槟城华人社会是由诸多方言群组织而成的移民社会，以致构成了一个会馆林立，又错综复杂的帮权结构。虽然槟城早在1800年就有了广福两帮领导的广福宫，但长期以来，社团组织才是隐藏在华人社会中的主导力量，来自中国闽粤两省的华人移民在地缘、血缘、业缘以及秘密会党的基础上，构建成一个交织、复杂的社会网络。

华人社团组织在殖民政府文件中多用Kongsi、Kongsee等称呼。其本意并非现代意义上的商业公司，更多是指公共事务上的联合管理，故不同类型会馆、秘密会社都

[1] 陈可冀.清代御医力钧文集[M].北京：国家图书出版社，2016.：315.

可用公司指代。据邱思妮考证，“公司”英文大小写与拆分组合均有不同含义。kong si 指现代公司行号；Kong Si 指秘密会社；Kongsi 指同姓家族社团，kongsi 则包括华语与马来语中使用交集里“合伙”与“共享”的含义。[1]

石沧金在其《马来西亚华人社团研究》中对社团组织作以下分类：地缘性社团（方言会馆或乡团）、血缘性社团（宗亲会馆）、业缘性社团、文（学）缘性社团、宗教社团及秘密会社。[2] 不同类型的社团也代表着华侨移民建立的不同社会组织形式，它们多数以团结互助、共谋发展为宗旨。华人社团的数量、组织方式与华人祖籍地息息相关。《槟榔屿纪略》中记载了1881年各籍华人的具体数目（表3.1.1），可以看出闽粤籍华人具有较大人口优势，其中福建人的人口更是接近三成。这也解释了19世纪末闽粤会馆数量，占地范围远超潮州、海南等地。

1881年槟榔屿各籍华人人口数目（单位：人）　　表3.1.1

	福建人	广府人	客籍人	潮州人	海南人	海峡华人	其他	总计
人口	13888	9920	4591	5335	2129	9202	70	45135
比例	30.8%	22.0%	10.2%	11.8%	4.7%	20.4%	0.1%	100%

图3.1.1　19世纪末槟城各籍贯华人会馆分布图

---

[1] 陈国伟．公司流变：十九世纪槟城华人公司体制的空间再现[D]．台北：台湾大学，2015. 8.

[2] 石沧金．马来西亚华人社团研究[M]．广州：暨南大学出版社，2013：12.

到 19 世纪末，槟城主要华人会馆分布如下（图 3.1.1），可以看出华人会馆数量增加很多，包括福建人、客家人、广府人、潮州人、海南人的不同籍贯的地缘会馆。若将会馆视为华人聚落的中心，可以推测华人住区已扩散到较大范围，几乎遍布乔治市各个角落。跨帮群公所广福宫、平章会馆处于地理位置中心，不同籍贯华人会馆形成各自势力范围。早期建立的客家、广府会馆选址于乔治市最早的城市商埠，围绕其信仰中心大伯公庙、武帝庙形成客广两地侨民的聚居区。血缘性组织又被称作宗亲会馆，相比于地缘性会馆，槟城华人血缘性会馆创建时间较晚。福建“五大姓公司”便是地域性宗亲会馆的典型代表，除陈姓外，皆属清代漳州府海澄县三都境内的村社。五大姓公司聚集在美芝街（Beach Street）南端一带，相比于其他会馆，五大姓会馆具有强烈的防御性，宗祠、宗议所等重要建筑位于封闭的街区中心，外围则以店屋环绕，连出入口都窄小隐蔽。

若按照会馆类型区分（图 3.1.2），可以明显看出初期城坊范围，即粤客籍人士集中区域，多为地缘性会馆，福建人区域主要为血缘性会馆。而到 20 世纪，新街、南华医院街一带分别新增了大量姓氏会馆和行业会馆。福建人地域会馆开始出现，新增龙岩、惠安、南安等地缘组织，粤客籍地缘组织则无变化。社团法令颁布后秘密会社消失，原址多变卖为地缘性会馆。血缘性会馆的整体增加也体现了 20 世纪槟城华人家族的壮大（图 3.1.3）。

图 3.1.2　19 世纪末槟城各类型会馆分布图

图 3.1.3　20 世纪槟城各类型会馆分布图

不同的华人会馆，特别是地域帮群之间存在利益的冲突和竞争，帮群之间大规模械斗迫使殖民政府改变对华侨社会统治的策略。在严厉控制华人私会党的同时，也承认华人社团的作用和合法性，并利用华人领袖来协调私会党纷争与民间纠纷，为殖民政府维持社会秩序及巩固统治权力。[1]

1881 年，海峡殖民地政府官员韦德（Frederick Weld）发出地契委任闽粤乡绅各 7 名，筹建平章[2]公馆作为华族最高组织，并赞助会馆建设费用。[3]1912 年更名为平章会馆，而其英文名始终称为“Penang Chinese Town Hall”（华人市政厅），又如今崛诚二所言：“在槟城各州县的会馆，无事时则谋求福利，有事时则排难解纷。平章会馆是结合各府州县的力量，聚于一堂，以谋百姓祥和的自治机关”。[4]可见平章会馆主要为处理华人内部事宜，取代已失去政治功能的广福宫。可以看出殖民者的意图是通过平章公馆来控制华人社会，成为与华人族群之间的联系机构。

而以华人视角来看，平章公馆则是打破狭隘的地方观念和帮权意识，从分化走向

---

[1] 吴龙云 . 遭遇帮群：槟城华人社会的跨帮组织研究 [M]. Singapore：Global Publishing，2009.

[2] “平章”二字取自“平章百姓”、“同平章事”的含义。

[3] （马）陈剑虹 . 槟榔屿华人史图录 [M]. Penang：Areca Books，2007：69.

[4] （日）今崛诚二 . 马来亚华人社会 [M]. 刘果因，译 . 槟城：嘉应会馆扩建委员会 . 1974.

整合的尝试。这也可以理解华人联合社团并未建成地方性的建筑样式，而采用各族群都可以接受，且具有殖民城市特色的新古典风格建筑，20 世纪初又改建为流行的艺术装饰风格（图 3.1.4，图 3.1.5）。1974 年“平章会馆”改称为“槟州华人大会堂”，并于 1983 年于现址建成十层现代化的办公大厦，正面入口处及屋顶建有代表华人文化特征的绿色琉璃瓦坡屋顶，体现出民族性与现代性的并存（图 3.1.6）。在城市区位上，平章公馆与广福宫毗邻，大致位于乔治市华人聚落的地理中心，与广福宫共同形成华人重要的公共领域，凸显其联合帮群的重要地位（图 3.1.7）。

图 3.1.4 19 世纪末平章公馆历史照片

图 3.1.5 20 世纪初平章会馆历史照片

图 3.1.6 槟州华人大会堂大厦

图 3.1.7　19 世纪末平章公馆区位图

3.2　地缘性会馆

地缘性组织是指华侨以中国国内原籍为纽带而组建的社团，它们既可以以省、府、县为原籍，也可以以乡或村为原籍。[1]19 世纪末槟城华人地缘性组织基本形成福建、广东、客家、潮州和海南五大帮群。

3.2.1　福建人

槟城福建人最早的地缘性社团是管理华侨公塚义山的福建公塚，于 1805 年前创建，与广福宫成为早期福建华侨社会的两大主流。[2]19 世纪中叶成立的福建公司是闽帮人士另一地缘机构，为福建公塚的实际领导团体。从名称上看，“福建公司”囊括全省华侨，但其成员绝大多数为闽南人，领导层更是由五大姓公司人士担任，福建五大姓公司出自同村社，同时具有较强的家族特征。19 世纪末福建地缘性社团相对较少。同属福建地域的客家汀州会馆与广东籍人士联合为广东暨汀州会馆。现有的南安会馆、漳州会馆、龙岩会馆、惠安会馆及兴安会馆等则主要成立于 20 世纪以后（表 3.2.1）。

[1] 石沧金 . 马来西亚华人社团研究 [M]. 广州：暨南大学出版社，2013：17.

[2] （马）张少宽 . 槟榔屿华人史话 [M]. 吉隆坡：燧人氏事业有限公司，2002：18.

槟城主要福建地缘社团　　表 3.2.1

会馆名称	创立时间	创建历史
龙岩会馆	1890 年	前身为 1890 年代创立的苍岩清明福公司。1929 年成立槟城龙岩会馆。1981 年购置青草巷回教堂路 211 号双层独立洋楼作为新会馆。
南安会馆	1894 年	初期于柑仔园租赁屋舍为会所，多年后迁至红毛路，后再迁至甘光内店屋。随着会员人数逐渐增加，1927 年购得打石街 153 号店屋一间作为会所。1978 年于鸭家路购置新会馆。
晋江会馆	1919 年	会馆最初在四条路租用民宅，后筹资购买汕头街 20 号店屋，并于 1958 年在中路 120 号三层购置新会所。
漳州会馆	1928 年	由五大姓公司中的邱、谢、杨及林四姓公司联合槟城漳州府七县族人共同创办。于 1946 年购买胡椒埕 38 号 A 座作为会馆所用。另外,三都联络局也位于漳州会馆内。
兴安会馆	1932 年	兴安会馆成立于 1932 年，会员包括旅居泰国南部各府的莆田籍同乡。2006 年兴安会馆新厦落成。
北马永春会馆	1932 年	永春会馆办事处最早设立在槟城一名永春人的药铺中。3 年后，由永春乡人筹资购买五条路 99 号旧址，1977 年迁入柑仔园路现址。
北马永定同乡会	1947 年	早期会所租赁车水路一间店屋。1949 年在头条路购置新会所。1974 年槟州政府征用收购，前后经过多年筹建，1988 年在暹律购置一座 3 层楼新建店屋作为会所。
福建会馆	1959 年	前身是 1959 年成立的槟榔州福建联合会，初期临时办事处设在中路的晋江会馆。1968 年正式定名为槟榔州福建会馆。新馆于 1998 年落成。

代表性会馆建筑：

南安会馆

南安会馆 19 世纪末成立于柑仔园（Jalan Dato Keramat），初期租赁屋舍作为会所。多年后迁至甘光内（Lorong Carnavon）店屋。由于会员人数逐渐增加，考虑场地的需求和兴建永久基业，于 1927 年购置打石街 153 号两层店屋作为会所。1978 年于鸭家路（Argyll road）购置一间新会所。

会馆旧址建筑坐西南朝东北，位于打石街而面向亚美尼亚公园（Amenian park）。平面为两进单天井格局，前部有连续的五脚基。立面二层横向矮墙上可见南安会馆字样，上部用外覆水刷石（被称为 Shanghai Plaster）的砖构装饰带竖向分割，线脚简洁。女儿墙向中部逐级升高，中央立旗杆，强调垂直线条构图。双坡屋面上覆陶土马赛瓦，两侧有低矮防火墙。底层为商业门面类型,原始折叠门及上部铁艺横格气窗现已不可见，二层设四扇长方形铁艺玻璃窗。建筑整体简练大方，无过多装饰纹样，属于流行于 20 世纪初叶的艺术装饰样式（图 3.2.1，图 3.2.2）。

漳州会馆

1928 年，槟城五大姓公司中的邱、谢、杨及林四姓公司中的华侨领袖联合漳州府

图 3.2.1　旧南安会馆沿街立面外观

图 3.2.2　旧南安会馆二层外立面大样

七县同乡共同创办漳州会馆（现改为槟榔屿漳州会馆），于 1946 年购买槟城胡椒埕（Jalan Sungai Ujong）38 号 A 座作为会馆所用。另外，三都联络局也位于漳州会馆内，三都联络局是 1896 年由福建省漳州海澄三都一百零八社创立，于 1900 年在槟榔屿成立分局。

漳州会馆坐西北朝东南，临街而建，平面为两进单天井格局，前部有连续的五脚基。一层现改为餐厅，二层保留会议室、办公等会馆功能。建筑临街采用钢过梁，花岗岩托梁。立面装饰华丽，砖叠涩赤陶瓦屋檐，中西混合式柱头，二层保留有护墙，可见“漳州会馆”字样，护墙以上是通排的百叶窗，一层入口中开双扇门，两侧对称布置腰形气窗和拱形窗，外墙新贴有花砖，是一座华南折中风格的店屋建筑（图 3.2.3—图 3.2.7）。

图 3.2.4　漳州会馆沿街立面外观

图 3.2.3　漳州会馆入口

图 3.2.5　漳州会馆会议室

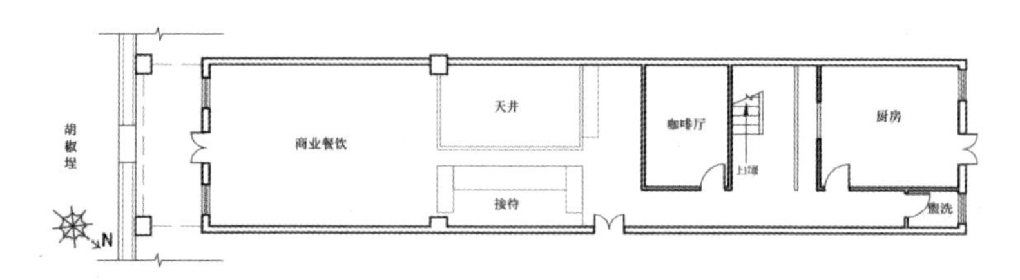

图 3.2.6　漳州会馆一层平面图

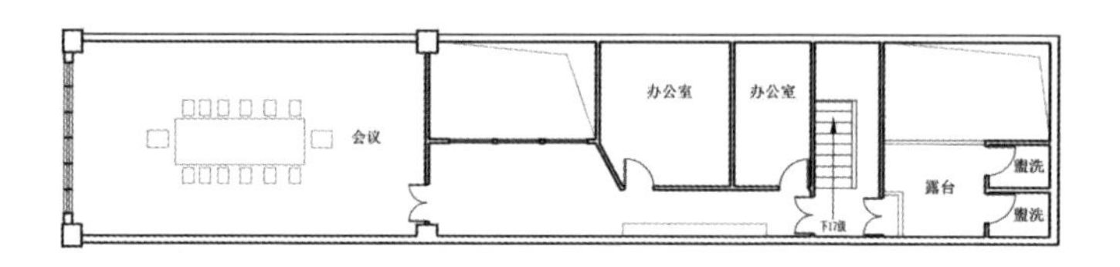

图 3.2.7　漳州会馆二层平面图

3.2.2　广府人

广东在殖民文件中称“Kwangtung”，一般所说广府社团，是包括珠江三角洲以广州为中心的五邑（番禺、顺德、南海、香山、东莞）、珠江上游的江门四邑（新宁、新会、恩平、开平）及肇庆府十六县的人士。[1] 广东华侨的地缘性会馆建立得最早，数量也最多。1801 年即有成立管理公塚的广东暨汀州会馆，19 世纪末粤籍地缘性组织有广东暨汀州会馆、顺德会馆、香山会馆、宁阳会馆、新会会馆、肇庆府会馆、五福堂、南海会馆、三水会馆、会宁会馆、番禺会馆等（表 3.2.2）。

从广府人会馆分布来看，早期城坊的大伯公街（King Street）、漆木街（Bishop Street）和义兴街（Church Street）是其主要聚集地。地缘性会馆是广府人群的主要组织方式，还包括陈氏、黄氏宗祠等少量宗亲会馆和秘密会社义兴公司。广府人会馆集中于初期商业城坊区，又分散于各个街区地块，体现了早期广府人势力范围和经济实力的强盛（图 3.2.8）。

槟城主要广府地缘社团　　表 3.2.2

会馆名称	创立时间	创建历史
广汀会馆	1795 年	槟榔屿广东暨汀州会馆，是全马最早成立的粤籍地缘组织，成立时负责管理华侨公塚，下辖 19 个乡会组织。

[1] 吴华．马来西亚华族会馆史略 [M]. 新加坡：新加坡东南亚研究所，1980：88.

续表

会馆名称	创立时间	创建历史
中山会馆	1820 年	前身为创立于 1820 年左右的香邑公司，1875 年迁至现址，定名为香山会馆。1926 年更名中山会馆。
五福书院（广州府会馆）	1854 年	早期称五福堂，位于义兴街，是当时广州府五县内的同乡联谊会馆和宗祠，1895 年郑景贵购得建设家塾，五福堂迁至牛干冬街，新建成为十二县的联谊会馆。
番禺会馆	1819 年	前身为番禺公司，成立于 1819 年前。1937 年借义福街 46 号为馆址，1952 年迁至爱情巷 61 号，1963 年再迁至牛干冬街现址。现会馆建筑建于 1971 年。
从清会馆	1821 年	从清会馆是由广东省从化及清远两邑在 1821 年成立，于 1895 年购买香港路 19 及 21 号两栋屋作为会馆会所。
南海会馆	1828 年	南海会馆前身为南邑公司，成立于 1828 年。1904 兴建于牛干冬街 463 号现址。
台山宁阳会馆	1831 年	前身为宁邑馆，由台山人始创于 1831 年，并于 1833 年在隔壁设立武帝庙作为辅祠。1918 年在会馆内设立台山学校。
顺德会馆	1838 年	会馆初期租赁于义兴街 60 号，1850 年购入漆木街 80 号屋宇，1919 年通过会馆设立留医所。1928 年迁至爱情巷 51 号现址，会馆后段设立卫生所。
肇庆府会馆	1860 年以前	1921 年购得调和路 126 号的矮脚楼为会所。后因旧屋楼不合使用，于 1922 年重修。现会馆新大厦重建于 1988 年。
新会会馆	1873 年	1873 年以新会公司名义向冈州会馆购置，1880 年更名为新会绵远堂，向殖民政府注册时定名新会会馆。
三水会馆	1885 年	前身是三水公司，根据三水公司总坟的立碑年代确定三水公司的创立应该早于 1885 年。早期无固定会所，1946 租得日本横街门牌 114 号前厅作为临时会所。同年 8 月更名为槟城三水会馆。
东安会馆	1892 年	初期馆址无定，至 1930 年代初期购买现址。1934 年改建门面，正式命名为东安会馆。1951-1952 年间增购会馆现址左邻两间店铺，初期一间用作卫生所，另一间出租。
开平会馆	1949 年	槟城开平会馆是新马唯一的开平人乡会组织。1949 年由黄仕庆等人发起成立，1950 年中期购槟榔屿日本横街 86 号一店铺为会所。

图 3.2.8　19 世纪末槟城粤籍会馆

代表性会馆建筑：

广汀会馆

广汀会馆成立之初为管理华侨丧葬事务的机构，后逐渐发展为地缘性社团组织。经考证槟城最早墓碑见于白云山第一座公塚，墓碑上刻有“广东广州府香邑”，时为清乾隆六十年（1795），故后来将立馆时间定为1795年。而“广东暨汀州”之名最早见于道光八年（1828）所立的石碑，刻有“广东省暨汀州府诏安县捐题买公司山地银两刻列于左潮州府题银二百卌四元”[1]。在广汀会馆170年纪念刊提及“广汀”之名由来时解释“嗣因吾人以地理及乡梓之习俗，公塚名称乃改为广东暨汀州公塚”[2]，足见“广汀”合并起于地缘。1922年选址槟城乔治市唐人街50号为办事处，系因当时该地区多为粤籍人士所居，1927年将办事处改名会馆。1936年会馆选出十四人设计委员会，对新会馆建筑层数、朝向等问题进行表决。1938年委托槟城布奇建筑公司（Boutcher & Co）进行设计，由英国人约翰·文特斯（John Mackie Venters）任主设计师。同年开始动土兴建，建筑耗资三万余元，1941年落成。

在平面布置上，一层主要为办公、阅览与祭祀空间。阅览室为通高两层、宽敞明亮的大空间，自吉隆坡华人领袖叶亚来创办私塾唐文义学，将会馆与教育相结合，便有会馆在大厅设阅览室，摆放图书供市民阅读。阅览室正中间为神龛与先贤牌位，遵循华人拜神祭祖的传统，至今仍每年举行盂兰盛会与庆贺神诞。二层主要为衣帽间、大礼堂与舞台。每逢换届选举、假日庆贺、文娱晚会等华人公共活动，会馆成员便相聚于此。从立面构图与比例关系分析，推测模仿自巴黎圣母院西立面。会馆屋顶采用诸多中式元素，攒尖顶、单坡顶以及歇山顶的多种组合，明显受到当时中国古典建筑复兴设计思潮影响。以简洁清晰的传统“官式”建筑形象结合西式古典构图，满足了海外华人社会精英对中国古典复兴的文化理想（图3.2.9，图3.2.10）。

广州府会馆（五福书院）

广州府会馆于1857年创立，建有槟城乔治市第一间华文私塾，早期称为五福堂，同时也作为来自广州府十二县同乡联谊的会馆和宗祠。1895年，义兴街院址的业主甲必丹郑景贵索回以建家塾，并捐献其在牛干冬街地皮，同时借贷一笔巨款，亲自主持新院宇的建筑工程。建筑于1898年落成，即现今堂皇的五福书院。

五福书院集合书院、宗祠与会馆（广州府会馆）于一体，建筑坐西南朝东北，临

[1] 槟榔屿广东暨汀州会馆二百周年纪念特刊．星光电脑植字有限公司．1998：161.

[2] 槟榔屿广东暨汀州会馆一百七十周年纪念特刊．1971:50.

图 3.2.9　广汀会馆外观

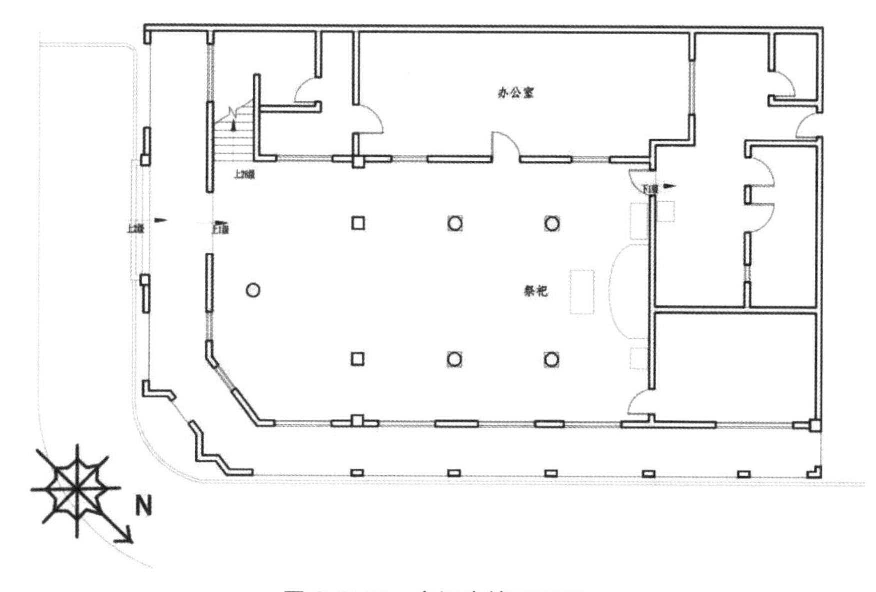

图 3.2.10　广汀会馆平面图

牛干冬街而建，带有一个深长的前庭院。建筑平面为三进三开间布局，规整对称，门面由两根麻石石柱分隔成三开间，左右两次间檐下虾公梁连接柱子和人字形山墙，中间顶了只石雕看梁狮子。建筑细部精美，采用大量的木雕、砖雕、灰塑及陶塑等作装饰，包括屋脊、墀头、檐下等位置。入口处的雕梁和四周的壁画，蕴含丰富的历史故事和民间传说，是一座典型的广府宗祠建筑（图 3.2.11—图 3.2.16）。

图 3.2.11　广州府会馆沿街立面外观

图 3.2.12　广州府会馆砖雕装饰

图 3.2.13　广州府会馆陶塑装饰

图 3.2.14　广州府会馆梁架木雕装饰

图 3.2.15　广州府会馆神龛

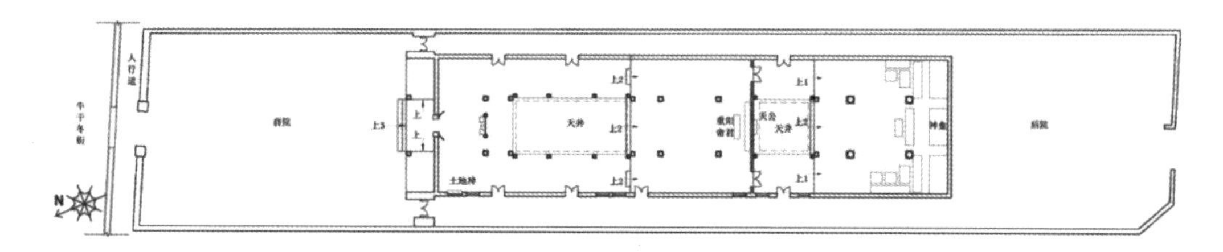

图 3.2.16　广州府会馆平面图

南海会馆

槟城南海会馆前身为南邑公司，根据广东暨汀州公冢、福德祠及南邑公司总坟现存墓碑推测，将其创立时间定为1828年。[1]清光绪三十年（1904年）于牛干冬街463号现址兴建馆宇，会馆产业拥有会所一座，铺业4间。会馆于战后1953年重修，并于1966年和1976年进行装修和修饰。该会馆为独立用地，四面临街，建筑坐南朝北，前临牛干冬街而建，带有一个深长的庭院。平面为单开间纵深布局，前后有三进深，两个天井均为窄长型，天井边单侧设置楼梯。建筑为双层，楼上楼下均设龛供奉神主牌位，第二进大厅为开敞的会议空间。建筑沿街立面高耸，屋顶采用绿色琉璃瓦，人字形山墙，脊顶装饰一对石湾陶鳌鱼戏珠。立面和侧面受其他风格影响开设窗户增加采光通风，整体上是一座广府地方风格建筑（图3.2.17—图3.2.20）。

图 3.2.17　南海会馆沿街立面外观

图 3.2.18　南海会馆一层室内空间

图 3.2.19　南海会馆外观

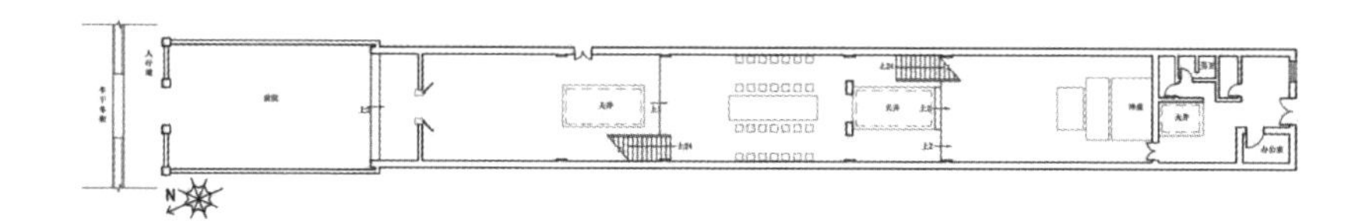

图 3.2.20　南海会馆平面图

[1] 槟榔屿广东暨汀州会馆一百七十周年纪念特刊.1971:115.

3.2.3　客家人

客家同样是个比较复杂的称谓，海峡殖民地政府在文档中用“Kehs”来称呼客家，并把它归于广东省的范围。[1] 而今若用族群概念的客家去分析，客家应是跨越广东省和福建省，包括闽西、粤东北等地的超地域性族群概念。

如日本学者今堀诚二所言：“客人开埠，广东人旺埠，潮福人占埠”[2]。客籍人士作为槟城最早的华侨移民，主要集中于乔治市商业城坊区（表 3.2.3）。客家最早的会馆嘉应会馆成立于嘉庆六年（1801），亦是槟城最早的会馆。成立初期称仁和公司，在 1877 年地图中称嘉应州公司（Keh Eng Chew Kongsee）。相邻的增龙会馆（Cheng Long Kongsee）前身为仁胜公司，由增城、龙门两县人士于 1802 年创办，1849 年修成馆所。两所客籍会馆均在 20 世纪改建为近代殖民地外廊样式建筑。

图 3.2.21　19 世纪末大伯公街客籍会馆

槟城客籍人士创建的会馆多以地缘为基础，并按照祖籍地命名。在人口不占优的情况下通过方言的纽带来壮大帮群势力，会馆、寺庙的建造集中于大伯公街，凝聚成殖民城市中的客家聚落。客籍人会馆均面向东南，在槟岛整体方位上背山面水（图 3.2.21）。值得一提的是，自中国清政府在槟城设立驻地副领事（1893—1911 年），该职位均由客籍富商出任，先后有张弼士、张煜南、谢荣光、梁碧如及戴欣然五人。世纪之交的几

---

[1] J.D.Vaughan. The Manners and Customs of the Chinese of the Straits Settlements [M]. Singapore: Oxford University Press, 1971: 6.

[2] （日）今堀诚二 . 马来亚华人社会 [M]. 刘果因，译 . 槟城：槟城嘉应会馆扩建委员会 . 1974: 83.

位领事既是富甲一方的商绅，也是槟城宗教文化、华文教育的有力推动者，客籍人士在槟城的声望和地位可见一斑。如黄贤强所说，“客籍富商唯一的途径是从官场上去突破，垄断槟城副领事一职”。[1]不同籍贯人士在异域他乡各有生存之道。

槟城主要客家人地缘社团　　表3.2.3

会馆名称	创立时间	创建历史
嘉应会馆	1801年	会馆于1801年成立，先后称为仁和公司、客公司、嘉应馆、嘉应州公司和嘉应同乡会，1923年定名为嘉应会馆，坐落于大伯公街22号及24号。现有的会所重建于1939年，1941年完成。
增龙会馆	1801年	增龙会馆前身仁胜公司，始创于1801年。馆宇建立于1849年，坐落在槟岛大伯公街门牌20号，是槟榔屿广东暨汀州会馆属下组织之一。
惠州会馆	1828年	会馆于1828年创立，早期以墨西哥银（又名鹰洋）325元购得砖瓦屋两间及地皮一段，初名为惠州公司，后更名惠州会馆。
永大会馆	1840年之前	创立于1840年之前，最初称“永大公司”，后改称“永大馆”，今称为“永大会馆”。
大埔同乡会	1932年	该会于1932年1月获准注册，曾先后租赁四间店铺为会址，后购得南华医院40号为会所。
客属公会	1939年	客属公会于1939年成立，1950年在车水路建成双层楼大厦。会所于1989年遭遇大火，于2000年重建。

代表性会馆建筑：

槟城增龙会馆

增龙会馆始创于1801年，前身为仁胜公司，据会馆展示的1801年地契记载位于会馆现址的北侧。馆宇则建立于1849年，坐落在槟岛大伯公街门牌20号，是历史最悠久的乡团之一，亦是槟榔屿广东暨汀州会馆下属组织。会馆初建时，曾获甲必丹郑景贵资助及领导，当时郑景贵是增龙人的领袖，同时是槟城华人领袖，对马来亚的开发建设贡献卓越，尤其是他开辟的霹雳州矿业奠定了华人在马来亚的开矿基业。

增龙会馆主体建筑为广府式两进三开间的基本形制。平面纵向序列依次为前廊、门厅、天井、主厅和后院，现前厅两次间作为办公室，主厅设神祖牌祭祀先祖，二层另有大会议室及办公室。立面为艺术装饰风格结合晚期海峡折中样式，前部设有贯通的五脚基外廊，沿路设铁艺栏杆，居中入口处挑高至二层，水平出檐舒展。整体建筑立面构图典雅，装饰简洁，在广府的传统格局中增加精美的西式柱头与几何线脚，是中西建筑文化融合的案例（图3.2.22—图3.2.27）。

[1]（马）黄贤强．十九世纪槟城华人社会领导阶层的第三股势力[J]. 亚洲文化，1999（23）：95-102.

图 3.2.22 增龙会馆外观

图 3.2.23 增龙会馆拱券与檐口细部

图 3.2.24 增龙会馆柱式栏杆细部

图 3.2.25 增龙会馆室内陈设

图 3.2.26 增龙会馆内神龛

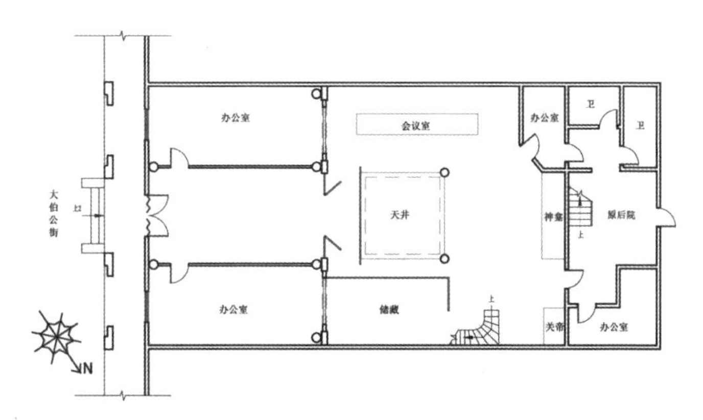

图 3.2.27　增龙会馆一层平面图

槟城惠州会馆

槟城惠州会馆于1828年创立，初名为“惠州公司”。早期惠州乡人李兴以墨西哥银（又名鹰洋）325元购得砖瓦屋两间及地皮一段，无条件捐赠给惠州同乡充作会馆，成立之初定名“惠州会馆”，凡居住乡村僻埠的同乡都可以到会馆休憩，同时也作为中国南下的乡人通过会馆作为跳板，到吉打、霹雳等地开拓农业或者矿业。

会馆建筑坐西南朝东北，面临咸鱼埕（Prangin Lane），建筑为两层，二层作为议事办公，一层现已出租作为仓库使用。建筑平面为两进三开间布局，沿街带有拱形五脚基；大门中央两根石柱，上接木柱以支撑前檐，增加建筑高度；八角柱珠上刻有“暗八仙”的吉祥图案；地基明显高于两侧，防止淹水问题。建筑立面石刻门额“惠州会馆”，会馆大门为全木，原本按传统做法应安有门槛，但为了安全及方便出入，现门槛已拆除，上下层各有两扇方窗，上部增加半圆扇形的镂空木雕花纹。前后殿的中脊桁下绘有龙凤、太极、八卦等吉祥图案，而其他梁柱则仅有黑褐漆，门外石基采用20世纪20年代流行的彩色水泥花砖铺地（图3.2.28，图3.2.29）。

图 3.2.28　惠州会馆沿街立面外观

图 3.2.29　惠州会馆立面细部

3.2.4 潮州人

槟榔屿潮州会馆始建于同治九年（1870年），原名韩江家庙，得名于原乡潮州境内最大的河流韩江（表3.2.4）。厅堂内悬挂“九邑流芳”匾额，意指潮州府下辖海阳、潮阳、饶平、惠来、大埔、揭阳、澄海、普宁和丰顺九县。

据潮州会馆展览介绍，潮州人最初以种植业垦荒者的姿态出现。18世纪末即有潮州人在威省峇都交湾（Batau Kawan）落脚种植甘蔗。当地供奉玄天上帝的万世安庙是最早凝聚潮州人的神明信仰，传入槟城后同样以玄天上帝[1]为主祀神。1828年广汀人士购置义山的碑刻中，潮州人合府捐资名列缘首。1855年以“潮州公司”名义置业于社尾街381号，为潮州会馆组织前身。1867年迁至牛干冬街现址。

槟城主要潮州人地缘社团 表3.2.4

会馆名称	创立时间	创建历史
潮州会馆	1855年	1855年以“潮州公司”名义购置社尾街381号产业，是潮州会馆组织的前身。1867年购地牛干冬街现址。

从1877年地图可以看出起初潮州会馆是以韩江家庙为主的两进两落的合院式建筑。1890年在沿街处加建门厅，右侧建设韩江学校（现办公楼），使潮州会馆形成以两栋建筑为主体的组群（图3.2.30，图3.2.31）。其中韩江家庙为传统潮汕式的三进三开间祠堂建筑，纵向形成门厅、阳埕、中厅、天井与后厅的空间序列。中厅供奉玄天上帝，后厅设神祖排位祀奉先祖。右侧的韩江学校为三进平面，前部带五脚基，如长型骑楼一样有较大的进深，海峡折中样式的立面同韩江家庙形成一中一西的格局。潮州会馆不仅集中了潮汕建筑的木雕、彩绘等精美装饰艺术，同时融合西方的装饰题材和建筑特征，是中西结合的会馆建筑典例（图3.2.32—图3.2.36）。

从区位而言，潮州会馆位于牛干冬街，正好位于广府地缘会馆与福建五大姓公司聚落区之间。而在原乡，潮州府同样位于闽粤两省交界。在街道层面，潮州会馆位于皇后街（Queen Street）尽端，形成开敞的视线通廊，凸显会馆建筑的醒目与端庄。与多数会馆东南朝向（面向槟威海峡）不同的是，潮州会馆坐向东北，其道路轴线与广福宫轴线成90°夹角，似有在闽粤帮群主导的华人移民社会中“另辟蹊径”的意

[1] 玄天上帝是道教中北极四圣之一，北斗七星以及北方玄武七宿的神格化。民间称之为真武大帝、元天上帝、玄武大帝、北极佑圣真君。

图 3.2.30　1877 年历史地图中的韩江家庙

图 3.2.31　1893 年扩建后的潮州会馆，加建韩江学校

图 3.2.32　潮州会馆外观

图 3.2.33　潮州会馆内院

图 3.2.34　潮州会馆博古架

图 3.2.35　潮州会馆中厅木梁架

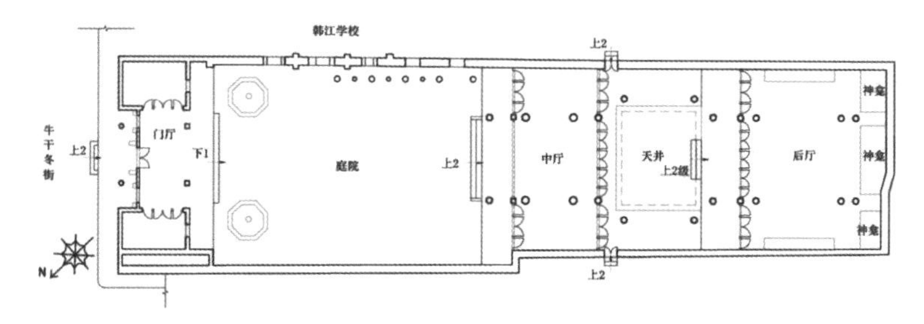

图 3.2.36　潮州会馆平面图

味（图 3.2.37）。

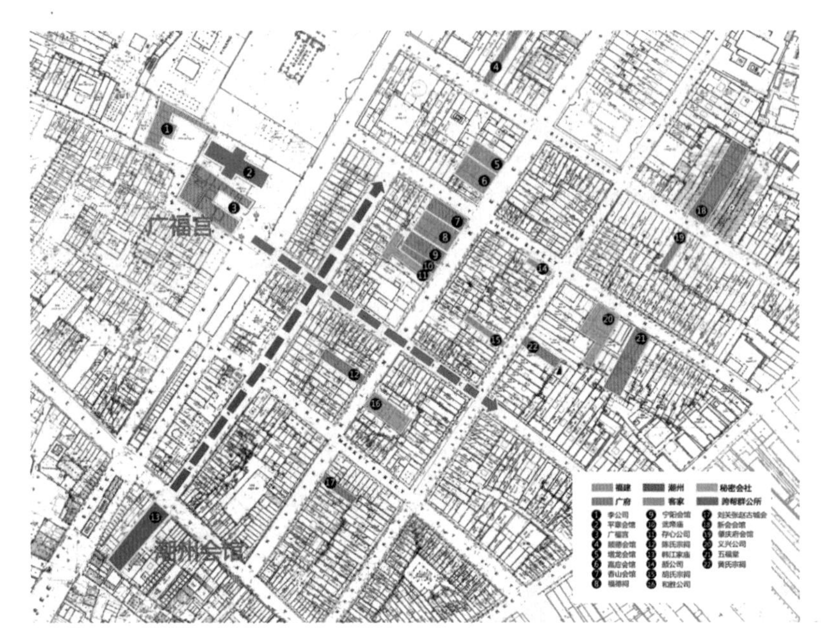

图 3.2.37　潮州会馆轴线关系分析图

3.2.5　海南人

槟榔屿是海南华侨南下最早的落脚地，所设天后宫也是琼籍人士在东南亚最早的一所（表 3.2.5）。[1]19 世纪中叶海南人移居槟岛时，多数行业已由其他籍贯人士所占，迟来的海南华侨多数从事家庭帮佣或经营茶室餐馆。[2]1870 年代创建海南会馆于义兴街，1895 年迁至南华医院街（Muntri Street），因海南华侨的聚集又被称作新海南公司街。从 1893 年地图来看，当时的街区和店屋都未完整形成，可以推测海南人会馆、产业、聚落等选择在其他籍贯人士势力范围之外的新兴街区发展。

在光绪二十一年（1895）《琼州馆迁建碑记》提及，“……夫前虽有会馆盛祭，其地基不合乎三吉，则向道不从乎六秀，且久而有坏，礼当迁也。故此爰众公论，择地重建，即兹造庙崇祀，立像报恩……新置色乳巷地基一片长一百六十四尺广八十五尺，每年纳地税银一大元正。”可见迁馆缘由为旧址不符合传统风水“二十四山法”中的“三吉六秀”，加上年久失修，才购置新馆于南华医院街（旧称色乳巷）。这也反映了近代

---

❶　吴华 . 马来西亚华族会馆史略 [M]. 新加坡：新加坡东南亚研究所 . 1980：19.

❷　马来西亚槟城海南会馆 . 马来西亚槟城海南会馆纪念特刊（1993-2007）[Z]. 槟城：槟城海南会馆，2007.

华侨对于会馆选址有着严格的地理风水考量，讲究天时地利人和的传统环境观念（图 3.2.38—图 3.2.41）。

槟城主要海南人地缘社团　　　　表 3.2.5

会馆名称	创立时间	创建历史
海南会馆（天后宫）	1870 年	天后宫是海南会馆前身，创立于 1870 年，最初设址于义兴街，1895 年迁到南华医院街现址。1995 年大规模重修。

图 3.2.38　19 世纪末原有店屋建筑改为海南会馆

图 3.2.39　1970 年代城市地图中的海南会馆

图 3.2.40　海南会馆历史照片

图 3.2.41　海南会馆现状照片

3.3　血缘性会馆

在中国闽粤乡村中，宗族文化往往是其社会结构的基础，东南亚华侨移民同样以血缘为纽带而组建宗亲会馆。相比于地缘性社团，血缘性社团创建时间较晚，最早的血缘性社团为 1810 年成立的世德堂谢公司或陈公司。早期华人血缘性社团又可划分为两类：地域性宗亲社团和非地域宗亲社团。地域性宗亲社团以血缘、地缘和方言为基础，要求成员祖籍同村同宗，如槟城五大姓公司中邱、谢、杨、林会馆便是典型代表。而非地域性宗亲社团则以较大范围亲缘和地缘为纽带，其成员来自相近的府县，彼此间承认历史久远的祖先，如颍川堂陈公司、张氏清河堂等（表 3.3.1）。[1] 槟城不同籍贯人士各有血缘宗亲会馆存在，如广府梁氏、梅氏、陈氏宗祠，客家胡氏宗祠等，但以福建邱、谢、杨、林、陈五大姓氏公司人数最多，势力最广，并成为槟城规模最大的血缘宗亲组织。

19 世纪末，除五大姓公司外，福建血缘性社团还有义兴街颜公司、大伯公街李氏宗祠、南阳堂叶氏宗祠、槟榔律王氏太原堂等。广府血缘会馆有南华医院街的梁氏宗祠、大伯公街的陈氏宗祠、伍氏宗祠（1897 年建于存心公司原址）等。客家人由于在槟城的人口数量较少，更多采用"地缘"这一更大范围的认同方式进行联合，但也存在部分血缘宗亲会馆，如胡氏安定堂，张氏清河堂[2]。此外，还有不分籍贯，联合全体同姓人的周氏岐山堂等。这些血缘性社团为南下"新客"提供住所、介绍工作，亦是重要的族群整合方式。

槟城主要血缘性会馆 **表 3.3.1**

会馆名称	创立时间	创建历史
世德堂谢公司	1810 年	谢公司始于 1810 年左右，由中国福建省漳州府海澄县三都石塘社谢氏族人创建。1828 年购置现址，并于 1858 年建造现有宗祠。
颖川堂陈公司	1810 年	1810 年，陈氏族人以陈圣王公司名义在大街置业，这便是颖川堂陈公司的前身，今日所见的祠堂是 1878 年建设完成。1949 年，陈公司重新装修并增建门亭和庭院围墙。
植德堂杨公司	1834 年	1834 年，来自漳州府海澄县三都霞阳社杨氏族人创立植德堂，1929 年增建议事厅一座并整修宗祠。杨公司前院原有一口井和一座戏台，在第二次世界大战期间被炸毁。
龙山堂邱公司	1835 年	1835 年，来自中国漳州府海澄县三都新江社邱氏族人创立诒穀堂。1850 年在英国商人手中购得现址后再加以修复。现有富丽堂皇的祠庙建筑为 1906 年重建祠堂，并沿用至今。
梅氏家庙	1841 年	梅氏公所于 1841 年在中街设立。现有广东街庙址于 1909 年建成，仿照家乡祠堂式样改建为梅氏家庙。
李氏陇西堂	1851 年以前	旧址落在椰脚街广福宫和槟州华人大会堂后面地段。1925 年注册成立，并在槟城大伯公街 39 号建祠。
胡氏安定堂	1863 年	胡氏安定堂，又称胡氏宗祠，成立于 1863 年，堂址设在槟城广东街 70 号，在正厅安奉宋肇基世祖八郎胡府君等神主以纪念先祖功德。

[1] 石沧金 . 马来西亚华人社团研究 [M]. 广州：暨南大学出版社，2013：52.

[2] 胡氏安定堂由福建永定县人胡子春发起组织，之后同样吸纳其他地域胡姓族人。张氏清河堂最早由闽籍人创办，后随客籍参与打破籍贯的障碍。客籍张姓人士如张弼士等，也是会馆主要领袖。

续表

会馆名称	创立时间	创建历史
九龙堂林公司	1866年	1863年，原籍鳌冠社的族长林清甲在槟城设立敦本堂及勉述堂，在港仔口街164号恒茂号附设联络处。至1866年林氏九龙堂建成之后,两堂迁入九龙堂内。
刘关张赵古城会	1872年	槟城刘关张赵古城会创立于1872年，是马来西亚历史最悠久的异姓联宗宗祠。
陈氏宗祠	1872年	1872年，槟城的广东陈姓族人成立联系宗亲关系的组织，称陈氏公馆。20世纪初在大伯公街64号创建祠堂，同时改名陈氏宗祠。
文山堂邱公司	1878年	文山堂邱公司是漳州府海澄县新江社龙山堂邱公司的分支，由海墘角五房支组成，于1878年建于海墘新路。
江夏堂黄氏宗祠	1887年	江夏堂建于1887年，由黄氏族人在创立江夏堂黄公司后兴建的宗祠建筑。
伍氏家庙	1897年	主要来自广东的伍氏族人曾租在槟城十二间，即今日厦门巷的一间小屋。现有伍氏家庙于1897年创立。
张氏清河堂	1891年	成立于1891的张氏清河堂，现有地段由张弼士于1896年捐献给“张氏清河堂梓幢帝君”祠。1898年张弼士再把隔邻的一片地捐出作为清河学堂（张氏学校）用房。1931年重修宗祠建筑，入口牌楼在1967落成。
周氏岐山堂	1891年	周氏岐山堂于1891年注册，并于1915年购得汕头街的谢总利洋楼。现有大厦为1996年在原址上重建。
长林社	1896年	原名槟城琼林舍，由海南林氏宗亲于1896年成立。1923年易名为槟城长林社，以7000多元购置大顺街17号为永久社址。
许氏高阳堂	1916年	1916年于车水路购地兴建许氏高阳堂，同时也在堂址后方购置两间住屋。1922年，高阳堂新厦落成，并在1963年在堂前兴建龙亭。
庄严同宗会	1920年	1920年由来自中国同安县的庄氏族人于槟城甘榜内成立庄氏四美堂，1955年另在汕头街购新会所。2004年改名为槟州庄严同宗会。
南阳堂叶氏宗祠	1924年	19世纪末成立的同阳社叶姓公司，以及1910年成立的惠泽尊王叶姓公司，在1924年时合并成为南阳堂叶氏宗祠。
孙氏公会	1941年	公会成立于1941年，早期称为“孙氏家族自治会”，1957年更名为孙氏公会，1971年购买百大年律83号独立洋楼为会所。

代表性会馆建筑：

叶氏宗祠

19世纪末成立的同阳社叶姓公司，以及1910年成立的惠泽尊王叶姓公司，在1924年合并成为南阳堂叶氏宗祠。宗祠负起联系和团结槟州叶氏族人的任务。1920年，叶氏宗亲在打铜仔街现址兴建叶氏宗祠大厦，历时4年，于1924年竣工。祠堂内祭奉祖先灵位，并于春冬二祭进行拜祭仪式，起到敦谊睦族之作用。1950年，族人叶祖意将其本身在宗祠右侧所购得的地皮捐赠兴建慈济宫，供奉十一世先祖大宗威武惠泽尊王。

当前的叶氏宗祠建筑由宗祠、慈济宫与附属居住建筑组成，整体坐西南朝东北。主座家庙为两进三开间平面，前厅用于会客，次间设会议厅；后厅主次间均设神祖牌祀奉祖先，中部天井前用木构屏风隔断，整体延续传统祠庙布局。立面采用简化的晚期海峡折中样式，是前部带独立的五脚基外廊，二层檐口设矮墙栏杆，女儿墙中央高起记录建筑竣工年份，两侧覆精美的花卷灰塑装饰（图 3.3.1—图 3.3.4）。

图 3.3.1　叶氏宗祠外观

图 3.3.2　叶氏宗祠正面外观

图 3.3.3　叶氏宗祠内景

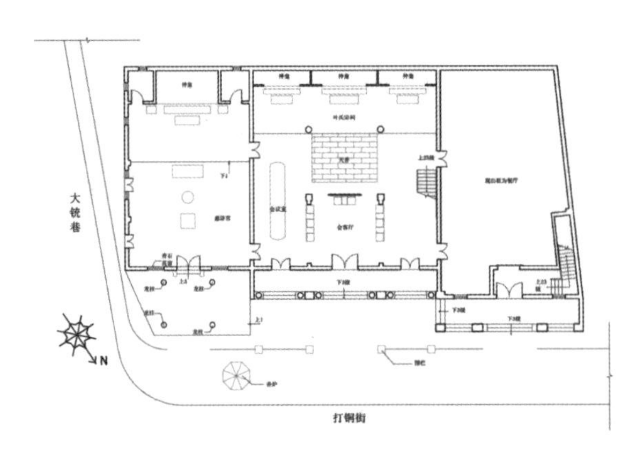

图 3.3.4　叶氏宗祠与慈济宫平面示意图

张氏清河堂

张氏清河堂现有的地段是由张弼士等族人在 1895 年向英国人购置，并于 1896 年捐献给张氏清河堂建梓幢帝君祠。1898 年张弼士再把隔邻的地段捐出以作清河学堂用。1931 年重修宗祠，竖立在宗祠前方的入口牌楼则于 1967 修建完成。清河堂位于沓田仔街（Lebuh Carnarvom）的内向庭院内，为祠堂与一排骑楼形成的建筑组群，其平面两进三开间单天井，立面为殖民地外廊式。主座前部有同两侧骑楼贯通的五脚基，二层设券拱外廊，视野开阔。建筑山墙和屋顶仿中国传统屋面，与海峡折中样式立面相结合，整体装饰简洁，底层柱式纤细柔美，二层券拱线脚有力，几何山花带有古典复兴的特征，是华侨会馆建筑探索中西文化结合方面的案例（图 3.3.5—图 3.3.8）。

图 3.3.5　张氏清河堂正面外观

图 3.3.6　张氏清河堂街景

图 3.3.7　张氏清河堂一楼侧厅

图 3.3.8　张氏清河堂一楼主厅

李氏宗祠

李氏宗祠陇西堂坐落在乔治市大伯公街 39 号，是 1925 年来自福建海澄经营熔锡业有成的李振和召集各派宗亲集资创置的。在当年获得当时政府的批准注册为合法团体，当时族人集资约二万元，购置原址上的商业店铺修建为家族祠堂。初置阶段曾为内地宗亲初临槟城的落脚泊宿处，也是各派宗亲汇聚联谊筹谋的场所。

李氏宗祠建筑主体东南朝西北，整体为两层骑楼化的中国传统祠堂建筑，最具特点的是二层主厅设置祠堂的布局方式。建筑平面前部有宽约 2 米的五脚基，除两侧廊柱外，于正中设一对仿爱奥尼柱式，门面上挂门楣匾书“李氏宗祠”。二层外廊上的梁架及屋顶装饰均为模仿闽南传统宗祠，檐柱额枋到正面排楼均为传统丹漆油饰，与一层的白色的西式柱廊形成较大反差。底层前厅当前作为展厅出展宗亲组织文物史料，二层前厅布置为陇西堂，中间翕室分隔成三，供奉自清末以来近二百座祖先神主牌，神龛周围木构雕刻精细典雅，整体给人肃穆雅致之感（图 3.3.9，图 3.3.10）。

图 3.3.9　李氏宗祠正面外观

图 3.3.10　李氏宗祠细部装饰

3.4　业缘性会馆

业缘性组织是以业缘为纽带组建起来的社团，他们主要指行业商会、行业公会或行业性的联谊组织。[1]槟城主要的业缘性组织有鲁班古庙、胡靖古庙、万锦商会、树胶公会等，涵盖槟城华侨的主要经营行业，1903 年槟城各行业会馆共同出资成立中华总商会（表 3.4.1）。

胡靖古庙成立于 1832 年，是马来西亚历史最悠久的打金行业公会，又被称作庇能打金行。金铺除制造原金货币如金条、马提银等，还是兼营首饰手镯等的宝石加工商。在近代槟城投资金银宝石是华人保全财产最稳定的办法，所以时常保持第一流手工业的地位。[2]社团成员祖籍为古冈州六邑（新会、台山、开平、恩平、鹤山、赤溪），为

[1] 石沧金．马来西亚华人社团研究 [M]. 广州：暨南大学出版社，2013：69.

[2] （日）今崛诚二．马来亚华人社会 [M]. 刘果因，译．槟城：嘉应会馆扩建委员会．1974：119.

业缘兼地缘性会馆。会馆最初设立于漆木街，1904 年迁至南华医院街现址（图 3.4.1）。❶

19 世纪末的槟城业缘性社团还有餐饮行会姑苏广存堂（1875 年）、海南籍建筑行会鲁艺行（1889 年）（图 3.4.2）❷ 等。传统三缘会馆中，业缘性会馆创建时间较晚，19 世纪时期所涉及行业也较少。但在 1890 年以后，业缘性会馆创建速度大大增快，涉及行业也多样化。此外，业缘性社团最早突破行业、地缘、血缘的局限，出现联合会馆现象。❸从历史地图来看，19 世纪末南华医院街一带骑楼街区正处于规划建设期，只有鲁班古庙落成。而到 20 世纪，诸多行业公会迁至此街，包括打金行、姑苏行、咖啡茶商公会等，呈现出众多行业会馆汇集的兴盛场景（图 3.4.3，图 3.4.4）。

图 3.4.1　胡靖古庙

图 3.4.2　鲁艺行

图 3.4.3　1893 年历史地图中的南华医院街行业会馆

图 3.4.4　1970 年城市地图中的南华医院街行业会馆

---

❶（马）陈耀威 . 胡靖古庙史略 [Z].// 胡靖古庙庇能打金行 175 周年纪念特刊，2007.

❷ 鲁艺行创立于 1889 年，原址设于义福街（Rope Walk）113 号，1930 年迁至现址烟筒巷 135 号。

❸ 石沧金 . 马来西亚华人社团研究 [M]. 广州：暨南大学出版社，2013：380.

槟城主要业缘性会馆 表 3.4.1

会馆名称	创立时间	创建历史
庇能打金行（胡靖古庙）	1832 年	庇能打金行 1832 年在槟城成立，属州内最早业缘组织，起初设立于漆木街和唐人街，1904 年迁至南华医院街新建会所至今。
万锦商会	19 世纪中叶	创立于 19 世纪中叶，会址设在平安路 50 号。1952 年间重新起草章程，在原有绸缎布庄商号吸收洋货商为会友，并申请注册。
庇能鲁班行（鲁班古庙）	1886 年	鲁班行于 1886 年在爱情巷创立。早于 1801 年在广东街门牌 5 号成立广东省南来建筑工友联络所，到 1855 年集资购下广东街 52 号的行所。1951 年正式合并注册为鲁班行。
建筑暨材料商公会（金镇社）	1877 年	原名金镇社，创立于 1877 年，取自创办人建筑承包商陈金镇之名。第二次世界大战后广招发展商及材料商加入，并购置顺德路 100 号作为会所。
庇能华人机器工会	1891 年	1875 年，由于机工就职于威省峇眼拉浪广兆船坞者众多，华人领袖筹建集会场所。1891 年在北赖新路头成立机器行，1919 年迁至槟城牛干冬，1932 年再迁调和路，组织机工回中国参加对日抗战。
中华总商会	1903 年	中华总商会创立于 1903 年，于 1917 年向戴喜云购买唐人街九间厝二号为会所，1927 年增建 3 层。
福庆革履行	1911 年	槟州鞋业公会成立于 1911 年，1945 年以“福庆堂革履行”注册。几经搬迁后落脚于琼花路,并改为“福庆革履行”。于 1952 年在广汀第二公塚建立总坟，并在同年建立全马联行。
树胶公会	1919 年	槟城树胶公会创立于 1919 年，前身为槟城树胶贸易公所。初创时期，即成为马来亚内陆及邻邦树胶的交易中心。会所几经搬迁，最后迁至大街 14 号与锡贸易公所共处。
米商公会	1928 年	1923 年马来亚英殖民政府撤销专营米业的仓米局，白米进口改由各华商商号经营，万兴利、吉成利等 9 家华商遂发起成立万仓公所。1928 年更改会名为米商公会。创会初期设于车水路，1940 年迁至仰光路，1976 年底又迁至平安路 103 号。

代表性会馆建筑：

鲁班古庙

据《重修鲁班庙记》记载，位于爱情巷的鲁班古庙建于清咸丰六年（1856 年）。早在 19 世纪初，一帮广府南下的移民工匠就在广东街（Penang Street）五号成立联络所，会员仅限制广府建筑工匠。当时华人的建造行业以“木工、泥水匠和油漆工”三行为主，尊奉鲁班为行业庇护神，他们组成的行会被称为鲁班行，由于鲁班被封衔为北城侯，故鲁班行也称北城行。通常南下的建筑工匠会先暂住鲁班古庙，参拜先师的同时联络同行寻找安身之所。故鲁班古庙宗旨为崇奉行业神，共进建造事业，联络同行之感情以谋求共同之利益。

鲁班古庙为典型的广府式传统庙宇建筑，面阔三开间，平面三进两天井带前后院的建筑格局。主体建筑退让道路而建，前部有深长的前院，院内两侧摆放一对雕刻精美的石狮。古庙纵深布局，单层前殿供奉鲁班祖师神像，中殿和后殿为两层重楼，作为管理办公用房。古庙中的彩画浮雕、石湾陶装饰均十分华丽精美，两侧次间前廊有五幅清末壁画，前殿屋脊设麒麟瑞兽及山水花草等吉祥纹样，显示出建筑行会匠师足以自傲的营造技艺（图 3.4.5—图 3.4.8）。

图 3.4.5　鲁班古庙外观

图 3.4.6　鲁班古庙内部

图 3.4.7　鲁班古庙细部

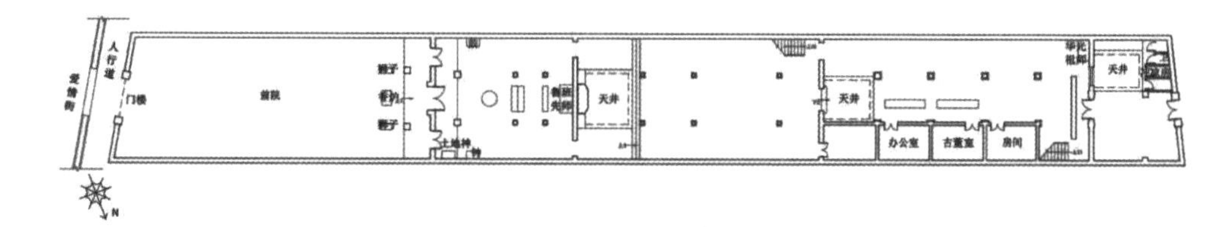

图 3.4.8　鲁班古庙平面图

中华总商会

槟州中华总商会创立于 1903 年，最初设立在土库街的“锡交易所”，是槟城最早的大型商贸组织，也是最早代表华人华商利益的商会。1912 年办公地点迁移至平章公馆（现槟州华人大会堂）。1917 年理事会购置了唐人街二号产业建成当前的商会大楼。该商会大厦最初由本地建筑师周荣炎设计，至今历经多次重建修复，基本保持了原始的风貌。总商会大厦为乔治市区常见的近代商住骑楼，从唐人街沿莱特街延伸至大伯公街，三面均设有五脚基，朝向莱特街一侧面阔九间，八间出租用于商业。

整体建筑外观分为前后两段，实为整体，20 世纪 20 年代兴建的旧楼位于唐人街一侧，是典型的晚期海峡折中样式，方整的矩形窗结合突出墙面的白色饰带，街道转角斜切成主入口，上面高起的山墙顶端镌刻建成年代与商会名称。二楼天台上建有可四面开窗的屋顶阁楼，无疑受到马来本地建筑的影响。而 20 世纪 50 年代所建的新翼（原建筑于第二次世界大战期间损毁）则是早期现代样式，水平长窗强调横向的线条，高度尺度及五脚基均与旧翼相同。中华总商会具有两种不同时代的建筑样式相互并存，风格迥异而相映成趣（图 3.4.9—图 3.4.12）。

图 3.4.9　中华总商会街景

图 3.4.10　中华总商会外观

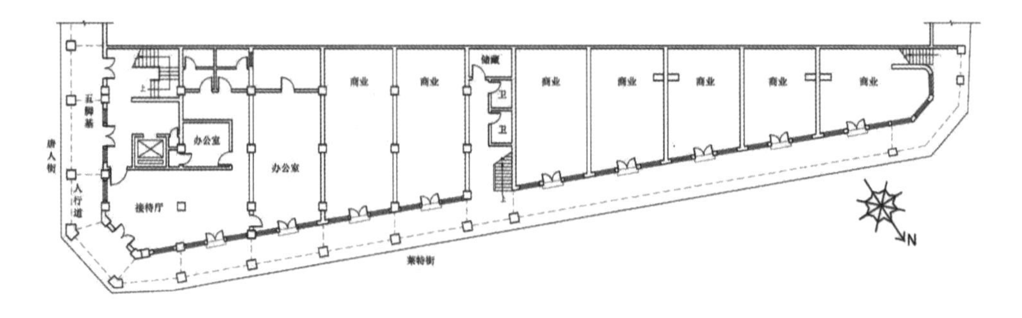

图 3.4.11　中华总商会一层平面图

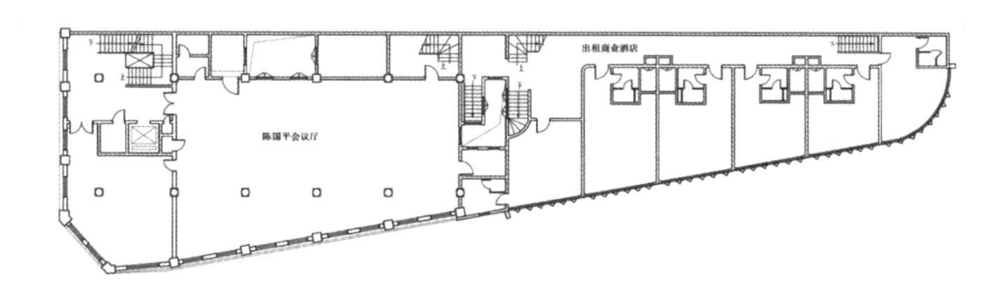

图 3.4.12　中华总商会二层平面图

3.5　秘密会社

早期槟城华人社会中便有秘密会社（又作私会党、私密会党）的出现，在殖民政府文件中被称为 Secret Society。在《槟榔屿开辟史》中有载："惟其（华人）言语非他族所能通晓，善秘密结社，以反抗政府法律之不称其意者，其人勇而敏，恐必为祸于将来……" [1] 可见在莱特时期便有华人秘密会社活跃于殖民地社会。早期英殖民者对华人秘密会社的态度为默许与纵容，系因为秘密会社在当时海外华人社会中有广泛而深刻的影响。英国政府让部分秘密会社首领承包烟酒、赌博等饷码，可以操控"猪仔"贩卖，甚至充当华人甲必丹。殖民者意图很明确，就是利用秘密会社及其领袖的影响力来控制华人社会。[2]

秘密会社虽可借以维持社会秩序和安稳，也常因利益争夺或彼此恩怨爆发斗争，造成社会骚乱。1867 年义兴公司与建德堂因鸦片饷码之争爆发械斗，更引起印度、马来人会党的介入。[3] 殖民政府意识到秘密会社之危险，于 1869 年通过《危险社团法令》（The Dangerous Societies Ordinance），要求所有超过十人的社会组织都需向当局注册，成为控制华族社会的法律条文先河。[4]1889 年殖民政府通过新的《社团法令》（The Societies Ordinance 1889），禁止私密会党的存在，此份法令 1890 年生效，所有社团需向政府申请注册，申请书由政府备案调查。殖民政府目标明确，即要铲除一切危机社会的秘密社团。新的法案颁布后槟城冲突事件大大减少，几大秘密会社之后便逐渐消亡。

---

[1] 书蠹（bookworm）. 槟榔屿开辟史 [M]. 顾因明，王旦华，译 . 台北：台湾商务印书馆，1970：3.

[2] 石沧金 . 马来西亚华人社团研究 [M]. 广州：暨南大学出版社，2013.：146.

[3] 1867 年 7 月，建德堂与义兴两帮因普吉岛矿场争夺引发冲突，爆发为期十日的槟城大暴动。马来人印度人同样介入，红旗会联手建德堂，白旗会加入义兴，造成人命财产巨大损失与社会动荡。

[4] （马）陈剑虹 . 走入义兴公司 [M]. Penang: CGT Quick Printer Sdn.Bhd，2015：175.

19世纪槟城福建人秘密会社有存心公司和建德堂。存心公司又称手指公司（殖民文件中称Chew chee、Choo chee、Ching Ching），其会员皆佩戴戒指作为识别暗号。早期负责大伯公祭祀事宜，后因争夺资源输送和权力空间而与其他会党冲突，包括同方言群的建德堂。[1] 建德堂（Toa Peh Kong）则是19世纪闽帮的第一秘密会社，领导人有多位来自邱公司，选址同样与邱公司毗邻。其成员中多数是当地富商和店主，更是包括军火制造商与销售商。义兴公司（Ghi Hin）成员来自广东，是槟城规模最大、势力最强的会党。海山公司（Hye san）成员主要来自客家，甲必丹郑景贵曾是19世纪海山党党魁。和胜公司（Ho seng）除了华人外还包括马来人、葡萄牙人、吉灵人（Klings）和巫印混血人（Jawi Pukans），是首家加入其他族群的秘密会社。[2] 从19世纪秘密会社分布来看（图3.5.1），福建帮建德堂与广东帮义兴公司总部位于各自聚落中心。而同属福建人的存心公司位于大伯公街，与广府会馆相邻。客家人掌握的海山公司位于闽帮居多的社尾一带，也说明了各方言群聚落的相互渗透。

图3.5.1　19世纪主要华人秘密会社分布图

---

[1] （马）陈剑虹、黄木锦．槟城福建公司[M]. 槟城：槟城福建公司，2014：41.

[2] J. D. Vaughan. The Manners and Customs of the Chinese of the Straits Settlements [M]. Singapore：Oxford University Press，1971：103.

第4章 华侨庙宇建筑

华侨移民所信奉的复杂神明体系在海外华侨社会深具影响力，是整体华侨社会结构中不可或缺的重要整合力量。华侨移民漂洋过海，在家乡祭拜的神明便被带到南洋，早期下南洋的华人往往先建立寺庙而后创建会馆，提供精神寄托与心灵慰藉，并维系故土的情感。地方性寺庙供奉的神灵多来自闽粤原乡的民间信仰，他们兴建与管理则是以方言或族群作为纽带进行，跨帮群寺庙打破了个人与家族利益的狭隘观念，同时巩固了各个方言群体的精神信念。除整合功能外，宗教寺庙还是华人社群聚落的轴心，通过原乡宫庙的建造来创建新的家园意识。

4.1 槟城各族群宗教信仰

4.1.1 各族群宗教信仰

东南亚传统的多元宗教文化，可以明显地发现四种文化的影响：源于中国的儒家与中国佛教文化、源于印度的印度教与小乘佛家文化、源于阿拉伯伊斯兰教的穆斯林文化和源于欧洲的天主教、基督教文化。[1] 同样，可以说槟城多元宗教是中国、印度，以及它们和阿拉伯世界、欧洲国家之间文化碰撞交流的直接或间接产物。整体而言，槟城的伊斯兰教、基督教、印度教等宗教场所多围绕不同族群居住聚落分布，宗教场所所在区域周边也相应成为城市中不同族群社会活动的公共领域（图 4.1.1）。

[1] 张庭伟．转型的足迹：东南亚城市发展与演变 [M]. 南京：东南大学出版社，2008：35.

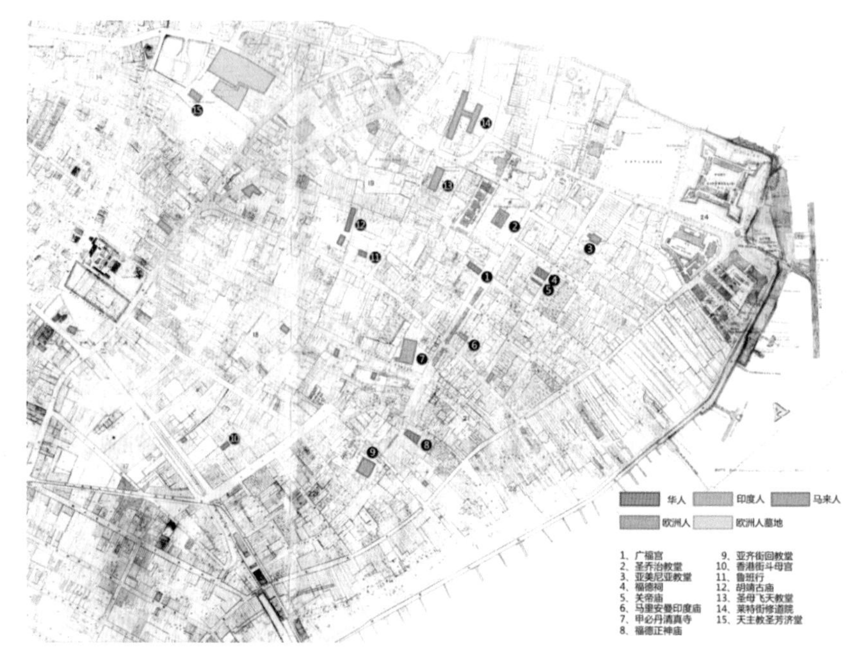

图 4.1.1 19 世纪末槟城各族群宗教场所分布

伊斯兰教

清真寺是穆斯林举行礼拜和宗教活动的场所，被穆斯林视为“安拉的房屋”。清真寺一般选址于穆斯林人口密集的地方，体现了伊斯兰教的入世精神和其教义中对社会活动的积极参与。在槟城，清真寺是分布最广的宗教场所，除甲必丹吉宁清真寺、亚齐清真寺两个主要寺庙外，其余清真寺规模较小，融入各穆斯林街区。

甲必丹吉宁清真寺建于 1803 年，在由来自南印度的朱利亚人 (Chulias) 穆斯林重要的宗教中心，清真寺西侧建有宗教行政中心以及宗教学堂等附属建筑。朱利亚人是槟城开埠时期的主要社群之一，擅于经商，在椰脚街经营钱币兑换和珠宝行等商店。清真寺周边草地环绕，庭院入口建有高耸的宣礼塔，多层环廊和顶部穹顶覆盖的敞亭，形态类似于泰姬陵四周的小尖塔，具有印度伊斯兰建筑的典型特征。主体建筑四周环布柱廊，空间高大敞亮，正面和内部墙壁满铺伊斯兰教几何图案装饰，建筑采用本地红瓦坡屋顶，屋顶上方高起大小高低错落的覆铜穹顶，体现出印度伊斯兰教建筑与当地建筑传统的结合（图 4.1.2—图 4.1.4）。

亚齐清真寺位于打石街 (Lebuh Acheh)，苏门答腊亚齐王国的王子赛胡先 (Syed Hussain) 迁居槟城后建造的家族清真寺，赛胡先死后与家族成员葬于清真寺旁的家族墓地，其墓碑石形状为亚齐特有的样式，被称为“亚齐石”（Batu Acheh）。现清真寺为

图 4.1.2　甲必丹清真寺历史照片

图 4.1.3　甲必丹清真寺现状照片

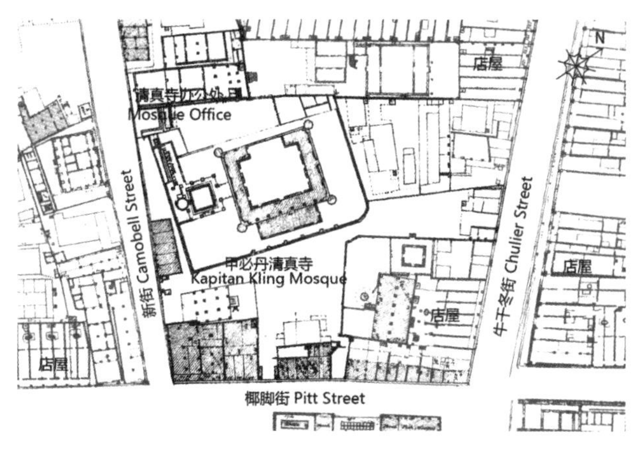

图 4.1.4　甲必丹清真寺平面图

槟城马来人穆斯林社区的宗教中心，清真寺周边至今仍可见保存完好的传统马来木屋。亚齐清真寺融合亚齐建筑与马来当地建筑风格，四周环饶的敞廊开阔通透，以八角形柱子支撑，北侧和东侧有向外伸展的开敞平台作为周边穆斯林休息聚集的场所，红瓦屋顶有类似闽南式燕尾起翘装饰，估计受到周边福建华侨建筑屋顶构件的影响。打石街入口处设置单座宣礼塔，平面呈八边形，塔楼类似印度奥兰加巴德小泰姬陵的尖塔，可能传承自印度伊斯兰莫卧儿 (Mughal) 建筑样式（图 4.1.5，图 4.1.6）。

图 4.1.5　亚齐清真寺历史照片

图 4.1.6　亚齐清真寺现状照片

基督教

西方殖民者主要信奉基督教，也相应地设立了基督新教的圣乔治堂和天主教圣母升天教堂等宗教建筑。虽说西方殖民者开辟建设槟城，引入各方移民，却是各大宗教源流当中最后建立礼拜场所的教派。1817 年建设基督教圣乔治堂，1860 年天主教圣母升天教堂落成于红毛路（Farquhar Street）。在红毛路还设有基督、天主教墓园，下葬者来自不同国家与社会阶层。墓园中同样有华人墓碑，据推测主人可能是太平天国起义失败后，遭清廷迫害而流亡至槟城的客籍基督徒。[1]

圣乔治堂始建于 1817 年，次年落成，是东南亚最古老的英国圣公会(Anglican)教堂。教堂位于椰脚街与华盖街的转角处，西侧为大英义学，南侧紧邻华人的平章会馆及李氏宗祠。圣乔治堂为乔治国王时期帕拉第奥式 (Georgian Palladian) 风格，由土木工程师考德威尔 (James Lilliman Caldwell) 设计，罗伯特 · 史密斯中尉 (Lieutenant Robert Smith) 负责建造。教堂平面呈长方形，入口朝北，教堂四周庭园开阔，古树参天环境优雅，草地保存了槟城开埠者莱特总督的纪念碑。教堂室内外通体呈白色，正立面为新古典主义双柱门廊，仿罗马多立克柱式，上建有高耸的哥特式尖塔。圣乔治堂前建有圆形纪念亭，前后列柱上覆穹顶，纪念槟榔屿第一任殖民总督莱特船长（图 4.1.7，图 4.1.8）。

圣母升天教堂位于乔治市红毛路 3 号，在槟城开埠之初，罗马天主教会的加尔诺主教（Bishop Garnault）带领欧亚裔为主的天主教徒从吉打迁到槟城。最早在今土库街、义兴街、漆木街和椰脚街之间的地段兴建一座木制教堂，名为圣母升天堂（Our Lady of Assumption）。1860 年，马尼索神父（Manissol）主持在现址以砖石建造新教堂，成为乔治市天主教社群的中心。1929 年，天主堂增建了左右两翼成为现在的拉丁十字教堂格局（图 4.1.9，图 4.1.10）。

图 4.1.7 圣乔治教堂外观

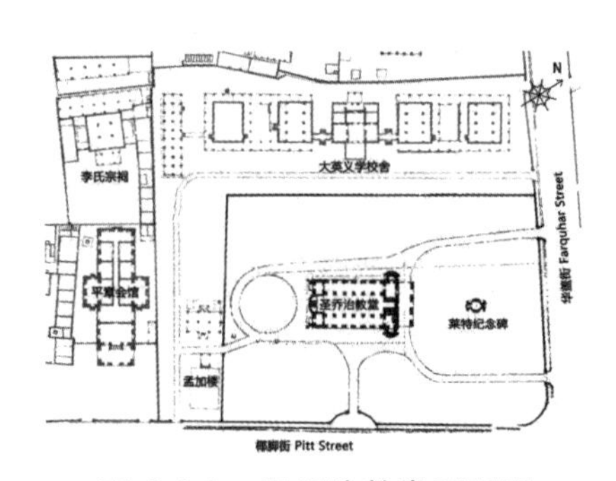

图 4.1.8 圣乔治教堂平面图

---

[1] 乔治市世界遗产机构 . 乔治市红毛路基督教墓园 [Z]. Penang: Arkitek LLA Sdn Bhd，2018：10.

图 4.1.9　圣母升天教堂外观

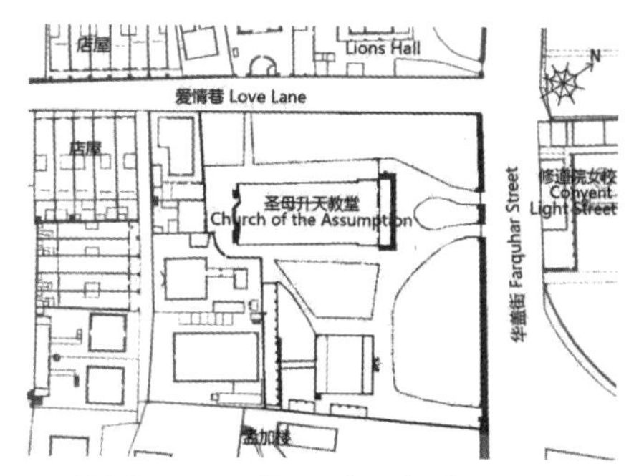

图 4.1.10　圣母升天教堂平面图

印度教

1801 年最早的印度教礼拜场所已在皇后街落成，为乔治市最古老的兴都庙，1833 年在原址上建成斯里马里安曼兴都庙（Sri Mahamariamman Temple），其区位与印度人街区“小印度”毗邻。兴都庙里供奉的主神斯里玛哈玛丽安曼,是南印度代表性的神祀。庙宇前后临街，入口位于皇后街，背后为椰脚街，周边为密集热闹的商业店屋，不远处为华人的潮州会馆。外部装饰色彩艳丽，建有南印度典型的达罗毗荼式门塔，以印度神祇作为题材层叠而设。每年槟城乔治市印度教的重要庆典,包括九夜节 (Navaratri)、屠妖节等都聚集在兴都庙周边进行，整个小印度社区都会处于喧闹沸腾的欢乐气氛（图 4.1.11，图 4.1.12）。

图 4.1.11　马里安曼印度庙外观

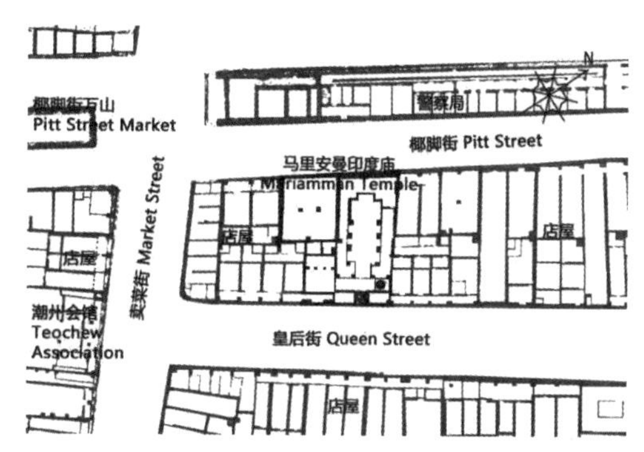

图 4.1.12　马里安曼印度庙平面图

4.1.2　各族群信仰中心

将各大族群宗教核心建筑定位到历史地图，可以看出其选址的考虑与周边环境的演变。在 1798 年地图中，只有甲必丹清真寺初具规模，选址位于印度人聚集的牛干冬街南侧，周边标示出穆斯林墓地与几座散落的建筑。圣乔治堂与广福宫原址有一座小山丘，背后还有溪流穿过，自然景观丰富（图 4.1.13）。1803 年地图中，广福宫已建成，原有的溪流已消失，山丘也被移除，推测用来填平城区的沼泽。圣乔治堂虽未建设,其用地已得到规划。椰脚街只延续到巴刹街,尚未与甲必丹清真寺相连（图 4.1.14）。1808 年前后,乔治市内多次火灾,调查委员会建议将椰脚街拓宽到 120 英尺（约 36.6 米）,并延长到港仔墘（Prangin River）（图 4.1.15）。[1] 这也使得几大宗教中心通过椰脚街产生了空间联系。1867 年大铳巷（Cannon Street）落成，椰脚街可直通亚齐街清真寺，形成了多元宗教汇集的“宗教街”。

图 4.1.13　1798 年宗教建筑定位图

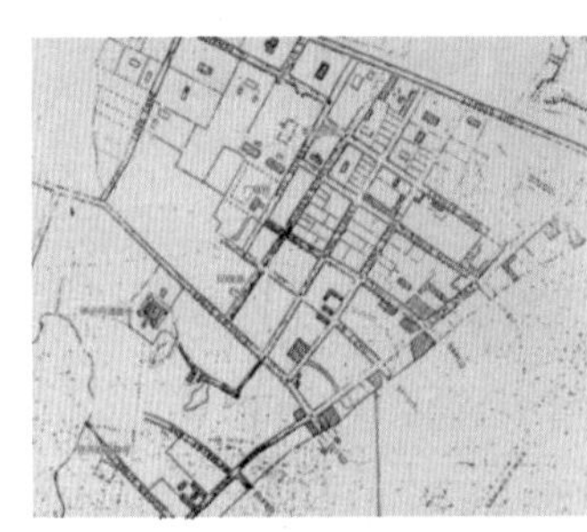

图 4.1.14　1803 年宗教建筑定位图

图 4.1.15　1808 年宗教建筑定位图

各族群最重要的宗教场所都集中于槟城最为宽阔的主要街道椰脚街一带：西方人的圣乔治堂，华人的广福宫，印度回教徒的甲必丹清真寺，印度教兴都庙，以及马来人的亚齐清真寺依次排列（图 4.1.16，图 4.1.17）。宗教建筑之间密切的地理位置关系凸显出槟榔屿多元文化的包容与开放，乔治市申遗过程中更是称其为“和谐之街”（Street of Harmony）。在马六甲的观音亭街（Temple Street）、打金街（Goldsmith Street）、打铁街（Blacksmith Street）所贯通的主要街道上，同样有各大宗教汇集于同一街道的先例（图 4.1.18），从西往东分布着青云亭、甘榜吉宁清真寺教堂、兴都庙，以及马六甲河对岸的基督教堂。这些宗教建筑作为不同族群的文化中心和物质载体，集中在殖民城市的主要街道，是不同宗教背景人流集散场所，成为不同族群社区的宗教意识、审美观念与建筑技术的集中展示窗口，也暗含着各自族群的文化输出和思想碰撞，成为东南亚殖民城市独特的文化景观。

---

[1] Marcus Langdon. Penang: The Fourth Presidency of India 1805–1830 Vol. 2: Fire, Spice and Edifice [M]. Penang: Areca Books, 2013: 191.

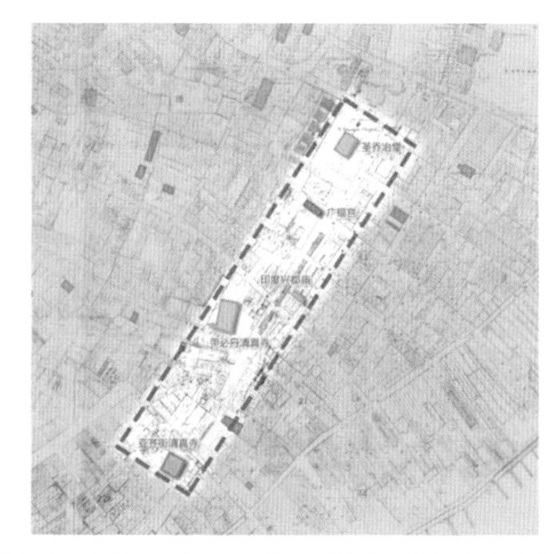

图 4.1.16　1893 年椰脚街信仰空间分布图

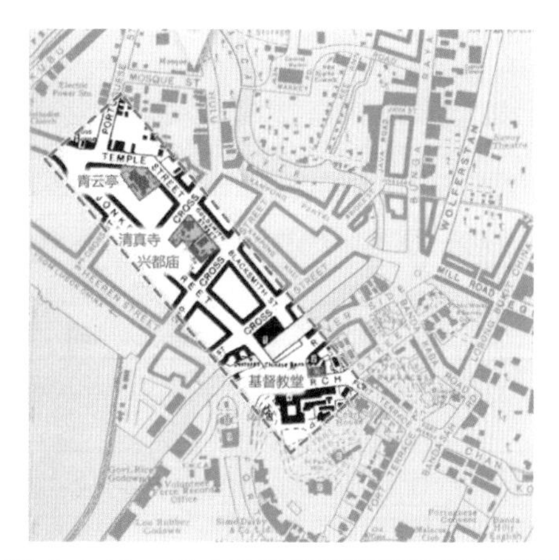

图 4.1.18　马六甲庙堂街信仰空间分布图

图 4.1.17　椰脚街各族群信仰空间分布图

4.2　华人寺庙发展与分布

华侨移民漂洋过海，在家乡祭拜的神明便被带到南洋，提供精神寄托与心灵慰藉，并维系故土的情感。早期下南洋的华人往往先建立寺庙而后创建会馆，本着对宗教的虔诚信仰，摆脱族群利益纠纷，凝聚成为更大的社会团体。槟城华人寺庙主要分两种，一种对公众开放，市民百姓皆可入内膜拜，如广福宫、福德祠等。一种是以血缘或地缘限定的祠庙，通常与会馆结合，如福建五大姓公司，其公祠各设有地方神牌位，兼具血缘、地缘与神缘性质。在槟城乔治市建有广福宫、福德祠、武帝庙、福德正神庙、斗母宫、鲁班古庙、胡靖古庙等民间信仰庙宇，寺庙整体分布如图（图 4.2.1）。相比

20世纪华人会馆数量大量增加，寺庙则几乎不变，仅在20世纪中叶增加了慈济宫，为南阳堂叶氏公司所立，供奉惠泽尊王（图4.2.2）。

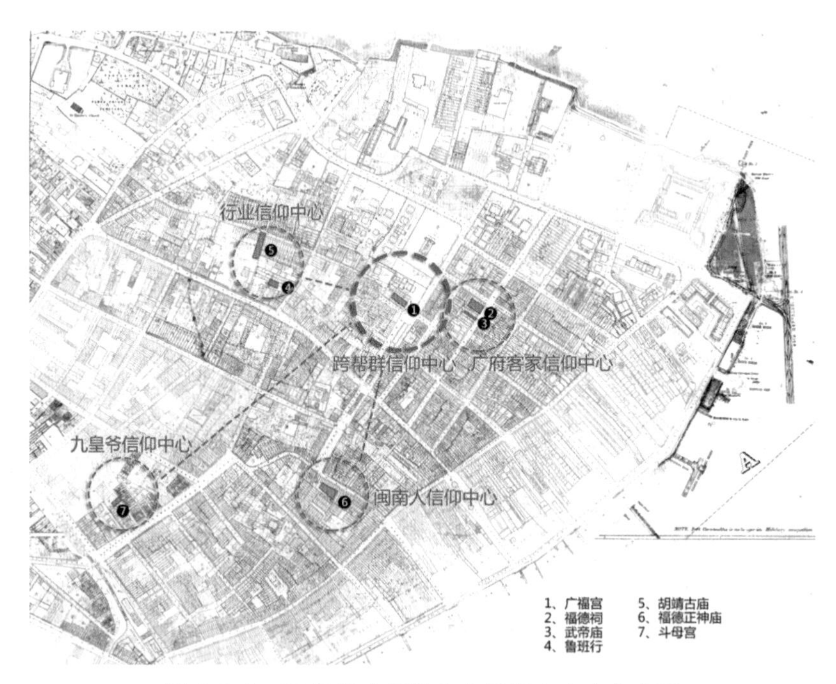

图4.2.1　19世纪末乔治市主要华人寺庙分布图

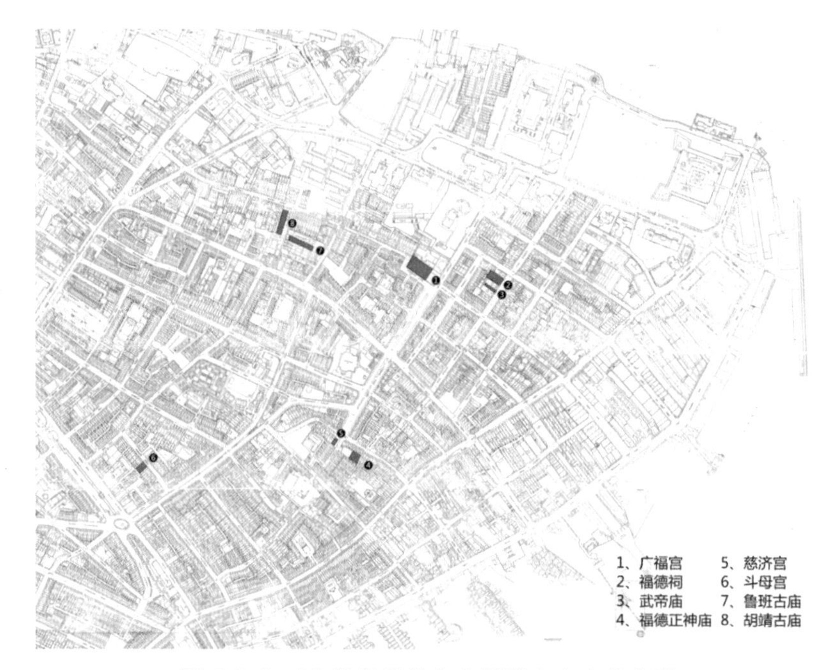

图4.2.2　20世纪乔治市主要华人寺庙分布图

4.3 跨帮群寺庙——广福宫

4.3.1 选址与建造

1800年，广福两邑人士合创了槟榔屿最早的寺庙——广福宫，其所在基址由殖民政府授予华人群体用作宗教用途。[1]广福宫又被当地华侨称作观音亭，系因庙中主祀闽南华侨颂赞为观音佛主的观世音菩萨。根据刻于下落看堵的《创建广福宫碑记》，寺庙由黄金銮、曾青云两位董事人领导建设。在吴、蔡甲必丹及四百多位信众、商业单位的捐助下，耗资3700西班牙银元建成。一般认为，蔡甲必丹为马六甲蔡士章，曾倡建青云亭，吴甲必丹为泰国宋卡的吴文辉，捐款名列榜首的两位华侨领袖均为福建人。

立于道光四年（1824年）的《重建广福宫碑记》中记载："……初之时，相阴阳，立基址，美轮美奂，前落庆成，亦见经营缔造已，而规模未广也。……甲申岁，乃募劝题，各捐所愿，运材琢石，不惜资费。重建之后进一座告成后，载祀列圣之像于中，旁筑舍以往僧而整顿之。……"碑中记载可以看出广福宫选址经过中国传统阴阳风水的考量。广福宫选址参考了槟岛整体山水地貌，背靠白云山山麓，面朝槟威海峡，形成坐西北朝东南，背山面水的基本格局（图4.3.1）。这也反映了早期华人建寺时因地设计，顺势而为的风水核心。

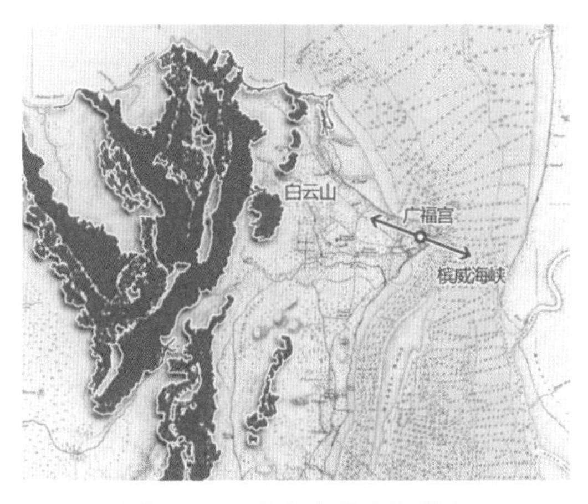

图4.3.1　广福宫风水与朝向

在城市尺度上同样体现了广福宫对风水与轴线的考量。在最早标示出广福宫位置

[1] J. D. Vaughan. The Manners and Customs of the Chinese of the Straits Settlements [M]. Singapore: Oxford University Press, 1971: 59.

的 1803 年地图中（图 4.3.2），广福宫并未完全面向大街，而是位于道路北侧。推测为西方人的错绘导致地图的偏差，未意识到华人寺庙欲追求的道路关系。而从实地上看，广福宫寺庙主殿直面大街，大街也相应地从广福宫南侧绕过（图 4.3.3）。据 1854 年海峡殖民地官员沃恩（J. D. Vaughan）的描述，当时的华侨力求买下土库街末端面向广福宫的场地，以让它空置，给广福宫最广阔的视野。然而当时地块主人并非华裔，不愿与华人交易。华人只得自我安慰道此屋为不祥之地。[1]

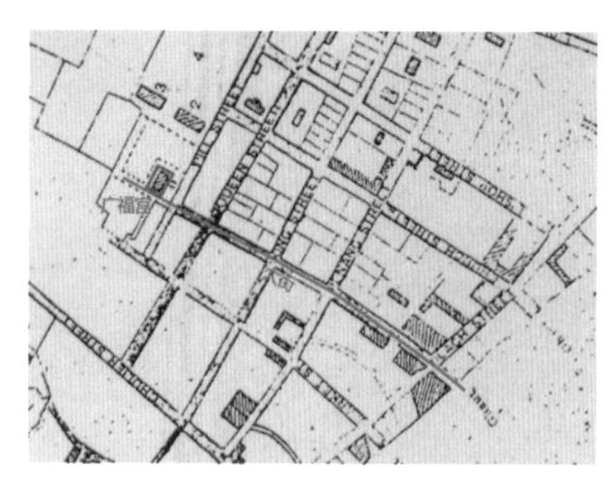

图 4.3.2　1803 年历史地图中广福宫与大街的空间关系

图 4.3.3　广福宫直面大街作为街道端景

图 4.3.4　广福宫沿街正面外观

[1] J. D. Vaughan. The Manners and Customs of the Chinese of the Straits Settlements [M]. Singapore: Oxford University Press, 1971: 59.

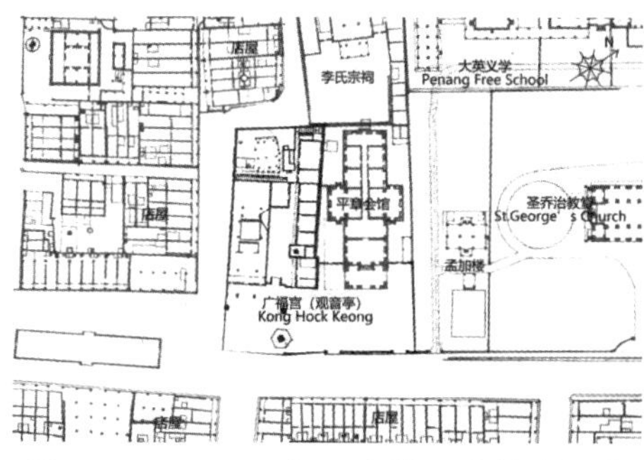

图 4.3.5 1893 年历史地图中的广福宫

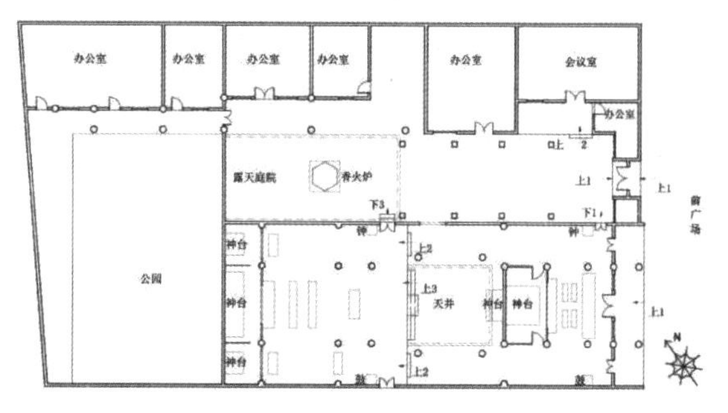

图 4.3.6 广福宫现状平面示意图

清道光四年（1824 年）广福宫增建后进一座，形成两殿两廊一护厝的完整格局。建筑屋顶为三川殿形式，中脊做典型的闽南式燕尾，脊顶饰一对广东式石湾陶双龙戏珠（图 4.3.4—图 4.3.6）。建筑木构架同样也采用闽南与广东式结合的方式。可见当时是由广福两邑人士共同建造完成。《重建广福宫碑记》同样记述了寺庙规模扩建，僧人进驻庙中的历史。19 世纪二三十年代，槟城华人通过种植与贸易带来的财富累积，生活普遍富裕，自然的通过宗教信仰空间的建设来感恩神灵的庇佑。1824 年在原有基础上增设后落一座，并加建护厝作为僧舍，让僧侣长驻，满足槟榔屿华侨的宗教需求。自此，广福宫两殿两廊单护厝的布局形成。西方殖民者对建成后的广福宫进行测绘，于 1838 年发放永久地契，包括前后两进及周边土地共 2685.5 平方米，归于市区地块 T.S.XIX Lot71(2)，作为华人社群宗教用途之地。[1]本次建庙捐资位居首位的董事梁美吉祖籍南安，是海峡殖民地拥有大片土地的种植园园主。其余七名董事也均为福建人，且多为饷码承包人，侧面反映了 19 世纪早期福建人的财力雄厚。

清同治元年（1862 年）广福宫再度修缮。《重建广福宫碑记》中提及“……有基勿坏，宜仍其旧；但榱桷之挠折废坏者，从而易之。砖瓦之漫漶不鲜者，因而缉之。毋侈前人，毋废后观，众皆曰善。於是劝题议捐，因集腋以成裘，鸠工庀材，籍和衷以济事。阅十二月而宫成。是役也，取材多，用物繁，使非都人士之捐金恐后，何以克倡美举，以共成厥功。……”可见本次修缮面积较大，更换了废旧的屋椽和砖瓦，耗费大量建材，费时一年才落成。从捐资者背景来看，原本财势雄厚的福建帮当时已不再具有垄断优势。广东台山人、客家人已跻身领导之列，侧面反映了不同帮群华人势力的此消彼长。[2]

---

[1] （马）陈剑虹．广福宫与槟城华人社会 [Z] // 槟城风山长庆殿天公坛建庙 140 周年纪念特刊 1869-2009，槟城：风山长庆殿天公坛建庙，2009：297.

[2] 高丽珍．马来西亚槟城地方华人移民社会的形成与发展 [D]. 台北：台湾师范大学地理学系，2010：188-189.

广福宫内香火不断，信众盈殿，其周边同样是当时移民社会重要的公共活动场所。由于广福宫正对大街，前埕空间较大，为信众提供了宽敞的户外祭拜空间。室外设有石狮、香炉等小品，为增加宗教氛围起重要作用。后期将椰脚街边早期的公共水井改建为许愿池，种植榕树等，丰富信众宗教活动（图 4.3.7）。从 1830 年海军调查员托马斯（Thomas Woore）手绘的广福宫场景中（图 4.3.8），可以看到广福宫背后绿树成荫，前埕则稠人广众，在护厝前搭设戏台，形成人潮密集的庙会集市空间。从着装判断，各族移民皆在此进行贸易，可见广福宫及其周边是殖民城市中超越族群、帮群的公共场所。

图 4.3.7　历史地图中的广福宫石埕宗教小品

图 4.3.8　1830 年托马斯手绘的广福宫场景

4.3.2　宗教信仰中心

槟城华人移民社会根植于多元文化环境下的殖民城市，生活习俗、谋生手段多种多样，而宗教信仰则是海外移民赖以安顿自我、标志族群认同与归属的凭借。透过具有“巨大整合作用”的群体性祭祀活动可以平稳流动的社会，[1] 这也可以理解早期华人创建共同寺庙的出发点。立于嘉庆五年的《创建广福宫碑记》中申明了“神道设教”的原旨：“昔先王以神道设教，其有功斯世者，虽山隅海澨，舟车所至者，莫不立庙，以祀其神，今我槟榔屿开基以来，日新月盛，商贾云集，得非地灵人杰，神之惠欤？于是革议创建广福宫，而名商巨贾，侨旅诸人咸欣喜悦，相即起库解囊，争先乐助。卜吉迎祥，鸠工兴建。不数月而落成，庙貌焕然可观，胥赖神灵默助，其德泽宏敷遐迩，同沾乐利，广福攸归……”。可见早期移民意图利用宗教为统治工具的理性原则，平和处理宗教事

[1] 高丽珍 . 马来西亚槟城地方华人移民社会的形成与发展 [D]. 台北：台湾师范大学地理学系，2010：222.

务，执行教化与族群整合工作，另一方面则意图以神道设教贯彻华人伦理思想，更具神圣性与威慑性，有效提升人民对社会责任的认识与实践。[1]

广福宫主祀观音佛祖，并以俗称妈祖的天上圣母为配祀。根据传统的分类以及神灵所受祭祀程度而言，华人社会所侍奉的神灵可分为全国性与地方性，观音佛祖、海神妈祖作为华人共同的信仰对象，自然成为闽粤两省移民共同的保护神。基于广福宫代表了华人各籍贯帮群的联合，宫内奉祀的圣像也包括了佛教和道教的信仰对象，以及一些地方性的神明。这也反映了 19 世纪广福宫不仅是观音祭祀圈的载体，更是早期槟城华人宗教信仰的核心。

广福宫除供香火、祀观音的宗教活动外，还是早期广福两帮处理华人事务的仲裁机构。闽粤两大方言群体选出各自的领导，轮流担任董事，管理宫务及华人社会事务。而在帮群政治矛盾和利益冲突下，广福宫在 19 世纪中后期逐渐弱化了仲裁功能。拉律战争爆发后的槟城私密会党大规模械斗，标志着广福宫失去有效的排难解纷社会作用。1881 年平章会馆成立，取代广福宫成为超帮群的代表性组织。

4.4　各籍贯华人信仰中心

4.4.1　福建人寺庙

槟城福建人多信奉土地公、保生大帝[2]、广泽尊王[3]、惠泽尊王[4]、开漳圣王[5]及海神妈祖等，多为传自中国，深受中国影响的神明。如槟州南阳叶氏宗祠供奉主神为惠泽尊王，颍川堂陈氏公司供奉开漳圣王等。自 19 世纪始，位于本头公巷 57 号的福德正神庙即成为槟城闽帮社群的宗教中心。它以福德正神，或俗称大伯公的崇祀为表征，

---

❶（马）陈剑虹 . 广福宫与槟城华人社会 [Z] // 槟城凤山长庆殿天公坛建庙 140 周年纪念特刊 1869-2009，槟城：凤山长庆殿天公坛建庙，2009：296.

❷ 保生大帝（闽南语：Pó-seng tāi-è），俗称“大道公”、“吴真人”、“花桥公”。保生大帝通常是指北宋人吴夲，字华基，出生于北宋福建路泉州府同安县白礁，祖籍泉州安溪县感德镇石门村。曾任宋代首席御医，后悬壶济世，医德高尚，深受人们敬仰。去世后被朝廷追封为大道真人、保生大帝。保生大帝是福建省历史悠久的民间信仰，生前为济世良医，受其恩惠者无数，民间称其为吴真人，尊为“神医”，乡民建庙奉祀尊为医神。

❸ 广泽尊王俗称郭圣王，原名郭忠福（923-938 年），生于泉州安溪石排山下蓬莱崇善里，后迁居南安诗山。十六岁在诗山坐化得道成神，行仁赐福，后人奉为广泽尊王。神诞八月廿二。

❹ 惠泽尊王，俗称叶尊王等，原名叶森（1189-1208 年），生于泉州南安眉山乡高田村，惠泽尊王成仙登神后，神通广大，有求必应，自宋至清，获历朝皇帝五次敕封祭典，后人奉为惠泽尊王。神诞十二月初十。

❺ 陈元光（657-711 年），光州固始人，677 年袭父职，后任岭南行军总管、漳州刺史，因开漳有功被后世奉为开漳圣王。俗称“圣王公”、“陈圣王”、“威惠圣王”。

系福建商民的精神庇护地和社会经济核心。

福德正神庙原址为建德堂（大伯公）秘密会社总部。与其他秘密会社相同，都是自愿的兄弟会组织，以济贫扶弱，患难与共为宗旨。其崇祀的大伯公也超越了一般宗教神明，更是政治伦理型祀奉主神，成为建德堂上下的庇护者和会众的终极信仰。在拉律战争后，殖民政府颁布《危险社团压制法令》，建德堂被列入危险组织而受禁。闽帮人士则通过“资产转售”的方式，将建德堂蜕变为福德正神庙。[1]20 世纪同庆社、宝福社、清合社等宗教结社迁入后，福德正神庙成为一庙多神社的特殊代表。现有福德正神庙一层明间为宝福社（1924 年迁入），主祀福德正神，二层明间为同庆社（1908 年迁入），祭拜神农大帝，右室为清和社（1949 年迁入），祀奉清水祖师。

在宗教方面，福建五大姓公司中各存在以地域为基底的祖先崇拜与神明祭祀（表 4.4.1），而在原乡祭神的寺庙与祭祖的祠堂则是分开的场所。这种以会馆方式组织的信仰空间具有强大的封闭性，原则上只针对同血缘、地缘的宗亲。而福德正神庙与其大伯公信仰则容纳着以五大姓公司为主的闽南华侨，福德正神庙可以视为海外殖民城市中闽籍华侨族群的共同信仰，建立不同地域之间的联系，维持地方族群之间的秩序（图 4.4.1）。

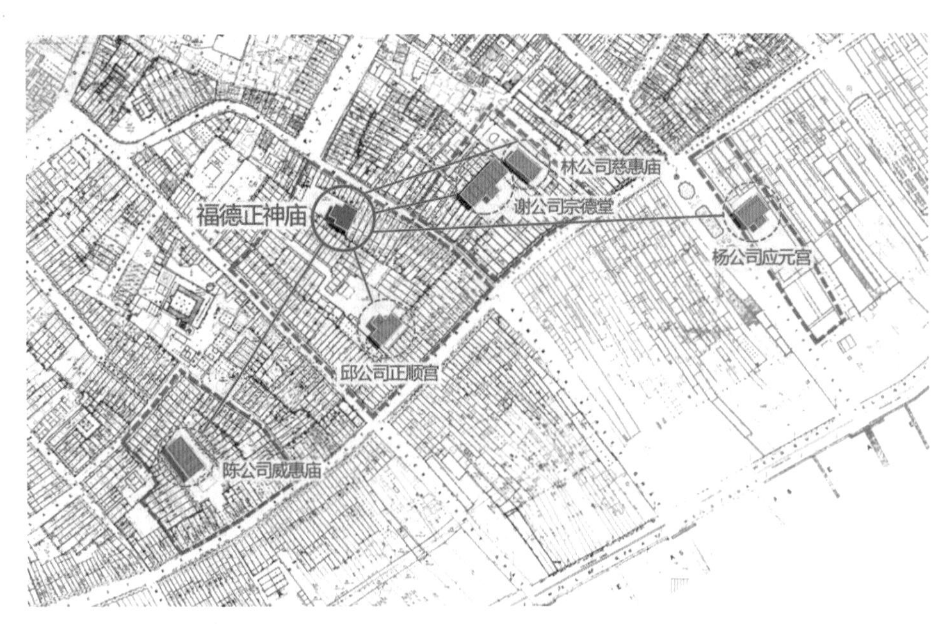

图 4.4.1 五大姓公司聚落共同信仰中心

---

[1] （马）陈剑虹，陈耀威．福庇众生：槟榔屿本头公巷福德正神庙修复竣工纪念特刊 [M]．槟城：Areca Books，2007：32-35.

福建五大姓公司聚落内祠庙　　表 4.4.1

祠庙名称	设立时间	街道	主祀	照片
世德堂谢公司（宗德堂）	1858-1873 年	本头公巷	福侯公	
颍川堂陈公司（威惠庙）	1878 年	打铁街	开漳圣王	
植德堂杨公司（应元宫）	1868 年	柴路头	使头公	
龙山堂邱公司（正顺宫）	1894 年	大铳巷	大使爷谢玄、王孙爷谢安	
九龙堂林公司（慈惠庙）	1866 年	阿贵街	天上圣母	

福德正神庙

福德正神庙位于本头公巷 57 号，原先也作为建德堂的秘密会社基地，隐蔽于建德堂所有的店屋组群内，入口设有门楼一座，上书福德祠。庙宇坐东北朝西南，前部是四面围合的庙埕，与当前新建的戏台相对。主座为双层楼阁建筑，面阔五开间，一楼前为门亭，中厅为宝珠社，二楼前为拜亭，中厅为同庆社，左侧厅为福建公司，右侧厅为清和社。外观上其为闽南寺庙同当地孟加楼相结合的产物，在闽南传统主殿与拜亭二层化形成楼阁建筑，中央拜亭突出，堂构华丽精美。福德正神庙的主殿正脊两翼翘扬，垂脊如带，脊身装饰有精美华丽的彩瓷剪黏与灰塑雕刻。拜亭正脊最为独特，两侧鳌鱼相向，中央立关公坐像，是原先作为会党堂所的象征[1]（图 4.4.2—图 4.4.8）。

图 4.4.2　福德正神庙外观

图 4.4.3　福德正神庙内景

图 4.4.4　福德正神庙内景

图 4.4.5　福德正神庙拜亭栋架

图 4.4.6　福德正神庙二层步口梁架

[1]（马）陈剑虹，陈耀威．福庇众生：槟榔屿本头公巷福德正神庙修复竣工纪念特刊 [M]. 槟城：Areca Books，2007：78.

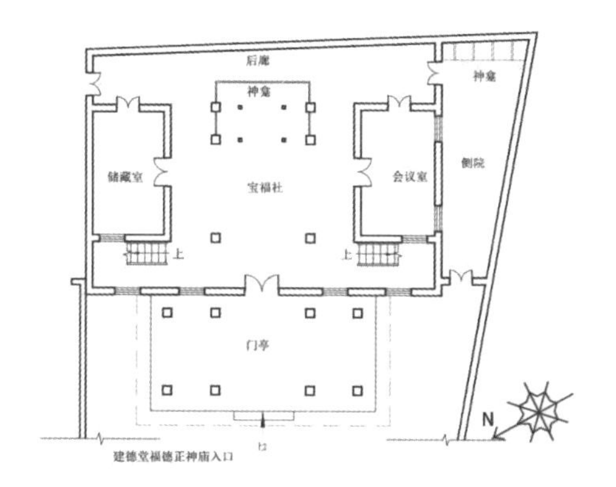

图 4.4.7　福德正神庙一层平面图

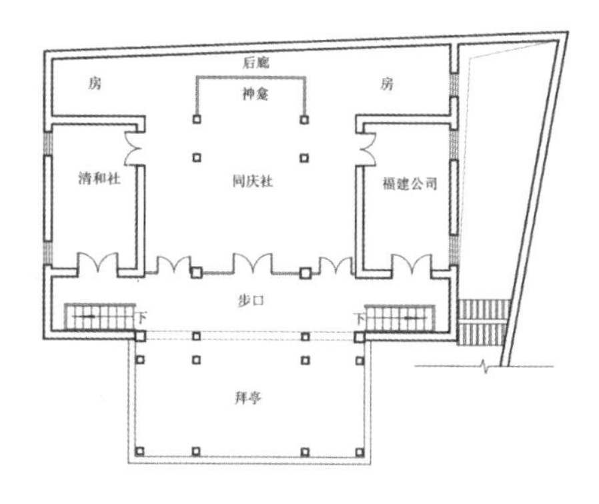

图 4.4.8　福德正神庙二层平面图

城隍庙

槟城城隍庙建于七条路的过港仔街，于 1879 年落成，与望脚兰的福兴宫（俗称蛇庙）、日落洞的青龙宫、湾堵头水美宫、四坎店金和宫 / 受天宫[1]共五间庙宇由福建公司管辖。城隍庙是全马唯一供奉七娘妈的百年古庙。庙内供奉的主神是地藏王，附祀神明为城隍爷、注生娘娘等，每年七夕各地信众络绎不绝，向注生娘娘及七娘妈祈求姻缘、求子或夫妻和合。从城隍庙的平面格局来看，属于闽南传统的单殿式寺庙，殿前带有拜亭，沿中轴对称，左右各设护室，为三开间单殿两廊两护室的格局，建筑整体成凸字形平面。正殿左右各有一过水廊连接左右护室，护室前后有房间，房间之间设有走廊及对外出入口，护室与主殿之间各有一天井（图 4.4.9—图 4.4.12）。

图 4.4.9　城隍庙正面外观

[1] 四坎店的金和宫 / 受天宫为两庙联合并排，共用一体，外观为单座庙宇建筑带左右护室，是较为特殊的庙宇形式。

图 4.4.10 城隍庙正殿的城隍爷神龛

图 4.4.11 城隍庙正殿的地藏王神龛

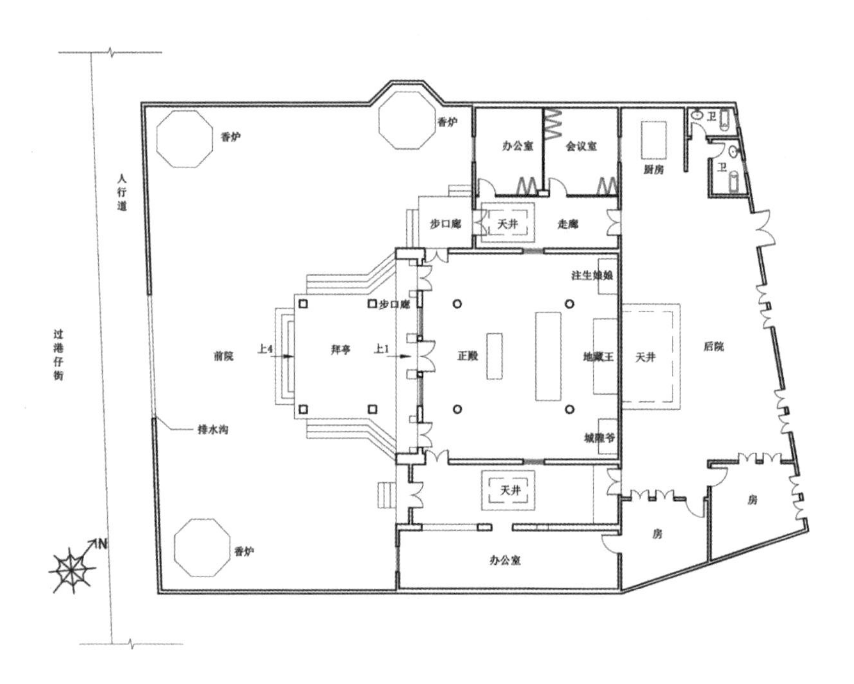

图 4.4.12 城隍庙平面图

4.4.2 广府人寺庙

在槟城广府籍华人中，普遍以关帝信仰为主。就信仰分布而言，关帝崇拜历来遍及中国大江南北，不专属特定方言群。但以槟城华侨移民所形成的信仰脉络，关帝信仰在广府方言群中尤为突出，许多广府会馆都以此作为信仰中心。

武帝庙

槟榔屿武帝庙坐落于大伯公街，作为台山宁阳会馆的辅祠并与之毗邻。宁阳会馆馆址地契为 1833 年所立，推测建庙时期相近。武帝庙沿用广府式传统建筑形制，同两侧的宁阳会馆和伍氏家庙外观相近。平面两进单天井带后院，前落为祭祀空间，奉祀关帝爷，后落设两间用房作为办公室，后院同宁阳会馆共用，并联会馆的庙宇形制与叶氏宗祠的慈济宫相似。立面主梁连续，五脚基贯通两侧，狭窄的面阔在庙宇建筑中属于少见。整体装饰大气，两侧广府山墙高耸而立，灰塑雕饰和彩色石湾陶出现于正脊之上，山墙墀头砖雕装饰精美，显现广府传统砖雕的纤巧、玲珑的特点（图 4.4.13—图 4.4.15）。

图 4.4.13　武帝庙外观

图 4.4.14　武帝庙内景

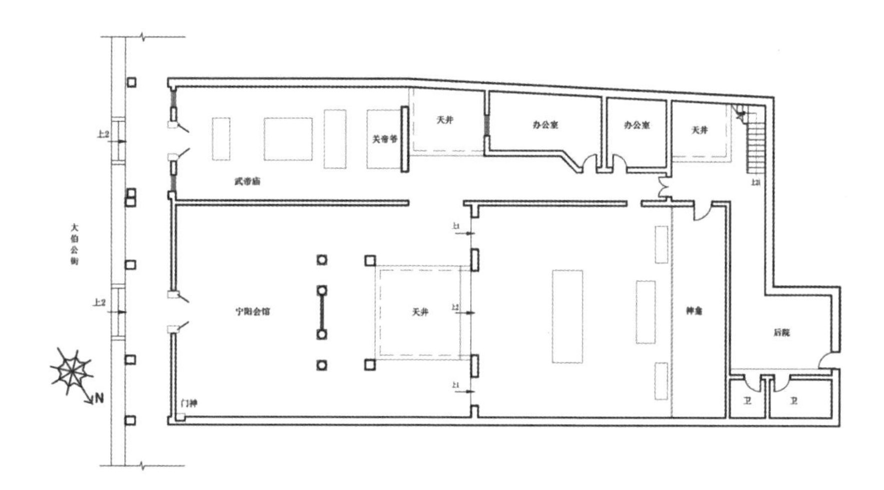

图 4.4.15　武帝庙平面图

在中国民间信仰中，关帝被奉作“武财神”，自然地在早期经商贸易为主的华侨移民社会中备受推崇。此外，海外华人商业社会中特别注重“信义”二字。早期生意往往仅凭口头协议而无正式合同，为了避免不讲信用而导致的经济损失，还需要以宗教信仰来做补充，而在诸神祇中，关帝无疑最能起这种约束作用。[1]槟城早期城坊区作为客家、广府移民的聚集地，承载了两地华侨生活贸易，联合议事以及宗教祭祀的职能。由空间布局来看，福德祠（客家人寺庙）与武帝庙（广府人寺庙）均位于大伯公街，且与相同地域的会馆互相毗邻。（图 4.4.16，图 4.4.17）可以看出华侨在海外建立移民聚落时，有意建立与原乡类似，以寺庙、宗祠为中心的区域分布特征。

事实上，槟城华人的宗教组织与社团组织原本就有紧密的结合，以公众祭祀的公共性集体活动来整合区域民众的生活需求。华侨移民以宗教信仰作为共有的精神归宿，因此有人群会合的地方，首先就要建立寺庙，成为公共祭祀场所，同时也满足了移民社会的公共需求，成为社区重要的共同场所。华人因为方言族群的不同，信仰形态有所差异，在主神崇拜上存在多元化，各自有其特殊的文化传承以及乡土风格。[2]

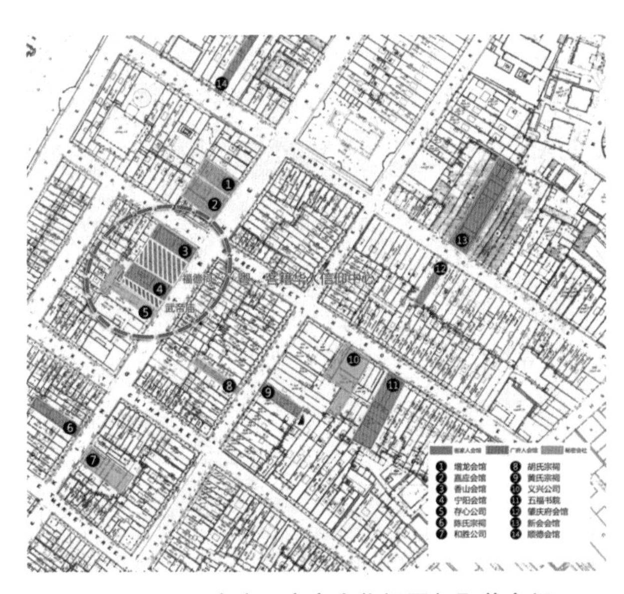

图 4.4.16　广府、客家人祭祀圈与聚落空间

图 4.4.17　大伯公街粤客籍会馆寺庙街景

---

[1] 蔡晓瑜 . 福建关帝信仰在海外传播原因初探 [J]. 东南亚纵横，200（4）：60-63.

[2] 郭淑娟 . 马来西亚九皇爷信仰的多样性：槟城二条路斗母宫个案研究 [D]. 马来西亚拉曼大学中文系，2012：31.

4.4.3 客家人寺庙

槟城客家人多信奉谭公、大伯公等，谭公在天后庙未普遍时，是代表海上安全之神，后随客家人从中国南来马来西亚，在槟城多分布在升旗山脚、威省大山脚等地，而在乔治市中多以供奉大伯公为主。

福德祠

大伯公街福德祠建于清嘉庆十五年（1810年），为海珠屿大伯公庙（Tanjong Tokong）[1]之分祠，以供市区信众膜拜。福德祠主祀大伯公，其所在街道King Street在华人社会中更是以“大伯公街”命名。饶宗颐先生在《谈伯公》一文中提及：“伯公在粤东民间流行甚广，不专限于客家，乃一般土地神之通称，潮属各县，无不如此。……每乡每村均有土地庙，统曰福德庙、福德祠，乡间尤为普遍。……伯公而冠以大者，亦为尊称。”[2]可见大伯公信仰在南洋华裔聚落中广泛流行，其形象具有财神、水神、乡土神等多重身份。[3]

福德祠于清同治四年（1865年）重修。在《重修海珠屿大伯公碑记》中提及：“兹海珠屿大伯公故粤汀都人士所藉为神。……于是相宜度地，卜吉兴役，前堂则基址仍旧，后堂则创建之鼎新。……”一方面说明了19世纪中叶福德祠信众主要为广东与福建汀州人士，另一方面则记录了福德祠由单落加建后堂的建造过程。这座超过百年的庙，目前是由客籍五个会馆共同管理，即大埔同乡会、嘉应会馆、永定同乡会、惠州会馆与增龙会馆。从1877年乔治市地图判断，1865年修建后的福德祠仅拥有中路宫庙，即三开间两进两落建筑。而在19世纪末Kelly Map中，福德祠已在两侧加建落鹅间[4]，形成五间张规模[5]（图4.4.18）。

4.4.4 南洋信仰寺庙

以上所述主要是传自中国的华人宗教信仰，伴随着马来西亚华人社会的发展，华

---

[1] 海珠屿大伯公庙立于清咸丰年间，是槟城最早的大伯公祭祀场所，距离乔治市市区约8公里。马来文Tanjong Tokong译为海角的神庙。

[2] 饶宗颐．谈伯公[J]．南洋学报，1952：27-28.

[3] 大伯公的崇祀始于传统社神信仰与宗教实践，亦被称为社公，后土、土地爷等。在台湾和东南亚等地，大伯公又被尊称为福德正神，而在泰国及马来半岛一些地方，亦被称为本头公。

[4] 据李乾朗《台湾古建筑图解事典》中介绍，客家地区称传统建筑正身左右屋脊降低的边间为落鹅间，闽南地区则称落规间。

[5] （马）陈耀威．槟榔屿海珠屿大伯公庙历史的再检视[C]．// 马来西亚砂拉越州诗巫福德文化国际研讨会，2017.

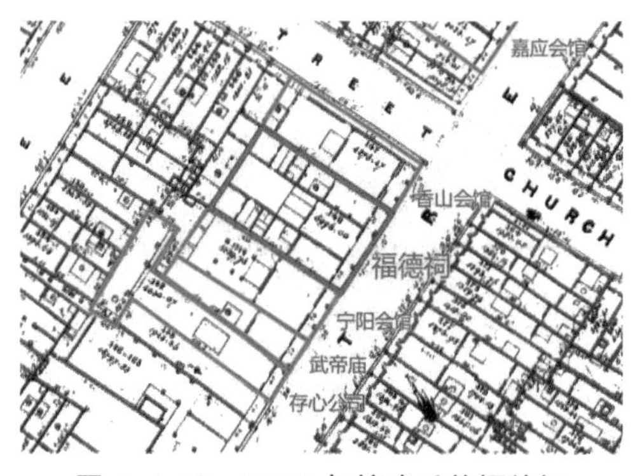

图 4.4.18　1893 年扩建后的福德祠

图 4.4.19　斗母宫外观

人也祭拜在地化的神明，如九皇爷、拿督公等。还包括南华医院街一带的鲁班行、庇能打金行等业缘会馆，他们神化并供奉行业先师，这些行会兼具寺庙功能。

斗母宫

香港巷斗母宫是槟榔屿起源最早的九皇帝信仰宫庙，也是新马两地九皇帝庙之总舵。根据宫内历史记载，斗母宫始于道光二十二年（1842）前，最早在打铁街（Beach Street/ 现陈公司馆址）前搭设木棚供奉香火。1878 年陈公司新建宗祠，斗母宫迁至本头公巷建德堂崇奉，后再搬至台牛后（Malay Street）。随着信众增长，香火日愈鼎盛，斗母宫在福建籍人士捐助下于 1925 年搬至香港巷现址，其早期的信奉者或庙宇负责人也同样多为福建人。

斗母宫信奉的九皇帝信仰[1]流行于泰国南部及新马地区，一般被认为是东南亚特有之信仰，其特色在于辗转传入马来西亚之际，庆典、祭拜仪式、形象等已糅杂了其他地方信仰，故其在南洋的呈现方式已经与原乡仪式有所差异，逐渐演变成今天在新马各地所看到的九皇爷信仰。[2]斗母宫坐西南朝东北，平面两进单天井带后院，空间序列采用乔治市近代骑楼建筑格局。立面为晚期海峡折中样式，装饰线脚简洁，底层为传统住宅门面，同两侧骑楼五脚基相连通。二层券拱窗扇沿用木构百叶同玻璃结合的形式，檐口矮墙上书“九皇大地斗母宫”。值得一提的是，斗母宫建筑相比于原乡信仰的寺庙建成传统宫庙式，在槟城则表现为在地化的骑楼形式（图 4.4.19）。

---

[1] 从道教经典考证“九皇”崇拜的学者，一般认为九皇即北斗七星（斗、祝、权、衡、弼、辅、标）及南、北斗。邝国祥先生则认为九皇信仰与云南“斗母阁”曲靖风俗相关。九皇爷信仰或从云南传入泰国，再转至新马。

[2] 郭淑娟 . 马来西亚九皇爷信仰的多样性：槟城二条路斗母宫个案研究 [D]. 马来西亚拉曼大学中文系，2012：1.

第5章 华侨家族建筑

家族伦理一直是作为中国传统社会的重要文化基石，这也深刻地影响到近代华侨的价值观念。从家族关系上看，早期华侨虽然身处海外，但与家乡、家庭联系一直都很紧密，海外华侨社会甚至可以说是原乡社会关系的延伸，扩展了家族、家乡在海外的空间维度。多数华侨都定期汇款回乡，以赡养家庭亲人；侨汇被认为华侨经济上的责任，许多华侨还将子女送回家乡接受传统教育。但是，对于很多不得不背井离乡、又很难荣归故里的海外华侨，将家庭、家族的根基永久地迁入异邦创建新的家园，从早期“海外侨居”到“落地生根”定居当地，原乡村落、宗祠、庙宇等是海外华侨难以割舍的家族记忆。槟城乔治市的福建五大姓公司是最具影响力的华侨家族聚落，自1820年代起先后在乔治市牛干冬街头至社尾街一带建立了各自的公司聚落，聚落以宗祠为中心，由外围的街屋围绕成极具封闭性的聚落空间。

5.1 华侨家族迁移与聚居

在中国传统社会中聚族而居，重视族人互帮互利的传统由来已久，福建和广东是中国传统家族制度最为兴盛的地区之一，很多乡村的地名是以姓氏命名的，绝大多数是以村庄的开基者的姓氏，或者是以最先定居者的族姓命名，表达出“饮水思源”之意。“家族制度的一个重要表现形式就是聚族而居，福建农村的自然村落大部分是一村一姓。所谓‘乡村多聚族而居，建立宗祠，岁时醮集，风犹近古’。”[1] 随着华侨家族“连锁式”地大规模移民南洋，逐渐在东南亚侨居地建立起形式各异的家族聚落。在马来西亚槟

[1] 陈支平．近五百年来福建的家族社会与文化 [M]. 北京：中国人民大学出版社，2011：176.

城，福建五大姓公司、海墘街姓氏桥和大路后相公园等分别位于槟城乔治市城市中心区、滨海水上聚落以及城市外围乡村地带，是不同华侨家族聚落类型的典型代表，兼具了原乡与侨居地的社会文化环境特征。

5.1.1 槟城五大姓家族

槟城五大姓家族公司，指的是分布在乔治市牛干冬街头至社尾街一带的福帮血缘性组织（图 5.1.1，图 5.1.2），是龙山堂邱公司、世德堂谢公司、植德堂杨公司、九龙堂林公司及颖川堂陈公司，同时也包括个别姓氏的次组织，如邱氏的文山堂和敦敬堂，林氏的勉述堂和敦本堂。一般五大姓公司指的是大宗主组织，并分别简称为邱、谢、杨、林及陈公司。[1]五大姓公司不仅是血源性组织，还具有共同的地缘关系。除了陈公司之外，邱、谢、杨、林的先民皆来自清代福建漳州府海澄县三都（今厦门海沧区）。其中邱氏来自新江社，谢氏来自石塘社，杨氏来自霞阳社，林氏来自鳌冠社。陈氏公司较为特别，创始人来自福建省泉州府同安县，而后则不分畛域。[2]

图 5.1.1 五大姓家族公司聚落鸟瞰图

❶ 参见（马）陈耀威（Tan Yeow Wooi）. 殖民城市的血缘聚落：槟城五大姓公司 [C]. 第一届东南亚福建学研讨会，2005.

❷ （马）张少宽 . 槟榔屿华人史话续编 [M]. 槟城：南洋田野研究室，2003：17.

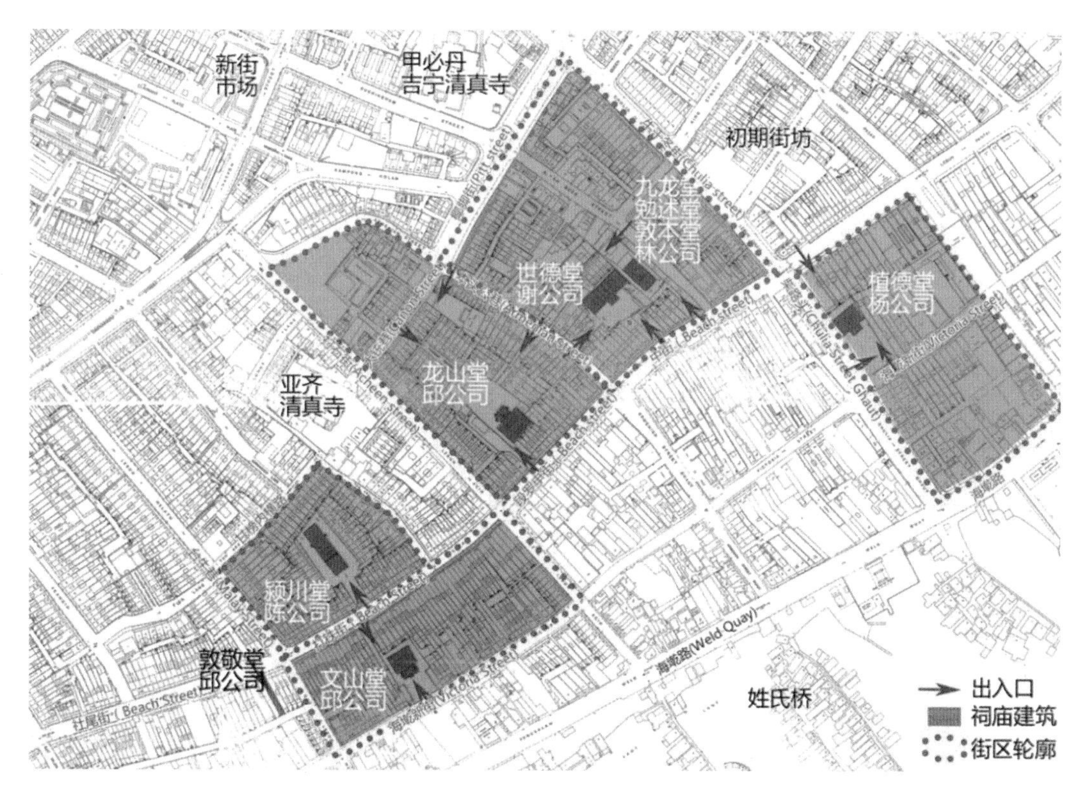

图 5.1.2　沿美芝街分布的五大姓家族公司聚落空间

按黄裕端的研究，在 18 世纪末槟城开埠之初，这些福建商贸人士凭着本身已掌握的地方资料和健全的商业背景，成为槟城华人社会的核心群体。他们或是五大姓（邱、谢、林、杨、陈）的主要成员，或是与这些家族有着紧密关系的人士。他们不仅有能力单独从事各种经济活动，而且集体构成了槟城及其周边地区的首要经济力量。[1] 以邱公司为例，清同治丁卯年《新江邱曾氏族谱》记载最早到外国的是八世的邱世派，“于嘉靖六年（1527）六月二十日巳时因往文莱国卒于彼处”。1786 年槟城开辟初期已有新江邱氏先辈来到，有的是从马六甲以及槟岛对岸的吉打迁移过来。据统计，从 1786 年到 1800 年，来到槟榔屿的邱氏族人至少有 30 位；到 1816 年，侨寓的族人人口已有上百位。[2]

在槟城，五大姓公司之所以能取得支配性的地位，同样得益于家族之间建立的多重联盟关系和复杂产业链。五大姓经营槟城及其周边地区的区域船运与转口贸易，不

---

[1] （马）黄裕端 . 19 世纪槟城华商五大姓的崛起与没落 [M]. 陈耀宗，译 . 北京：社会科学文献出版社，2016：33.

[2] （马）朱志强，陈耀威 . 槟城龙山堂邱公司：历史与建筑 [M]. 槟城：槟城龙山堂邱公司，2003：7.

仅从根本上推进了资本积累，而且塑造了槟城作为19世纪区域转口贸易中心的角色，航线远达印度；涉足农业与矿业，拥有大面积种植园和锡矿场；垄断苦力贸易，承包鸦片饷码[1]。家族网络辅助下的商业联盟使得五大姓能够集中有效的运送物资，动用人力，建立合作，使其权力和财富更趋稳固。

五大姓公司除建立庞大的商业网络，还联合其他会馆组成各种外延组织（图5.1.3）。19世纪五大姓联合闽帮人士成立的福建公塚，1850年在本头公巷建立秘密会社建德堂（Kian Teik Tong），领导层多由五大姓人士担任，动员武装力量和金融资源，为取得经济支配权而相互竞争。19世纪中叶成立福建公司，管理五所闽帮寺庙（福兴宫、城隍庙、清龙宫、水美宫、天和宫/受天宫）的宗教活动。原乡在三都境的邱、谢、杨、林四姓公司组成三都联络局，设于漳州会馆内，支援家乡敦睦乡谊。面对当地权贵势力，如暹罗地方首长，五大姓曾诉诸武力，然后又以英籍公民的身份，向英殖民地当局要求给予保护。但是，当他们与英殖民地当局发生利益冲突时，五大姓也会毫不犹豫地煽动苦力骚乱，向英殖民地当局发出挑战。[2]整体而言，五大姓公司是具有强大凝聚力的血缘兼地缘性社团，可以说是控制早年槟城福建人社会的主导团体。

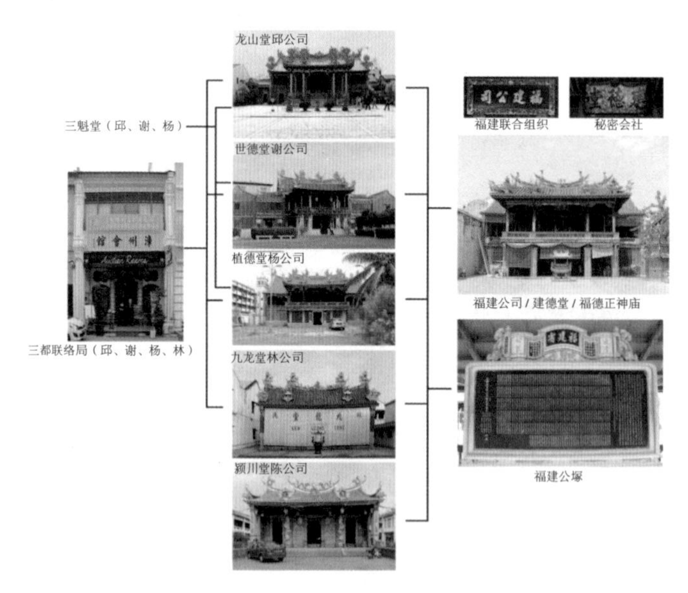

图5.1.3 五大姓公司及其外延组织关系网络示意图

---

❶ 饷码制度（Farm System），是英国、荷兰等国在东南亚殖民地实施的一种税收承包制度。政府将某类贸易或服务（烟、酒、赌博等）的经营权拍卖，由竞得者获得垄断式经营。殖民政府利用华人的嗜好以充实殖民地的财库增加母国税收，与甲必丹制度相辅相成。

❷ （马）黄裕端.19世纪槟城华商五大姓的崛起与没落[M].陈耀宗译.北京：社会科学文献出版社，2016：123.

5.1.2　家族聚落形成发展

五大姓族人聚居地位于槟城乔治市初期街坊[1]之南，该区域在槟城开埠之初为马来镇（Malay town）（图 5.1.4），四周主要为马来人和朱利亚人（南印度人），且距离西方殖民者较远，西侧有大面积的沼泽地，未受到殖民政府的规划。当然，在马来人城镇发展自己的家族聚落，防御性质成为重要的考虑因素。将现有祠庙建筑区位与不同时期槟城地图叠加分析，可以看出 19 世纪中叶邱、谢公司及建德堂地块已清楚划分（图 5.1.5），且与现聚落范围基本一致，而杨公司与文山堂邱公司所在基址还未完全填成陆地。

19 世纪中叶的槟城不仅呈现出商业蓬勃发展的景象，同时也是商业扩张与激烈竞争的战场。在 1850 年至 1866 年期间，槟城各帮群私会党之间以及私会党与警方之间冲突不断。而私会党之间的冲突，就导致一方侵击对方的住所，毁物或斯杀，造成居民生命财产的不安。[2]1867 年槟城商业中心乔治市发生大规模的武装暴乱，建德堂与义兴公司因鸦片饷码控制权的争夺公开发生冲突，涉及 3 万华人和 4000 名马来人，导致乔治市瘫痪长达 10 天。最后，共有 450-500 人丧命，并有 1000 栋左右的房子被烧毁。[3]作为建德堂领袖的五大姓在暴乱中损失惨重，是五大姓公司建立独特的防御性聚落空间的重要因素。

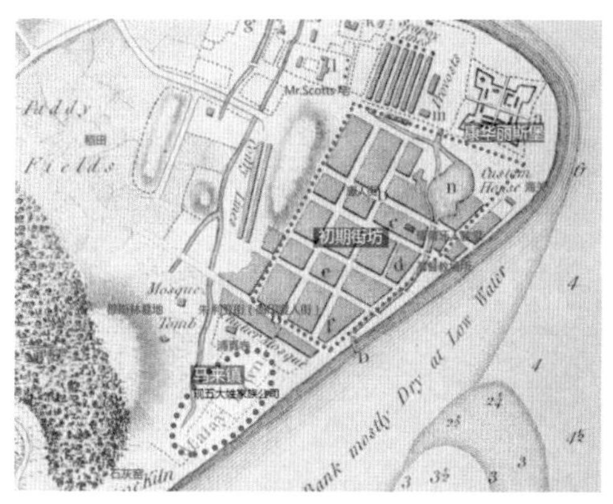

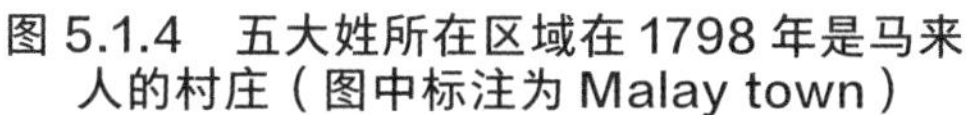
图 5.1.4　五大姓所在区域在 1798 年是马来人的村庄（图中标注为 Malay town）

图 5.1.5　19 世纪中叶五大姓所划分地块

---

[1] 初期街坊（the early grid）为莱特时期规划的矩形城市。由莱特街、美芝街、吉灵街及椰脚街围合而成的格子状街坊。其名称主要用来区分 1800 年之后的乔治市城市发展区位。引自（马）陈耀威 . 城中城 :19 世纪乔治市华人城市的“浮现”[C]. Penang Story，2010：11.

[2] （马）陈耀威 . 殖民城市的血缘聚落：槟城五大姓公司 [C]. 第一届东南亚福建学研讨会，2005：15.

[3] （马）黄裕端 . 19 世纪槟城华商五大姓的崛起与没落 [M]. 陈耀宗译 . 北京：社会科学文献出版社，2016：99-107.

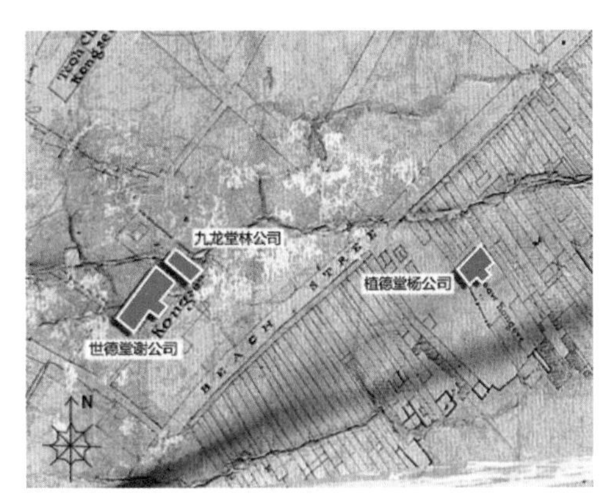

图 5.1.6　1877 年谢、林、杨公司祠庙建筑已建成

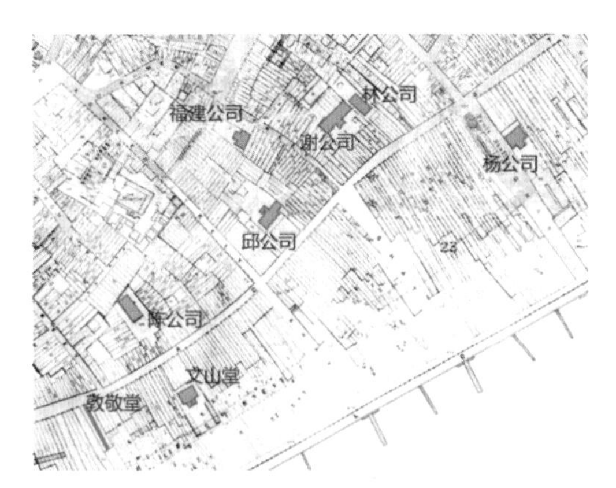

图 5.1.7　19 世纪末期五大姓家族聚落已形成完整的街区

到 1877 年，谢、林和杨公司已建成，海港区大面积向外扩出，五大姓聚落也逐渐隐入城市内部（图 5.1.6）。据学者陈耀威考证，五大姓公司的祠庙建筑在现址的建立时间可排列如下：邱公司（1850—1851 年）、谢公司（1858—1873 年）、林公司（1863—1866 年）、杨公司（1868 年），陈公司（1878 年）。[1] 从 19 世纪末期的历史地图分析（图 5.1.7），已经可以看出五大姓家族公司已经形成完整的街区聚落，从港仔口到社尾街之间，依次排列是柴路头 3 号杨公司，中街 234 号林公司，本头公巷 8 号谢公司，缎罗申街 20 号龙山堂邱公司，打铁街 28 号陈公司，打铁街 301 号文山堂邱公司，以及社尾街 377 号敦敬堂邱公司。从乔治市牛干冬街头往南，沿着美芝街形成一个当地福建人的对外封闭街区地带，并以本头公巷的福德正神庙（福建公司）为帮群精神中心，互为邻里共同防御。

5.1.3　原乡的移植与发展

早期五大姓族人在侨居地槟城营建出自己的聚落空间，包括会馆寺庙等公共建筑、骑楼排屋等居住和营生的建筑以及所信奉的民间信仰与神明，是对原乡聚落和建筑的移植与再造的过程。当然，聚落空间作为社会活动的产物，在侨居地的复杂环境以及经济条件等的改变影响下，包括聚落空间、宗祠寺庙和民居形态也随之产生变化，并进行适应发展与演变。

五大姓公司的邱、谢、杨、林都来自清代福建漳州府海澄县三都的沿海村落。漳州海澄在秦、汉时为闽越国属地；宋淳祐年间划属福建路漳州府龙溪县永宁乡新恩里，

[1]（马）陈耀威 . 殖民城市的血缘聚落：槟城五大姓公司 [C]. 第一届东南亚福建学研讨会，2005.

后改里为都，新恩里为一都、二都、三都所在地，俗称“三都”；在元代时“三都”属漳州路龙溪县，明清时属漳州府海澄县（图 5.1.8）。民国时期的 1922 年属福建省汀漳道海澄县，1938 年属海澄县第四区；中华人民共和国成立后，1958 年 8 月海澄县与龙溪县并为龙海县，将龙海县的海沧乡、新垵乡划入厦门郊区，现属厦门市海沧区。[1]

海沧是著名的侨乡，明末清初，众多海沧族人以家族宗亲为纽带，远播海外，迁居于东南亚、欧美等地，并与原乡保持紧密的联系。除槟城五大姓公司中的新垵邱氏、石塘谢氏、霞阳杨氏以及鳌冠林氏之外，还有鼎美胡氏、祥露庄氏、青礁颜氏等在海外形成的血缘组织。在原乡则组成规模不等的祠堂，如邱氏诒穀堂、祥露庄氏怀恩堂、鼎美胡氏敦睦堂等，均历代相传。同时村落中也保留有相对完整的宫庙建筑和民间信仰，包括奉祀于新垵正顺宫的二大使爷，福灵宫的保生大帝、注生娘娘，石塘灵惠庙的二位圣王、观音佛祖，以及霞阳应元宫的三清大帝、大王公娘等。

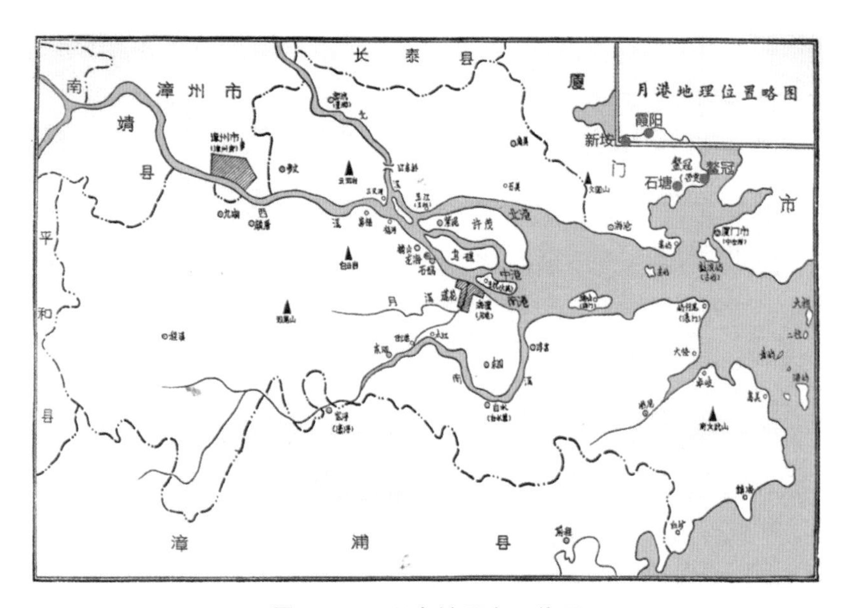

图 5.1.8　五大姓原乡区位图

（a）聚落格局

五大姓在海澄三都原乡的村落选址皆“依山靠海”，从西往东依次为新垵社、霞阳社、鳌冠社和石塘社，乡社地理环境相似并紧密相邻（图 5.1.9）。这些沿海村落与建筑的选址建设体现了传统聚落的环境风水观念，如新垵村的《新江邱曾氏族谱》记载：“龙起

[1] 许金顶编著 . 新阳历史文化资料选编 [M]. 广州：花城出版社，2016：3.

天柱山为龙楼，鹤仔岭为凤阁发源而来。……耸起塔尖大屏帽山（即大湖山，号蒸床盖）为屏障，……复起东安土山，左出甘棠前为左辅，右出上曾社为右弼，下分两个股而起，七个小墩旋转，中回池塘大门前河是也，喝形曰：魁星踢斗。”。结合族谱中的“三都新安保新江社图说”（图 5.1.10），可以看出整个村落山海环绕，以天柱山、鹤仔岭为祖山，山脉绵延至高耸的塔尖大屏帽山为主山，“林东浦西二溪出水处，具拱社势而流，南则依山，北则带海，人居星密棋布，盖龙上之仓库，峦头之挺拔，案外之魁荖，今之三魁岭”，南依山北带海的山海环境，并构成“魁星踢斗”的空间格局。

新江村是以邱氏为主的沿海单姓村，正所谓“近山者多耕，近海者耕而兼渔”，传统经济来源以“种田”为主，农业种植如花生、水稻、甘蔗等，由于沿海土地贫瘠，部分人以“讨海”为生，如造塭捕鱼或用舢板讨小海等。[1]村落家族人口众多而民居建筑稠密，以“纵横十字”为主要的路网结构，其中东西向道路连接文武庙，跨越林东溪和浦西溪的桥梁通向其他村社，而南北向“中街”为村落的道路主干，为海滨渡头进村的通道。中街东侧的村落遍布邱氏各房派宗祠，宗祠为各房派的中心，民居大厝围绕在宗祠周边，均由自然生长曲折的街巷与中街联系，单姓为主的传统村落对外均显得较为内向封闭。村落外围的交通节点、溪流水口布置传统民间信仰宫庙，如村落南侧的甘棠庵（正顺宫）、浦西溪水尾庙等，零碎的田地围绕于村落四周，水系溪流众多，并在东北角临海处设有防御性的铳楼一座。

而在五大姓家族侨居地槟城，同样可以看到以族人聚落的形式建成，选址延续传统“依山靠海”的风水择址理念（图 5.1.11）。以关于邱氏龙山堂的选址建造为例，在相关碑刻中有详细的记载。咸丰元年（1851 年）的《龙山堂碑》中记载，“闻客兹土者，典礼缛节，恪守诸夏常仪，亦可见来此之多君子，故能随处振励，以不失文采风流也。然居旅之乡，创造尚缺，遇有盛典胜会，必先期择地而后行礼，扫除劳瘁，冗杂非宜。有心者欲建一所，仿内地会馆之制，阅历多年，为得其便。去秋，邱氏族来自海澄新江者，相准其地买得之。是本地英商某肇创基域，外环沧海，面对崇山，栋宇宏敞，规模壮大，因而开拓修葺。高下合制，爰改造而更张之。门高庭辟，植桂种树，遂蔚然成荫而茂盛，颜其额约龙山堂。……龙山堂邱氏祖，原处于泉郡龙山曾氏，谱载家乘，取以名堂，不忘本也。”从碑文可知，邱氏族人经过多年筹备，于 1850 年从本地英国商人处购置而得，聚落选址外环沧海、面对崇山，符合传统风水观念；聚落内庭平整开阔，种植树

[1] 许金顶编著 . 新阳历史文化资料选编 [M]. 广州：花城出版社，2016：5.

木茂盛以蔚然成荫。宗祠建筑栋宇宏敞，规模壮大，“仿内地会馆之制”，采用传统会馆建筑形制，并以邱氏祖为泉郡龙山曾氏，“取以名堂，不忘本也”将宗祠命名为龙山堂。

五大姓公司紧密相邻，以道路或仅以一墙相隔，如谢公司与林公司在同一街区内隔墙相邻，共同组成一个街区，并有秘密通道进行联系。家族聚落由祠庙建筑、宗议所、戏台、店屋或排屋共同组成（图 5.1.12），五大姓公司购有大量的房产，但所拥有的产业仅有部分位于公司周边，其余位于其他公司周边或是其他街区。四周环境复杂，包括有其他种族的清真寺，以及警署、监狱、市场等公共建筑，另外，19 世纪槟城秘密会社时常械斗冲突，家族聚落的严密性与防御性则极为重要，祠庙、宗议所、戏台及其他公司附属建筑位于街区内部，四周以店屋为主面街而建，形成内向封闭的聚落格局，通向内部的入口多位于店屋山墙之间的通道，显得狭窄而隐蔽。

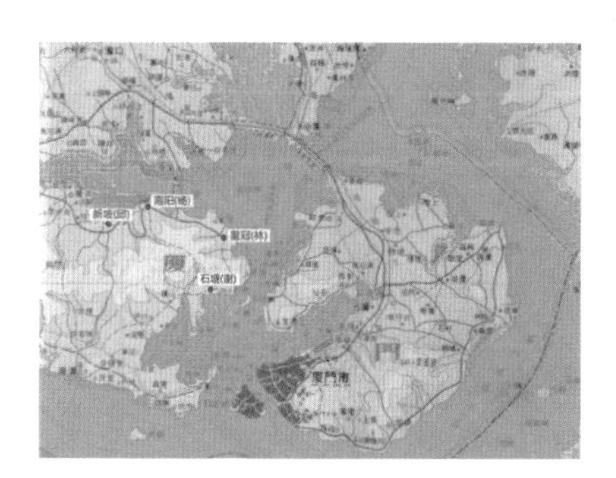

图 5.1.9　五大姓原乡临水村落

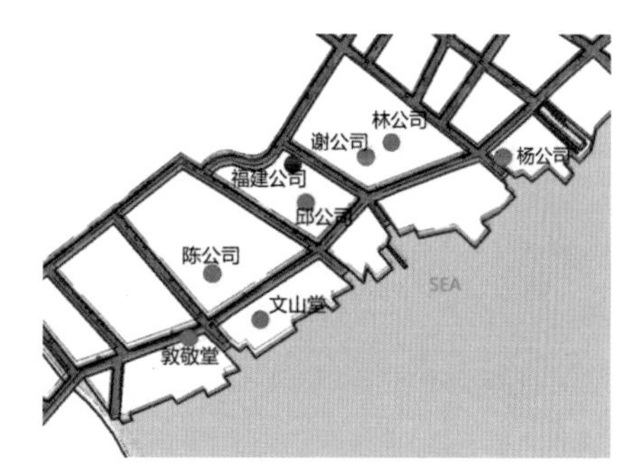

图 5.1.11　五大姓聚落公司在槟城临水聚落

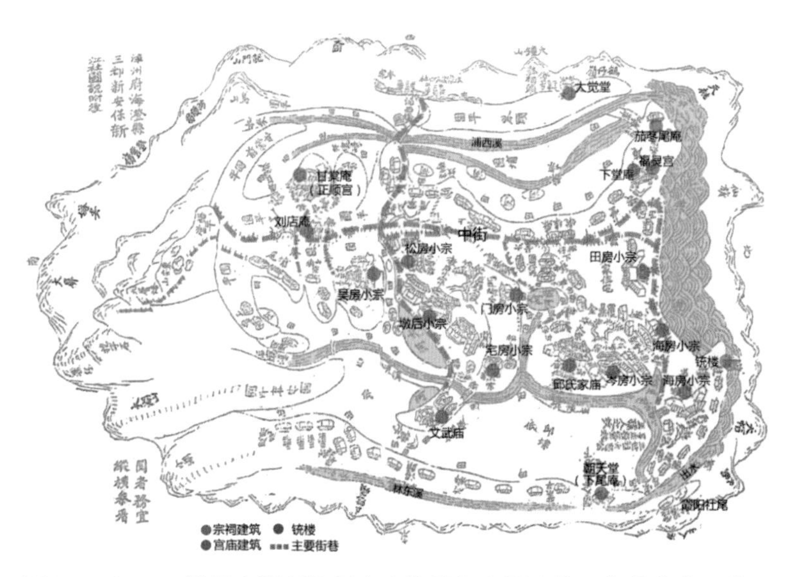

图 5.1.10　19 世纪中期新垵村山水格局与主要建筑、街巷分布示意图

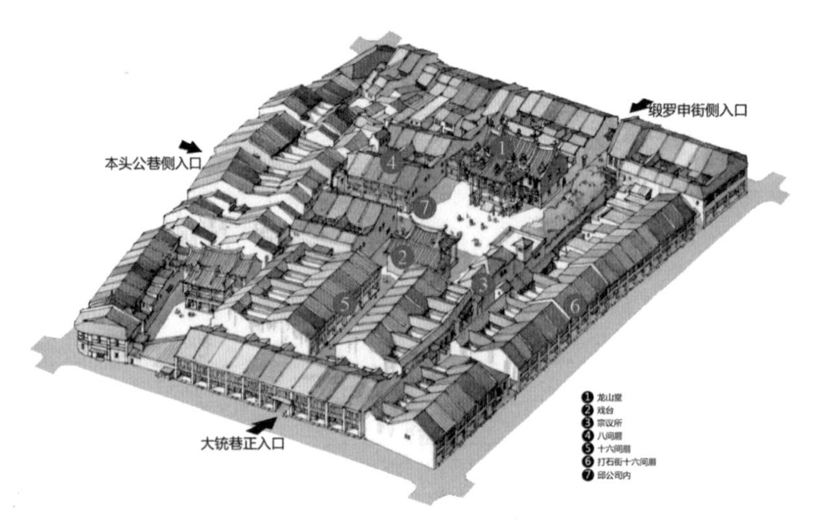

图 5.1.12　龙山堂邱公司聚落鸟瞰示意图

（b）宗祠与寺庙

祠堂是一个家族组织的中心，它既是供设祖先神主牌位、举行祭祖活动的场所，又是家族宣传、执行族规家法，议事宴饮的地点。以家族祭祀、议事和执法为主要用途的祠堂，是家政权威和血缘关系的象征。[1]五大姓家族在原乡已发展形成较为完整的宗族结构，在家族谱系上有大宗和小宗的划分，大宗所奉祀的一般是该姓氏在村落的开基祖，小宗则是大宗之下某一房所设的宗祠，各房有各自的小宗祠堂，并形成自己的角落，宗族活动多以集体的祭田或义田等作为经济来源。宗祠的设立是村落家族努力的目标，除了具有祭祀祖先的功能之外，也是决定宗族的公共事务、裁决家族成员纠纷的集会场所。对于传统村落而言，民间信仰的庙宇是另一重要的公共空间，主要是基于平安与祈愿的需要所设。对于五大姓家族在原乡的单姓为主的村落格局中，宗祠是整个村落社会与空间的重心，而民间信仰的庙宇多位于村落居住领域的外围与村口对外联系的通道边。

原乡以宗祠为聚落中心的布局模式同样带到了槟城。由于五大姓公司处于城市商业街区，聚落用地紧张等因素，家族宗祠与寺庙建筑结合为一体，常被称为祠庙建筑。这些祠庙建筑中主祀神灵皆与原乡相同，如龙山堂中殿的“正顺宫”，主祀大使爷谢玄和王孙爷谢安；杨公司中殿的“应元宫”主祀使头公等均为原乡带来的神灵，在祠庙前正对的庭院中设立戏台，达到既能酬神又起着娱人的作用。五大姓公司族人也和在原

[1] 陈支平 . 近五百年来福建的家族社会与文化 [M]. 北京：中国人民大学出版社，2011：26-29.

乡一样根据传统的宗族制度管理宗族事务，其中部分公司还附设宗议所，但宗祠建筑有较大的变化。在原乡中分散的多房派的宗祠建筑在槟城被归于同一屋檐下，如龙山堂等同原乡大宗诒穀堂等，林公司的勉述堂和敦本堂同在 1866 年迁入九龙堂内。在槟城相关宗族活动的经济来源以房产租赁为主，如家族的店屋出租的收入等，当然，由于房派势力的不均衡发展，如邱氏的海房另建文山堂，并且与原乡同属海房的仰文堂不同名称。值得一提的是，在槟城的祠庙建筑仅有林和陈公司承自原乡的传统宗祠建筑类型，邱、谢和杨公司的祠庙建筑被认为是闽南传统庙宇与马来本地的孟加楼相结合的产物，另外，在装饰艺术上也是采用精美细腻的闽南传统木作、石雕、泥塑堆剪等工艺，在细部内容融合了西洋及本地元素（图 5.1.13，图 5.1.14）。

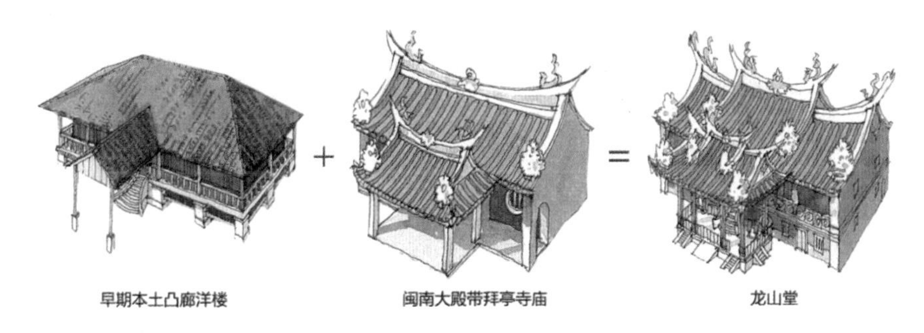

图 5.1.13　龙山堂建筑形式融合示意图

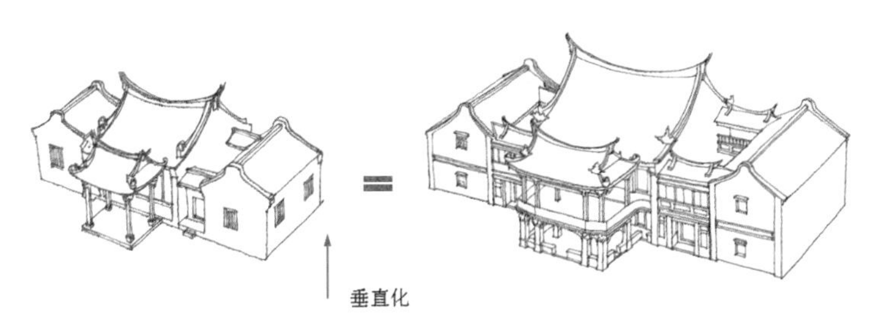

图 5.1.14　谢公司世德堂建筑形式融合示意图

（c）民居建筑

在五大姓原乡的传统民居多为闽南红砖大厝，其空间构成主要由主厝、护厝与外部的埕等附属建筑组成。主厝部分以横向开间数划分为三开间与五开间两种主要平面类型，以居中的厅堂为中轴，两边对称布置房间，围绕着不同位置的深井空间形成四合院格局，并在主厝的两边侧向布置护厝，组成主厝与护厝的主从关系（图 5.1.15）。

在村落中，早期民居主要围绕宗祠家庙周边分布，随着家族人口规模的不断扩大，各房逐渐设立自己的宗祠祖厝后，以各自房派的宗祠为中心向外发展，区域朝向也因此而有所不同，如新垵村民居主要以中街为轴线对称分布，围绕各房的宗祠发展，并有较大的自由分布空间；鳌冠村以地形环境为主要影响因素，村庄用地狭小并有一定地形高差，民居多因山坡地势而建。

图 5.1.15 新垵村传统民居鸟瞰图

图 5.1.16 龙山堂邱公司内部排屋鸟瞰图

与原乡规模宏大、空间开阔的民居大厝相比，在槟城五大姓聚落的民居建筑主要是以面宽狭小、纵向深长的沿街店屋和内部排屋为主，可以说是延续了原乡的“手巾寮”（竹竿厝）街屋的长条形布局，内部大多设置天井空间进行采光通风（图 5.1.16）。这些家族聚落中基本没有足够的用地空间建造大型的红砖大厝，在聚落的街廓外围以整齐有序且紧密连续的沿街店屋为外部形态，在街道上只能看到沿街统一的店屋，无法窥探到街廓内部的聚落空间。这些店屋建筑的建造自由度较低，开间小、进深大并紧密联排，有部分店屋可通向聚落内部空间。以纯居住功能为主的排屋，一般都紧凑地排布于聚落内部，围绕宗祠而建，形态相似整齐划一，该部分早期排屋的产权多为家族公司所有，既满足族人共同居住生活的同时，又能保证家族内部安全，起到共同防御的作用。

5.2 五大姓的原乡建筑

清光绪七年（1881 年）石塘社谢氏家庙《重修世德堂碑记》记载：“粤稽世德堂庙，自国初康熙三十六年卜筑于兹，至雍正间曾经修葺，越今百有余年矣。栉风沐雨，又将倾坏，凡属孝子慈孙，无不深水源木本之念，而切尊祖敬宗之思也。于是传胪航海至槟榔屿，以募族人之贯于屿中者，佥曰：此美举也。时则有允协……如上等，欣然踊跃，共相劝捐，以襄厥事，可谓千里一心者矣。爰择吉鸠工庀材，兴作于本年四月初九日，落成于本年葭月十七日，并庆成进主。共縻费英银壹万有奇，除捐项外，不敷者皆赖福侯公补足焉。”[1]石塘社谢氏家庙世德堂年久失修，去信到槟榔屿向族人募捐，谢公司族人虽然远在槟城，仍然“千里一心”踊跃劝捐，共耗费英银一万多。从海沧区现存的历史碑刻中可以找到大量涉及华侨参与侨乡村落发展建设的史料，这些碑铭题刻包括华侨出洋等方面的历史记载，特别是华侨捐资修建家乡的宗祠祖厅、宫庙寺院、书院学校、水利道桥、慈善机构，以及华侨在乡建造民居、墓园等方面内容。

5.2.1　宗祠建筑

五大姓公司在原乡分布规模不等的祠堂或者家庙，如新垵邱氏诒穀堂、石塘谢氏植德堂以及霞阳杨氏植德堂等。现有的宗祠建筑建造时间主要为明清时期，布局形式多为两进三开间格局，为适应祭祀等功能要求，内部开敞不设房间，天井两侧廊道没有榉头间，部分祠堂增设护厝作为议事、存储等空间使用。

（a）新垵邱氏家庙——诒穀堂

新垵村原十三房派均设有宗祠，现存有十二房派的宗祠[2]，其中新垵诒穀堂又称新垵邱氏大宗家庙，位于海沧区新垵村北片 223 号（图 5.2.1）。据 1957 年《重修诒谷堂宗祠碑记》中记载，“本宗祠始建于何年已不可考，惟闻老辈云，五十七年前重修庆成之日，甚形热闹云云。忆于抗日战争期间厦门陷敌，我乡处于国防前线，频受日本飞机炸弹大炮之摧残，屋宇震动倒塌为数不少，……一九五二年冬，本会将堂内破漏部分拍摄照片，函致槟城龙山堂丘公司，请其将丘永在公（即迁荣公）公款提汇为修祠之用，初以侨汇因难未寄到，经过四年来叠函催促后，蒙龙山堂诸董事赞成设法寄款前来，于兹修理告成，……此工程于九月八日动工，十二月十日完工，计用去四千五百三十一元九角七分正，为欲教示后人爱惜屋宇用，特刻石立碑以垂久远。”[3]可知邱氏诒穀堂的始建年代久远而不可考，在 1900 年宗祠曾经进行大修；抗日战争期间受日军飞机轰炸及炮火损坏；于 1952 年向槟城龙山堂邱公司函请，将“迁荣公”公款提汇为修祠之用；1957 年寄款将宗祠修葺一新。邱氏家庙诒穀堂现为两进三开间平面格局，坐西北朝东南，

[1] 郑振满，丁荷生．福建宗教碑铭汇编：泉州府分册 [M]. 福州：福建人民出版社，2003：1257-1258.

[2] 现存十二房宗祠有仰文堂（海墘角总祠）、思文堂（海长房）、裕文堂（海二房）、丕振堂（海四房）、追远堂（海五房）、邱氏小宗（大门前）、榕墩堂（榕房）、敦敬堂（五角）、垂德堂（大门前）、裕德堂（梧房）、垂统堂（屿仔顶邱氏小宗）、金山堂（岑房支祠）。

[3] 许金顶编著．新阳历史文化资料选编 [M]. 广州：花城出版社，2016：44.

由前后两进和天井两侧廊道组成，左右各侧带一护厝，前庭开阔建有照壁（图 5.2.2）。宗祠入口第一进屋顶为传统三川脊，中门彩绘威武门神，大门楹联“枕文山还忆龙山远脉，对溪水转思沂水源流”，建筑细节精美，束木坐斗都有细腻雕刻，梁架上的飞天栱形象体现了祠堂受外来文化的影响（图 5.2.3）。

图 5.2.1　新垵邱氏宗祠主体建筑与前埕

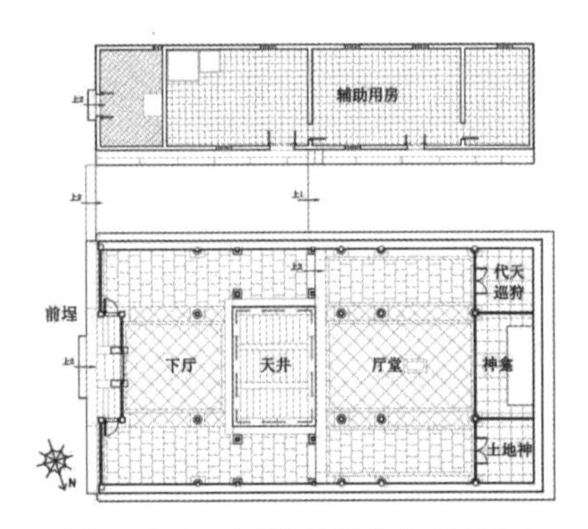

图 5.2.2　新垵邱氏宗祠平面图

图 5.2.3　新垵邱氏宗祠厅堂栋架

（b）石塘谢氏家庙——世德堂

石塘谢氏家庙世德堂，又称石塘谢氏家庙，位于海沧区石塘村。家庙始建于清康熙三十六年（1697 年），于雍正年间和光绪七年（1881 年）等历经多次重修。建筑由前、后两厅和天井两侧廊道组成（图 5.2.4，图 5.2.5），砖木石结构，正厅为三通五瓜木构架（图 5.2.6），建筑细节精美，梁架、坐斗有精美的木雕，值得一提的是，前步口廊弯枋连栱上的西洋人形象以及梁架上的飞天栱饰都反映了谢氏乡族在海外生活的印记（图 5.2.7）。堂内有清代碑刻两通，一为乾隆二十六年（1761 年）的《建立祀田碑记》，记述谢氏家庙增置祀田之事；二为光绪七年（1881 年）的《重修世德堂碑记》，从碑刻记录的宗祠修建过程可见槟城华侨与原乡保持的密切联系。

图 5.2.4　石塘谢氏家庙建筑

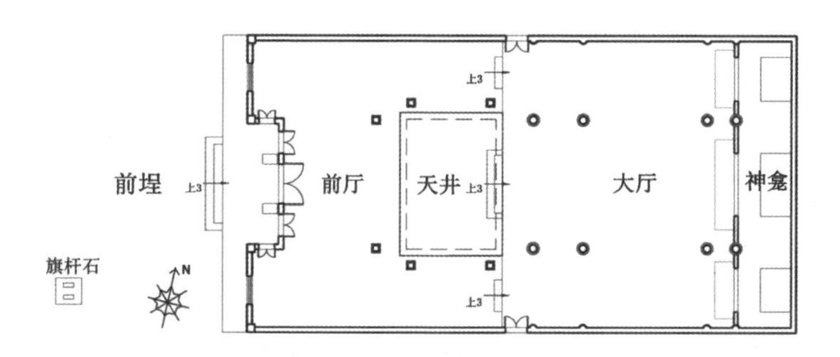

图 5.2.5　石塘谢氏宗祠平面图

图 5.2.6　石塘谢氏宗祠大厅栋架

图 5.2.7　前步口廊弯枋连栱的西洋人形象

（c）霞阳杨氏宗祠——植德堂

杨氏宗祠植德堂，位于海沧区霞阳村，始建于明初，现作为厦门市涉台文物古迹保护单位（图 5.2.8，图 5.2.9）。宗祠建筑坐东南朝西北，平面面阔三间，分为前后两进的前厅及正厅组成，内部天井较为宽阔，未设两侧通廊。据宗祠内庭 1989 年《霞阳杨氏宗祠重修碑记》记载，“一九八六年夏获悉强台风侵蚀闽南沿海，虑及故乡受损，急家乡之所急，特汇巨款人民币壹拾式万元重修祠堂，于一九八七年春兴工，堂内木楹画梁神龛雕刻，屋上剪条彩屏金碧辉煌，屋顶青瓦花磁光彩夺目，焕然一新，盛况胜前。同年冬竣工，其余款项充作学校及幼儿园暨村中石砖路等。”可知祠堂 1986 年宗祠为强台风损毁，于 1987 年重修，所需费用来自马来西亚槟城杨氏族人杨元荣捐款 12 万元回乡，余款亦于村中所用。现有宗祠为 2016 年再次进行重修，前庭保留原有三对旗杆石，可见家族传统之荣耀。第一进前厅塌寿式内凹入口，屋顶分三段，中央高于两边，为传统“断檐升箭口”屋顶形式，第二进正厅空间开阔雄伟，传统三通五瓜木构架，构件装饰较为精美，瓜筒梁枋彩绘色彩华丽，入口大门两侧正面的石雕尤为精雕细琢，从基面上的“柜台脚”，到裙堵的麒麟雕以及门侧的抱鼓石、圆形透雕石窗等均形态生动的精心杰作（图 5.2.10，图 5.2.11）。

图 5.2.8　霞阳杨氏宗祠建筑主立面及前埕三对旗杆石

（d）鳌冠林氏宗祠——敦本堂

鳌冠敦本堂，又称林氏宗祠，位于海沧区鳌冠村东片 252 号。敦本堂建于清代，

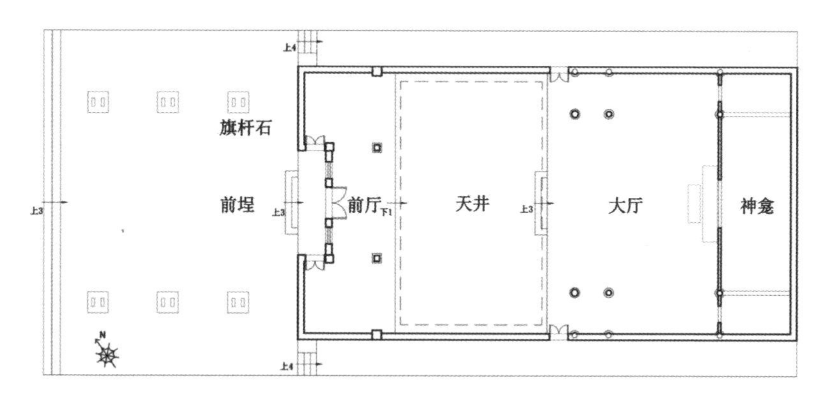

图 5.2.9　霞阳杨氏宗祠平面图

图 5.2.10　杨氏宗祠祭祀空间

图 5.2.11　杨氏宗祠栋架

平面两进三开间格局，左右廊道连接前后两厅，天井居中，砖木石结构，坐东朝西而建，宗祠前庭有旗杆石一座。第一进内凹的塌寿式入口，中门与两侧方窗规整严谨，大门楹联为“九龙世代源流远，双桂宗支德泽长”，屋顶为传统三川脊曲线舒展。左侧护厝面阔六间，马鞍形山墙，随地形逐级升高，现为鳌冠敦本勉述华侨文化交流中心。内部子孙龛木雕装饰精美，正面外墙螭龙透雕石窗技艺精湛（图 5.2.12，图 5.2.13）。

图 5.2.12　鳌冠林氏宗祠建筑主立面

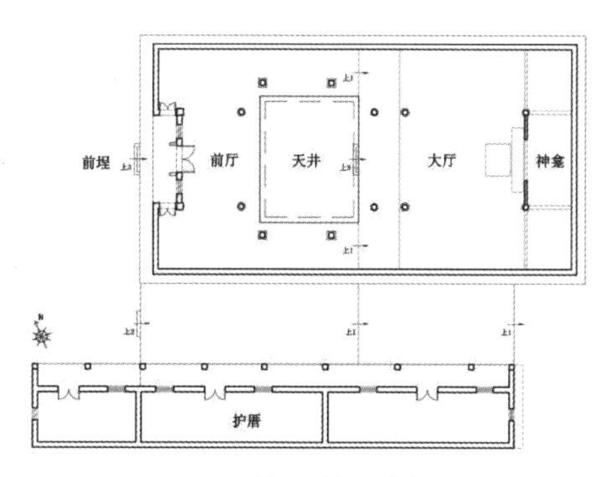

图 5.2.13　鳌冠林氏宗祠平面图

5.2.2　宫庙建筑

闽南传统的宫观寺庙包括各类佛教、道教、民间信仰等宗教建筑，闽南民间社会奉祀神祇众多，作为信徒修行传道和举行各种宗教仪式以及生活的场所。大多数的民间信仰宫庙规模较小，平面格局与传统祠堂、民居祖厝相似，为增加祭拜空间，大殿前往往增设拜亭，天井扩大为庭院，有的寺庙还设置照壁、牌楼、戏台、钟鼓楼等附属建筑。传统宫庙的装饰较一般民居更为繁复，如内部遍施彩绘，以及石雕龙柱等，重要部分的木雕常贴上金箔、涂以金粉，显得富丽堂皇。在海沧五大姓原乡村落传统民间信仰兴盛，如保生大帝、广泽尊王、清水祖师等神明，并在村落及主要角落建立各自的宫庙，如新垵社的福灵宫、正顺宫等，还有村庄主要“角落”的小型宫庙，如大众爷庙（下堂庵角）、报功庙（海墘角）、大王公娘庙（大门前角）、甘棠寺（上宅角）等，这些民间信仰的庙宇经过多次维修，特别是近年维修量较大，多已经原貌不存了。

新垵福灵宫

福灵宫位于海沧区新垵村，坐东北朝西南，由前后两殿和右侧护厝组成，主祀保生大帝，配祀注生娘娘等神灵（图 5.2.14—图 5.2.16）。该庙始建年代不详，据大殿两侧石凳碑文，“咸丰癸丑年孟春 / 信女邱锦娘　答谢”[1]可知在清咸丰癸丑年（1853 年）建筑已经建成。墙上嵌有一块民国七年（1918 年）的《重修福灵宫碑记》，“重修福灵宫之提出也，邱扬阵君先行出款后，由槟城龙山堂公司照数归还。自民国五年丙辰十月初工至戊午二月告竣，凡所建筑比前旧制倍加壮丽，诸董事等秉公办理，毫无偏私，庆成之后谨将出入款总目列左：一对龙山堂收来小洋 4820 元，一对总开去小洋 4820 元。正董事邱衡种、毓阶、妈补、亦钦 钊董事邱炎生、丕蛋、开水，曾三　政邱德承　民国七年戊午阳月。”[2]由上记录了福灵宫重修的情况，由旅居新加坡的族人邱扬阵[3]先行出款维修，后由槟城龙山堂照数归还。

庙宇建筑为传统砖木石结构，前殿正面开三门，居中一对石雕龙柱，屋顶为传统

[1] 许金顶编著 . 新阳历史文化资料选编 [M]. 广州：花城出版社，2016：116.

[2] 刘朝晖 . 超越乡土社会：一个侨乡村落的历史文化与社会结构 [M]. 北京：民族出版社，2005：155.

[3] 邱扬阵（Khoo Yang Tin, 1857-1943 年），新江海二房十八世裔孙，生于祖籍地漳州海澄县（今厦门市海沧区）新垵村，19 世纪末移居海峡殖民地。1892 年，邱扬阵在新加坡创立“邱益昌”商号，经营米粮生意，其后投资房地产和种植业，并于 1915—1926 年间担任新加坡华侨银行主要股东兼董事。同时也是大慈善家，为故里侨居地的慈善和教育机构捐款无数。参见许金顶编著 . 新阳历史文化资料选编 [M]. 广州：花城出版社，2016：417.

三川脊形式，正脊两端饰有双龙相对，脊身作花鸟、人物等装饰，均为传统剪黏工艺，尤以正面牌头的装饰最为精美。正立面墙体为“泉州白”花岗岩条石和青斗石砌筑。右侧护厝圆脊形山墙，现为守庙人所住。正殿前有檐廊，也为雕龙石柱，其上为传统三通五瓜叠斗式木屋架。建筑细部做工精致，以石雕尤为精美，石虎、麒麟、人物故事等都很传神，其中门廊前的一对龙柱，做工十分精巧，柱体上还雕出云纹和人物故事，并有铭文“光绪戊子腊月吉旦 / 弟子海长邱允恭谢”推测该庙于清光绪戊子（1888 年）进行重修。

图 5.2.14　新垵福灵宫立面外观

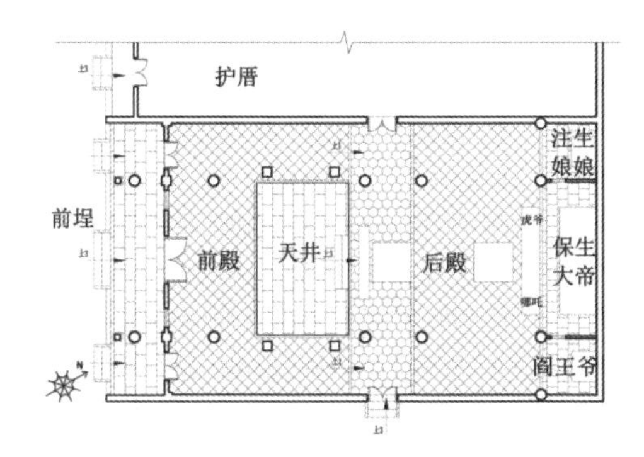

图 5.2.15　新垵福灵宫平面图

图 5.2.16　新垵福灵宫细部木雕

5.2.3 古厝民居建筑

从 19 世纪下半叶开始，海沧众多族人在海外艰苦创业并通过侨汇批款回乡置产建房，留下了大量精美绝伦的传统古厝民居。这些早期归国富侨有浓厚的传统观念，建一座“宫殿式”大厝比具有殖民地样式的洋楼更符合他们的文化价值取向。与 20 世纪之后在厦门鼓浪屿、泉州晋江等地归侨建造了大量的西式洋楼建筑不同，海沧各地的侨村多以富丽堂皇的侨建大厝为主。归侨大厝在建筑装饰上比一般的闽南红砖大厝要奢华得多，楠木的槛窗隔扇，青石雕刻的窗花，以及外来的水泥印花地砖等，处处体现出早期南洋富侨独特的身份。

（a）新垵村邱忠坡宅

邱忠坡宅位于海沧区新垵村，是由清末新垵籍华侨富商邱忠坡[1]所建的红砖大厝。建筑坐西朝东，原由三进五开间主厝、左右护厝及后花园组成，在抗战时期第三进和后花园被日军炮弹炸毁，现仅存前两进和护厝（图 5.2.17，图 5.2.18）。大厝入口内凹形成“双塌寿式”空间，外观开敞气派，屋顶为中间高起的三川脊，室内栋架采用的是搁檩造做法。建筑装饰精美，尤其是漆金木雕，主要为花鸟、人物故事和螭龙纹等图案；入口两侧的镜面墙有六角、“卍”字等几何形的拼砖图案，大门两侧为麒麟等石雕；水车堵有剪黏、彩绘等手法制成的山水村落图；山墙上有精美的鳌鱼、螭龙纹等剪黏图案，屋脊上有精美的花卉剪黏。

图 5.2.17 邱忠坡宅建筑外观

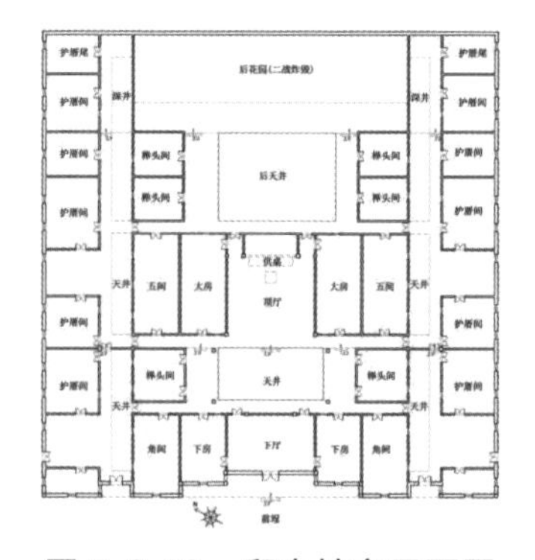

图 5.2.18 邱忠坡宅平面图

---

[1] 邱忠坡（Khoo Tiong Poh，1830-1892 年），海澄三都（今厦门市海沧区新垵村）新江十九世榕房人，字如松。于咸丰二年（1852 年）前往新加坡谋生，先后与人创办了长和商号、万兴号。他的商务涉及范围很广，涉及霹雳州的锡矿、西贡（今胡志明市）和仰光的舂米机器。1875 年集资自创万兴轮船公司，航行于中国香港、槟城、上海、宁波、厦门等地。1876 年，与林永庆等合伙经营安美轮船公司。邱忠坡曾给中国的海防、水灾等捐款，1888 年向清廷捐购道台三品官衔。1892 年 3 月邱忠坡逝世，遗体运往槟城安葬。中咨鲁区的忠坡路、忠坡道就是为纪念他而命名。参见许金顶编著 . 新阳历史文化资料选编 [M]. 广州：花城出版社，2016：417.

（b）新垵村邱菽园宅

邱菽园宅位于新垵村惠佐社，由清末新江文人邱菽园 [1] 修建，当地人称之为“举人第”，原有“举人第”匾现已无存。民居建筑为砖木石结构，据村民介绍原为三进三开间主厝和左右护厝的平面格局，其中第三进为两层梳妆楼，在抗日战争期间被日本飞机炸毁，现仅存前两进。与一般的传统大厝不同的是主厝中间天井呈纵向长方形，两侧各带 4 间榉头间，天井周围厅堂和房间均为砖墙承重，出挑的檐廊略为狭窄，整体显得较为封闭厚重（图 5.2.19，图 5.2.20）。与其他侨建大厝富丽装饰不同，邱菽园作为文人的自宅较为简洁明快，石砌墙裙上为朴素的白色墙体，只在入口两侧的檐下水车堵上有精致的山水泥塑彩绘，人字山墙的墙面的灰塑几何纹图案装饰也显得清新雅致。

图 5.2.19　邱菽园宅天井空间

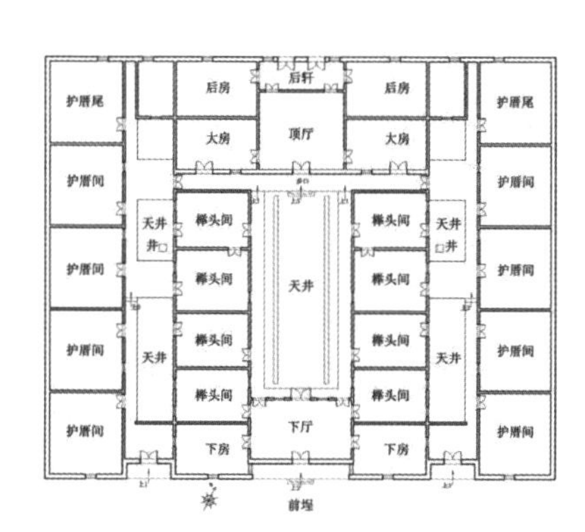

图 5.2.20　邱菽园宅平面图

（c）新垵村邱扬阵宅

邱扬阵宅建于清代，位于海沧区新阳街道新垵村。建筑由前中后三进主厝及左护厝组成的合院式传统大厝，第三进被称为后界土，建筑为两层。后界土左右两侧有与主楼相连的两个梳妆楼，抬梁式构架，建筑装饰精美，主要有象、狮子、花卉、凤鸟等木雕，大门两侧有六边形拼砖图案和“卍”字纹彩绘图案，山墙上有螭龙纹灰塑图案（图 5.2.21—图 5.2.23）。

[1] 邱菽园（Khoo Sian Ewe，1874-1941 年），原名邱炜萲，号菽园，新垵惠佐社人。新江岑房十九世裔孙，新加坡富商邱笃信（正忠）之子。1894 年，邱菽园参加乡试荣获光绪甲午年科福建乡试中式第 59 名举人为孝廉（现槟城龙山堂邱公司的诒穀堂内尚悬挂他中举的“文魁”匾）。1906 年后，潜心著作写诗，一生创作甚多，成为新加坡著名诗人。1899 年捐资创办华侨女校，1926 年担任新加坡中华总商会秘书，1929 年出任《星洲日报》编辑。对新加坡本地社会，尤其是推动华文教育的发展作出重要贡献。参见许金顶编著．新阳历史文化资料选编 [M]. 广州：花城出版社，2016：419.

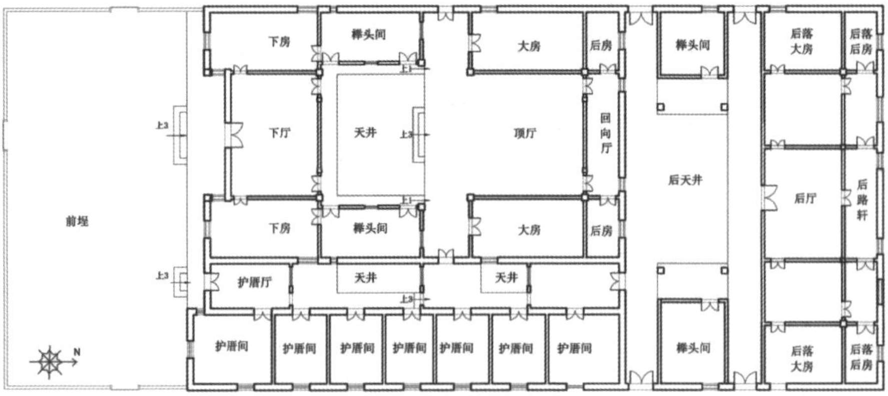

图 5.2.21 邱扬阵宅平面图

图 5.2.22 邱扬阵宅后界梳妆楼

图 5.2.23 邱扬阵宅细部木雕

（d）新垵村邱得魏宅

邱得魏[1]宅又名庆寿堂，于清同治年间（1862—1874 年）建于新垵行政村惠佐自然村，由新垵籍越南华侨富商邱得魏建造。建筑为砖木石结构，是一座带倒座（回向）、两进进主体建筑和左右护厝组成的大型合院式传统民居。院内左侧有一座面阔三间的单体建筑，与门前的一座四方形凉亭组成书斋，名曰“观圃”，曾经作为家族学童的私塾。建筑装饰细腻，第二进祖厅的神龛及入口门罩金漆木雕尤为精美。门罩上琳琅满目的动植物花卉雕刻栩栩如生，为粤东潮州木雕名匠徐三友作品。石雕主要有花开富贵、螭龙纹透雕石窗，以及博古器物、狮子麒麟等壁雕。檐下的水车堵上有用剪黏、灰塑彩绘等手法制作的卷轴书画册页装饰；屋脊上有螭龙、花卉等造型剪黏（图 5.2.24—图 5.2.26）。

[1] 邱得魏（1850-1914 年），海澄三都新江惠佐社二十世岑房人。原姓魏，居漳州一带。太平天国时期逃到惠佐，入赘邱式，改名“得魏”，后前往越南西贡（今胡志明市）经营大米生意，回乡后建造庆寿堂。

图 5.2.24　邱得魏宅主体建筑

图 5.2.25　邱得魏宅木雕门罩

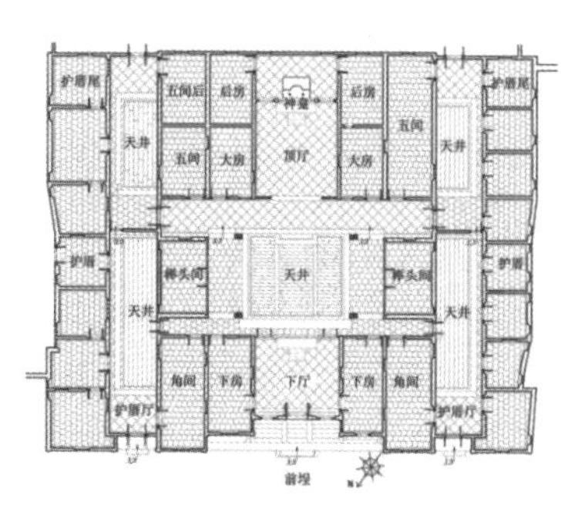

图 5.2.26　邱得魏宅平面图

5.3　邱公司的聚落与建筑

槟城龙山堂邱氏族人，均来自中国福建省漳州府海澄县三都新江社（现为海沧区新垵村）的血缘亲人。根据清光绪三十二年（1906 年）《重修龙山堂碑记》中记载，“据旧碑载龙山堂为新江邱氏之堂，则知自始至终不捐华宗分毫，凡非吾新江族人，皆不得相混，则名称正矣”，可以看出邱公司成员只能是新江邱氏族人。自 16 世纪西方殖民者开辟东南亚市场开始，新江族人先后到达菲律宾、印尼及马来西亚半岛的马六甲等地。刘朝晖通过《新江邱曾氏族谱》统计发现，在清乾隆、嘉庆和道光年间（1736—1851 年），新江邱氏出洋至槟城者共计 817 人。[1] 至 1816 年，族人正值庆祭保护神大使爷圣诞，筹集公款，以“大使爷槟榔屿公银”的名誉捐款 120 元回乡修葺寺庙正顺宫。[2]

---

❶ 刘朝晖．超越乡土社会：一个侨乡村落的历史文化与社会结构 [M]. 北京：民族出版社，2005：91.

❷ 参见《正顺宫史册》，重修正顺宫碑记。新垵诒穀堂董事会编，1999. 转引自（马）朱志强，陈耀威．槟城龙山堂邱公司：历史与建筑 [M]. 槟城：槟城龙山堂邱公司，2003：11.

可见在槟城 1786 年开辟初期就有参与城市的拓荒建设，并与原乡保持密切联系。

5.3.1 街区布局

19 世纪末，龙山堂邱公司聚落所在的街区地块由大铳巷、本头公巷、打石街及缎罗申街四面围合而成，除了邱公司家族聚落外，还有位于街廓福德正神庙、清真寺、马来屋及店屋五个部分（图 5.3.1）。龙山堂邱公司与华人其他社团组织，商住街屋以及其他族群建筑共同组成封闭性聚落空间。邱公司内部空间由祠庙建筑龙山堂、宗议所、戏台以及排屋组成，戏台正对祠庙设立，宗议所及排屋分设于两侧，围合形成较大的开敞空间。从街区外围共有三处隐蔽入口通向邱公司内部,通过步行空间联系各个部分。福德正神庙位于街区北侧，由庙宇建筑、戏台及本头公巷一侧十间店屋共同组成完整的空间（图 5.3.2），并于本头公巷一侧设有独立的出入口（图 5.3.3—图 5.3.5）。值得一提的是，位于街区内的清真寺与龙山堂祠庙仅有一墙之隔，据邱公司介绍，建筑于二战期间被炸毁但用地仍然保留，现作为墓地使用。地块设有朝向段罗申街的独立出入口，与龙山堂出入口毗邻（图 5.3.6）。围绕街区四周紧密有序建设的是店屋建筑，共同形成具有防御性功能的聚落空间。

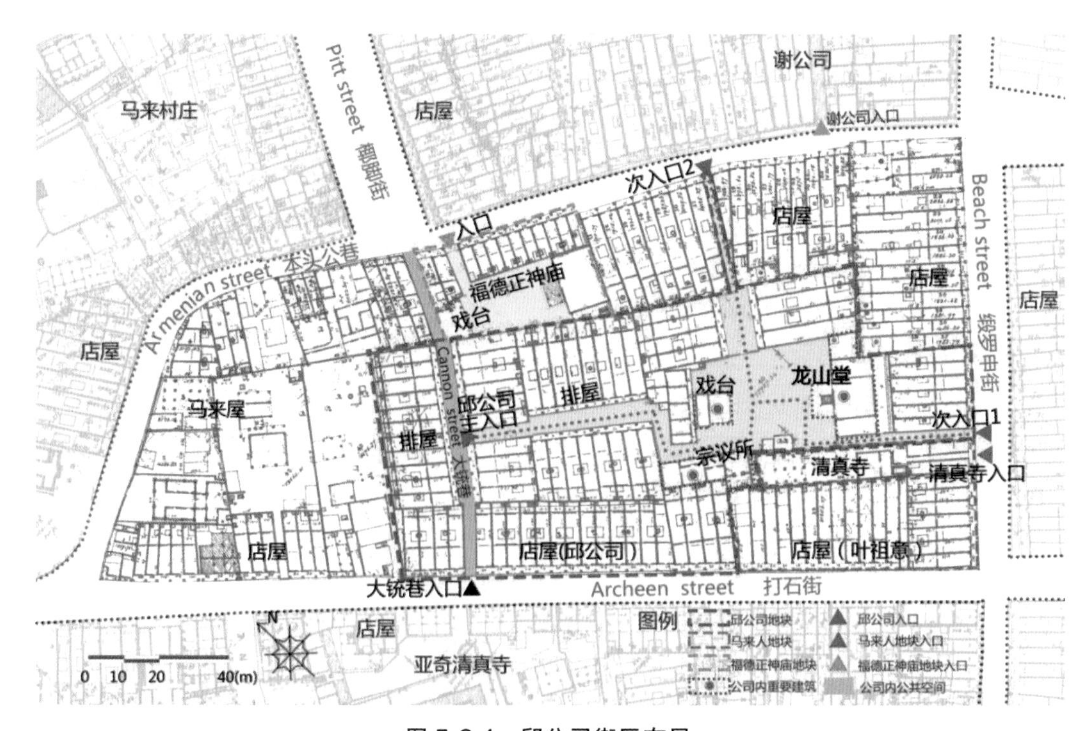

图 5.3.1 邱公司街区布局

图 5.3.2　福德正神庙地块店屋

图 5.3.3　邱公司前埕内院空间

图 5.3.4　福德正神庙入口

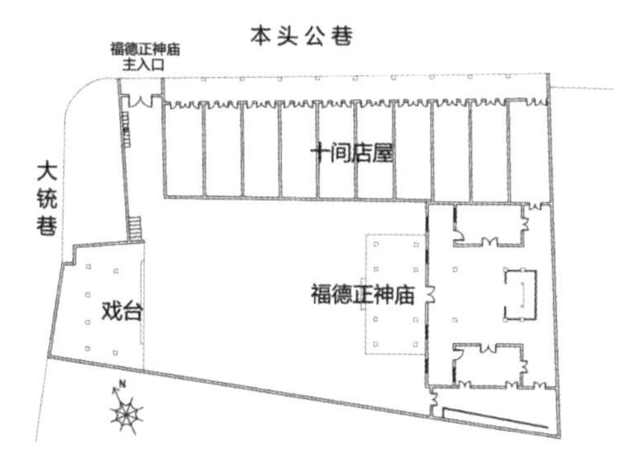

图 5.3.5　福德正神庙地块功能分析

图 5.3.6　清真寺独立出入口

5.3.2　祠庙建筑

光绪三十二年（1906）年《重修龙山堂碑记》中记载，“雍道时，吾族桥寓屿中者百余人，醵金五百余员；迨咸丰辛亥，而堂室始立，阅五十年光绪甲午（1894 年）重修。从事八年，至辛丑（1901 年）除岁前夕，忽遭回禄，全作焚如。复于壬寅兴工复建，阅四年大功克竣，计两劳役共金十余万，知历险夷，以底今日，则沿革详矣。”可见 1850 年购置的龙山堂在 1894 年进行第一次重修。据《槟城龙山堂邱公司略暨堂务发展概况》中所记，当时决议将旧祠拆除，聘请闽南的能师巧匠历时 8 年重新建造完成。[1] 但在 1901 年完工前夕毁于大火，又耗时四年重建完成。

五大姓公司的核心祠庙建筑形式可以分为两类：凸龟洋楼式和单层二进式。邱公司、谢公司及杨公司属凸龟洋楼式，林公司和陈公司则属于单层二进式。凸龟洋楼式的建筑可以说是闽南寺庙和本地孟加楼的结合体。其中闽南寺庙的原形为大殿前带拜亭模式，而孟加楼则是西欧的“乡居别墅”(Country Villa)。在印度殖民地衍化而成的小绅宅，本地华人称其为“红毛楼”。邱、谢、杨公司表现出闽南寺庙与孟加楼不同的结合形式。

龙山堂邱公司祠庙建筑坐东南朝西北，主体建筑为两层，平面呈凸字形，五开间，屋顶为硬山式，正脊采用三川脊做法，屋脊上饰有五彩缤纷的剪黏和灰塑（图 5.3.7—图 5.3.9）。右侧单边带有单层的护厝作为厨房（馐馔所）使用，前端带有台基高近半层的拜亭，亭下置半户外楼梯。拜亭位于龙山堂最前端，台基上立六根秀长的八角形花岗石柱，上撑歇山屋顶，正脊分三段，与主殿相同采用三川脊做法，脊端为燕尾形。连接拜亭和主殿的“八”字开大阶梯，是结合马来高脚屋的半户外楼梯做法（图 5.3.10）。

正屋身部分形似寺庙正殿抬高成二层，上下楼各分三室，前后带步口廊。楼上属正式空间，相当于寺庙的地面层，楼下是次要空间，作为储藏，办公或学堂之用。楼上的中室和左室分别是正顺宫和福德祠，右室是祭祖的诒谷堂，可见神祖位于同一空间并以神殿为主（图 5.3.11—图 5.3.14）。建筑的细部精美绝伦。包括石雕、木雕、剪黏及彩绘，都是闽南建筑匠艺的上乘之作。屋顶为五彩缤纷的剪黏和泥塑，墙上有精雕细琢的青石、白石雕，步口有盘龙柱，檐下梁架作双面木雕，并都涂金上彩，金碧辉煌（图 5.3.15—图 5.3.19）。

图 5.3.7　龙山堂邱公司前院与祠庙建筑外观

[1]（马）朱志强、陈耀威．槟城龙山堂邱公司：历史与建筑 [M]. 槟城：槟城龙山堂邱公司，2003：11.

图 5.3.8　龙山堂栋架结构

图 5.3.9　屋脊装饰

图 5.3.10　拜亭栋架

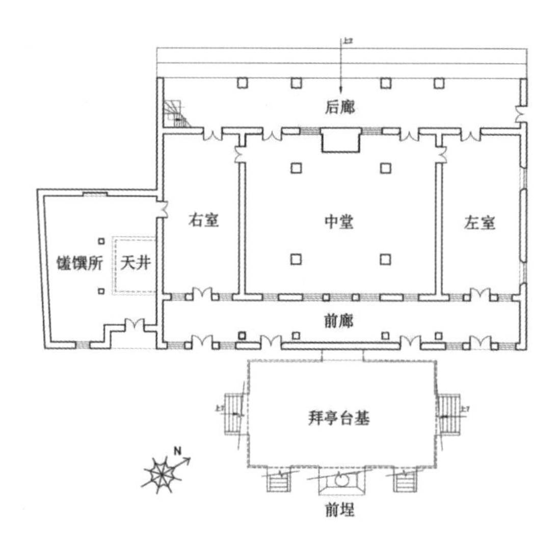

图 5.3.11　龙山堂邱公司一层平面图

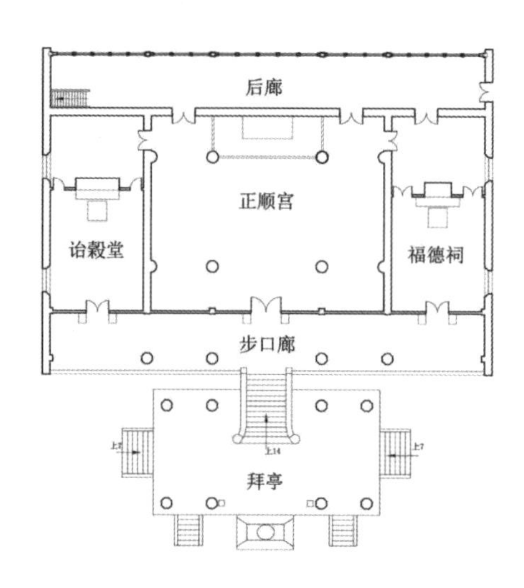

图 5.3.12　龙山堂邱公司二层平面图

图 5.3.13　正顺宫

图 5.3.14　诒穀堂

图 5.3.15　石雕

图 5.3.16　笑僧石雕

图 5.3.17　精美的斗栱、兽座及员光

图 5.3.18　弯枋连栱

图 5.3.19　吊筒

5.3.3　附属建筑

（a）公司出入口

龙山堂邱公司共设有三个出入口。现主入口位于大铳巷，以店屋“过街楼”的形式，形成狭长隐蔽的空间，除“龙山堂邱公司”门匾外无其他装饰。放眼望去为邱公司内部排屋，并以戏台背面为对景，阻隔祠庙视线，增强了邱公司的安全性。侧入口分别朝向本头公巷和段罗申街，均设置于店屋之间，入口缓冲空间与两侧五脚基结合，形成连贯的步行空间，进入公司内部的通道两侧由店屋山墙围合而成，形成较为狭窄的防御通道。因早期主入口设置于段罗申街，可见该侧门立有一座精美的闽南式门楼，而朝向本头公巷的侧门较为简陋（图 5.3.20—图 5.3.23）。

（b）宗议所

据 1970 年《马来西亚槟城龙山堂 · 新江邱氏梧房文富公派系谱》中记载，“本堂祖祠自于清咸丰元年阳月落成之后，吾新江族人联宗有所，春祀秋祭，典承不辍。因堂务日益繁重，诸董事为便利集中议事起见，遂在堂之左旁隙地建洋楼一幢，额曰‘宗议所’。于是吾族人年月出入世事之大小，咸于此开会处理之，盖如是始足以维持于永久焉。”邱公司数年后在院埕一侧兴建洋楼式宗议所，以处理族人事务。

图 5.3.20　邱公司现于大铳巷主入口

图 5.3.21　邱公司于段罗申街入口

图 5.3.22　邱公司于本头公巷入口

图 5.3.23　邱公司于大铳巷主入口及两侧店屋

“新堂宇落成后，吾先贤为使族人子弟有就学之机会，爰于一九〇七年假堂宇内创设新江学校，免费教育族人子弟，开姓氏宗祠提倡兴学教育之先河。”、“民国九年（1920年）春，适逢邱天德园出售，当时诸董事有意创设家塚，乃集会议决，拨出巨款，并授权家衡本负责洽购。该园地段计三百七十九英亩，即今之新江园，内划出老孝山地段十七英亩为吾族之家冢，并积极进行向当地政府申请冢场准字，至民国十一年（1922年）五月十七日承当地政府批准，即将园内之别墅改为塚亭，额曰：慎远亭，以供族人逝世出殡时，作为丧家及亲友执绑休息之所，自后按年于斯举行春祭，以安灵爽。”[1] 由上谱牒资料记载，于1907年开始于公司内设立邱氏家族学堂，免费教育族人子弟。1920年购置邱天德园，并将其中老孝山地段17英亩地作为邱氏家冢，其中园内塚亭由别墅改造而来，以料理族人终老问题。宗议所为诸董事议事及处理族务所用，是五大姓公司聚落的重要组成部分，除陈公司外都有独立的建筑用地，其多位于内部院落空间一侧，并朝向公共空间。

[1] 许金顶编著．新阳历史文化资料选编[M]．广州：花城出版社．2016：158-159.

邱公司宗议所位于聚落内广场西侧，坐西南朝东北。入口门额悬挂“宗议所”牌匾，门窗及壁堵装饰精美，并采用塌寿形式突出入口空间。建筑为竖向三段式对称构图，立面装饰丰富，窗户拱券形式有平拱和半圆拱，带有仿科林斯柱头的附壁柱强化了竖向的构图形式。中央山墙高于两侧，山墙上为“太极九星双蝠（福）”图，窗顶上的“狮子咬剑”灰塑图案，镇宅辟邪，是中西合璧的做法（图 5.3.24—图 5.3.26）。

图 5.3.24 龙山堂邱公司宗议所与戏台

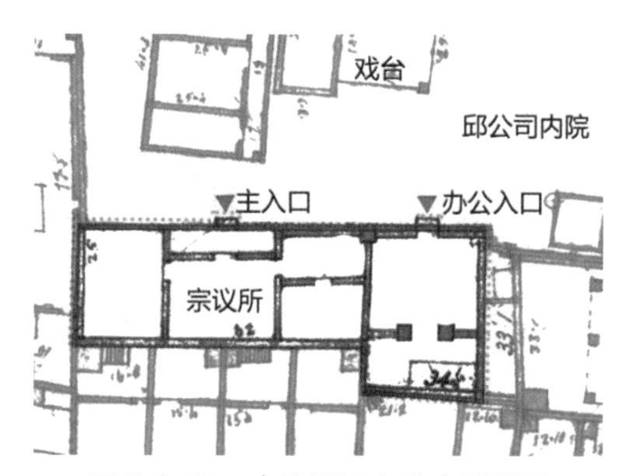

图 5.3.25 宗议所及办公室平面图

图 5.3.26 塌寿形式入口空间

（c）戏台

华人于公共空间设置戏院等娱乐设施，槟城五大姓家族中的邱公司、杨公司也在自己公司厝内设置戏台。公司内戏台与宗祠正对，在家族庆典时可请戏班演戏酬神、娱乐宗亲。戏台为闽南式，由前台、后台两部分组成，正立面为三开间布局，前台屋顶为歇山顶，脊饰以剪黏为主，山墙以灰塑和剪黏的狮子衔绣球作为装饰（图 5.3.27，图 5.3.28）。台上作为舞台背景的太师壁雕饰丰富，九片隔扇中，中央平立五扇，左右四扇呈八字外开。石埕广场视线开阔，族人可以坐在宗祠二层或是庭院看戏。这同样证明了戏曲场所的多样，无论名门望族的公司宅第、街区内部的茶馆戏院、抑或是街头闹市的草堂庙台，都构成了 19 世纪槟城华人社会的娱乐空间。

图 5.3.27　戏台外观

图 5.3.28　以灰塑和剪黏的狮子衔绣球装饰的山墙

5.4　谢公司和林公司的聚落与建筑

世德堂谢公司，原称谢家福侯公公司，或石塘谢氏世德堂福侯公公司，始创于 1810 年，是海澄三都石塘社谢氏族人在海外生息繁衍，聚族而居后所建的大宗祠。与邱氏族人相似，在槟城开埠之初就有族人参与城市的拓荒垦殖，据同治初年刊印的《谢氏家乘》的统计显示，自 18 世纪乾隆至 19 世纪中叶咸丰年间，葬于槟城的族人共计 110 人。[1]

据地契可考，谢家先辈以“二位福侯公”名义，于 1820 年购置第一笔产业。1828 年，谢清恩、谢寒掩与谢大房联合以“谢家福侯公公司”的正式名称，购买建立祠庙的现址。据同治十二年（1873 年）《宗德堂谢家庙碑记》中记载，“由是其贤而好义者，追本溯源，不忘所自，遂于咸丰八年（1858 年）鸠集宗人捐资，择告合议以福侯公租屋之所，以定庙基，复以旧存租项有余者为之田计，縻费白金一万二千三百六十七元有奇，始足告成名之曰宗德，以福侯二公配焉，今则面貌峥嵘，俎豆维新矣。”可见直到 1858 年，谢氏族人动用积存的族产 12367 元，在公司屋业的地址上建造起祠庙建筑，

[1]（马）陈剑虹，黄木锦 . 槟城福建公司 [M]. 槟城：槟城福建公司，2014：50.

当时称为宗德堂谢家庙,供奉两位福侯公。1912年由谢自友等人申办谢氏家冢正式启用,1919年谢四端等筹设的石塘谢氏育才学校开课,对族人的发展具有重要意义。而后于1933年宗祠进行重修的同时,统一了与原乡石塘社的祖祠名字,都称为石塘谢氏世德堂福侯公公司。

与谢公司相邻的九龙堂林公司,同样是来自海澄三都鳌冠社的林氏族人所创建,并且鳌冠社与谢氏原乡石塘社也是相邻村社。据族谱序载:"至清道光元年(1821年)年,林让公之一名后裔陪同厦门若干人南来,抵槟城卜居,自斯而后,迨至太平洋战争爆发时为止,林让公之后裔,曾经往来于两地之间,从无间断。"[1]可见林氏族人抵达槟城时间相对较晚,并与原乡保持密切联系。1863年,族长林清甲在槟城组设敦本堂及勉述堂,在槟城港仔口街164号恒茂号暂设联络处。至1872年林氏九龙堂建成之后,两堂迁入九龙堂内,同处一个屋檐下但各自处理堂务,继续供奉大祖和二祖两位圣侯。1908年,林氏九龙堂附设林氏两等学校为林姓族人提供免费教育。[2]

5.4.1 街区布局

谢公司与林公司毗邻,同处于一个大的街区之中,故在本节作一整体讨论。其所在街区由椰脚街、牛干冬街、中街及本头公巷围成,位于邱公司街区与初期街坊之间,主要包括谢公司、林公司、韩江家庙、马来人住区及周边店屋五个部分(图5.4.1)。对比19世纪末和20世纪的街区地图,可以看出道路系统和马来村庄(Kampung Takia)发生较大变化。早期聚落中内部道路狭窄,道路之间互不相通,到20世纪街区内部后巷的增加以及阿贵街和毕特巷的拓宽与建设,原有马来村庄的高脚屋转变为现街道两侧的现代住区,从住区立面上仍可见马来人的建筑元素(图5.4.2)。与林公司仅有一墙之隔,保留有一座穆斯林的学校,沿街设置有五脚基(图5.4.3)。

谢公司由祠庙建筑世德堂、宗议所以及周边的店屋组成,院落为不规则多边形。其东北侧紧邻林公司,林公司由祠庙建筑、宗议所组成,与店屋共同构成围合的聚落。早期谢公司与林公司之间还有密道相通,可见当时关系非常密切并能互帮互助。潮州人的会馆同样也位于该街区内,韩江家庙位于街区东北角,附设韩江学校(现为办公楼),面牛干冬街而建,建筑无围合建设,较为开放,建筑前端带有五脚基,与周边店屋形成连续的步行空间(图5.4.4)。

---

[1] 厦门市海沧政协文史委员会.厦门海沧文史资料 第二辑[M].厦门:海沧区政协文史委员会,2005:154.

[2] (马)陈剑虹.槟榔屿华人史图录[M]. Penang:Areca Books,2007:64.

图 5.4.1　谢公司与林公司街区布局

图 5.4.2　原有马来高脚屋改建为现代住宅

图 5.4.3　保留有带五脚基的马来学校

图 5.4.4　韩江家庙与韩江学校沿街立面

5.4.2　祠庙建筑

（a）世德堂谢公司

谢公司祠庙建筑坐西北朝东南，背山面水之势。公司规模较大，以平面而言是主殿前带拜亭，左右以过水廊连接护室的布局，主体建筑与两侧护厝都为两层，串通楼层的楼梯设在过水廊处。主体建筑平面呈凸字形，面阔五开间，中央拜亭突出，造型别致，属于出龟洋楼式（图 5.4.5）。

正屋身形似寺庙正殿抬高成二层，上下楼各分三室，上层为正式空间，下层为次要空间。楼上正殿分为三龛：中龛主祀谢氏大宗同宗的先贤谢安夫妇，并供奉谢氏列祖神位；左龛则祭祀二位福侯公；右龛祭祀大使爷谢玄、清水祖师与福德正神。与邱公司相似，呈"神祖分列"的空间安排。五大姓公司里，唯有谢公司在正堂同一空间内，同时奉神和祀祖，可以说是神祖不分的祠堂兼寺庙（图 5.4.6—图 5.4.9）。

世德堂在构造上大部分为闽南建筑的做法。其主殿和拜亭皆为曲面和曲脊翘角的屋顶，屋脊上饰有五彩缤纷的剪黏和灰塑。屋架以"三通五瓜"之大木作构架。在墙面和屋顶砖瓦方面，多呈红色系。而其属于西洋元素的部分，主要表现在几个地方：砖石基础构成一层入口门廊空间；柱头结合西方爱奥尼式，并加入狮子元素；1933 年谢公司世德堂进行翻新，以西洋石狮取代中国石狮，一改瑞兽装饰传统，以西洋石狮守门的华人祠堂。是一座典型的中西结合的华人祠庙建筑（图 5.4.10—图 5.4.12）。

图 5.4.5　谢公司祠庙主立面外观

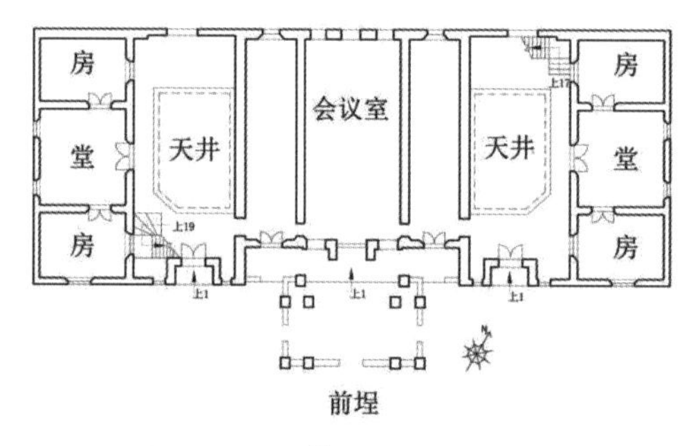

图 5.4.6　谢公司一层平面图

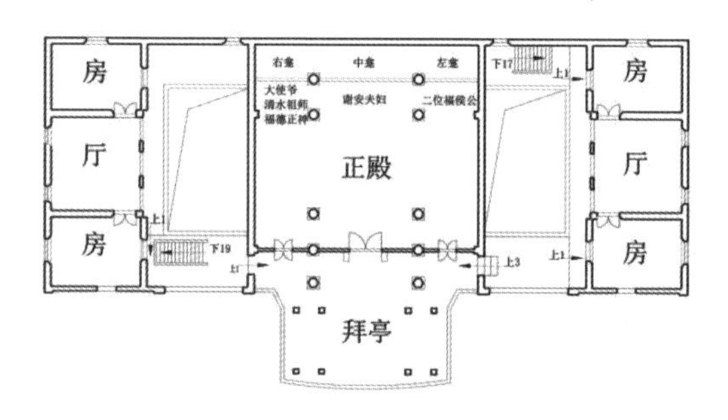

图 5.4.7　谢公司二层平面图

图 5.4.8　世德堂正殿

图 5.4.9　世德堂山墙

（b）九龙堂林公司

与世德堂谢公司毗邻的林公司，其建筑朝向却正好相反，坐东南朝西北，单层二进式的林公司为宗祠建筑形式，首进为前殿，第二进为正殿，并通过左右廊道连接两厅，天井居中。三开间的前殿分内外两部分，外部是有两根龙柱的步口廊，正墙面开三个

图 5.4.10　谢公司祠庙拜亭外观

图 5.4.11　谢公司祠庙外来元素

图 5.4.12　谢公司祠庙拜亭栋架

门。林公司是寺祠合一的公司建筑，前殿设神龛为神殿，悬挂匾额“慈惠庙”，中央置龛祀天后圣母，配祀福德正神及黑虎将军。第二进后殿才是祠堂部分，设神主龛祭祖。所以以祭祀功能而言，是“前庙后祠”或“前神后祖”的空间排列。反映在形体上则是前殿高于两廊，后座又高于前座，体现的是一种前低后高的传统空间（图 5.4.13—图 5.4.15）。

图 5.4.13 林公司祠庙主立面外观

图 5.4.14 林公司祠庙祭祀空间

图 5.4.15 林公司祠庙屋顶脊饰

5.4.3 附属建筑

（a）公司出入口

根据谢公司介绍，谢公司聚落在建成之初，并在林公司建成以前设有两个入口：一是通向阿贵街的侧门，但在林公司建立之后封堵，通到该区域的四方巷则成为尽端路。另一个是朝向本头公巷，从 kelly map 中也可以清楚看出，今天仍保留作为谢公司的主入口。入口为精致的单开间闽南样式门楼，与两侧双层骑楼同高，以塌寿形式设置入口缓冲空间，其腰堵和顶堵都有精美的装饰，门额高挂由族人谢增煜书写的“宝树”二字，形成别致的入口空间（图 5.4.16，图 5.4.17）。位于中街一侧原为谢公司产业的店屋，在 2008 年大火中烧尽，取而代之的是谢公司的围栏和精美大门，使得谢公司建筑和院落更为开敞（图 5.4.18）。

从老地图可以看出，与谢公司毗邻的林公司原有主入口面向中街，位于店屋之间。现于中街仍设置有一处侧入口，但与原有主入口位置不同。林公司靠近阿贵街一侧为长条形店屋，自阿贵街建成后，店屋后段靠近林公司院落处拆除，改为大门用地。大门以钢筋混凝土结构结合三川脊屋顶做法，单层店屋高度，五根立柱构成较大的入口空间（图 5.4.19，图 5.4.20）。

图 5.4.16　谢公司主入口

图 5.4.17　谢公司沿中街一侧大门

图 5.4.18　谢公司主入口精美木构与“宝树”门额

图 5.4.19　林公司侧入口

图 5.4.20　林公司沿阿贵街主入口

（b）宗议所

谢公司宗议所位于院落东侧，坐东北朝西南，朝向公司院落空间。建筑一层原为教室，作为族人的教育场所，现作为谢氏族人历史拓荒展示区，二层为办公及议事空间。建筑为硬山顶，上盖嘉庚瓦，圆脊形山墙。一层外部空间结合挑出阳台形成“一”字形柱廊，入口上悬“议所”匾额，两侧对称设置有弧形窗。因主立面朝西，屋顶挑檐遮盖百叶窗减少阳光直射（图 5.4.21）。林公司宗议所较为简洁，与祠庙建筑相面而建，坐西北朝东南。建筑为钢筋混凝土结构，屋顶为坡屋顶，上盖波形瓦（图 5.4.22）。

图 5.4.21　谢公司宗议所

图 5.4.22　林公司宗议所

5.5　杨公司的聚落与建筑

植德堂杨公司，全称为霞阳植德堂杨公司，是海澄三都霞阳社杨氏族人在槟城聚族而居后所建的大宗祠。杨氏族人在嘉庆年间（1796—1820 年）最早来到槟城是在望

兰卡 [现在的巴都茅（Batu Maung）] 落脚，设立四知堂作为议会之所，并供奉原乡保护神使头公，后搬至乔治市柴路头 3 号现址，仍沿用四知堂，购置房产则使用使头公名义，后称霞阳社杨公司或是应元宫杨公司。[1] 而《槟榔屿漳州会馆八十周年纪念特刊》中记载，最早是 1814 年在日落洞某地组织霞阳植德堂公司，确切信息已无据可查。

据光绪二十六年（1900 年）《槟城杨氏应元宫碑记》所记，"窃谓槟城之有应元宫也由来久矣，溯自中朝道光间，我霞阳社杨德卿公派下裔孙经商于此，携有使头公神像香火昕夕祀焉，逮阅时既久，聚族繁多生涯畅茂，佥曰非神灵呵护之力不及此，于是一潜首倡族人捐派缘金，遂建此宫于槟城之西，巍峨壮丽美轮美奂，中祀使头公，并设立公司以为宴会族人之所。夫使头公何神？我霞阳应元宫内敬奉之神也，今既以应元名宫而又以其神祀之于内，譬如木本水脉，脉络承接，固非他里居之可能伪托，又非诸同姓之所能混淆也。"[2] 碑刻中亦无记录准确的时间和地点，但可以看出保护神使头公由来已久，并定位为霞阳应元宫，于祠庙正中祭祀。

杨公司正前端建有戏台，根据 1904 年以四知堂规范节庆时观赏大戏细则推测[3]，戏台建造时间应早于此，可惜在第二次世界大战期间炸毁不复重建。1929 年在院落左侧建成霞阳植德堂杨公司议所，作为办公及议事之地。民国初年办有植德堂杨氏学校，为宗亲子弟提供教育。

5.5.1　街区布局

杨公司所在街区由港仔口、柴路头、海墘路及大街路头围合而成，主要由杨公司和其他店屋及仓库等组成（图 5.5.1）。至 20 世纪中期，街区发生明显的变化。海墘新街的建设将街区一分为二，靠近港仔口一侧除新建设市政府机关办公室外，多以店屋的形式保留使用（图 5.5.4），而靠近海乾路一侧多以办公建筑和商业建筑取代原有的店屋和仓库。可见该时期的杨公司街区更主要的是以柴路头、港仔口及海墘新街所围成。

街区内建筑都为线性分布，除杨公司内部院落外，无形成明显的围合聚落空间。杨公司由祠庙建筑植德堂、宗议所组成"L"形布局，与两侧道路共同围合形成公司院落（图 5.5.2）。与其他四姓公司相比，无明显的防御性特征，靠近柴路头一侧仅有围墙作为空间分隔，入口也开向主要的人流路段。杨公司前方仓库为早期购入的公司资产，

---

[1]（马）陈剑虹，黄木锦 . 槟城福建公司 [M]. 槟城：槟城福建公司，2014：71.

[2] 许金顶编著 . 新阳历史文化资料选编 [M]. 广州：花城出版社，2016：33.

[3]（马）陈剑虹，黄木锦 . 槟城福建公司 [M]. 槟城：槟城福建公司，2014：73.

建筑仍保留，现今出租作为仓库和部分居住使用（图 5.5.3）。

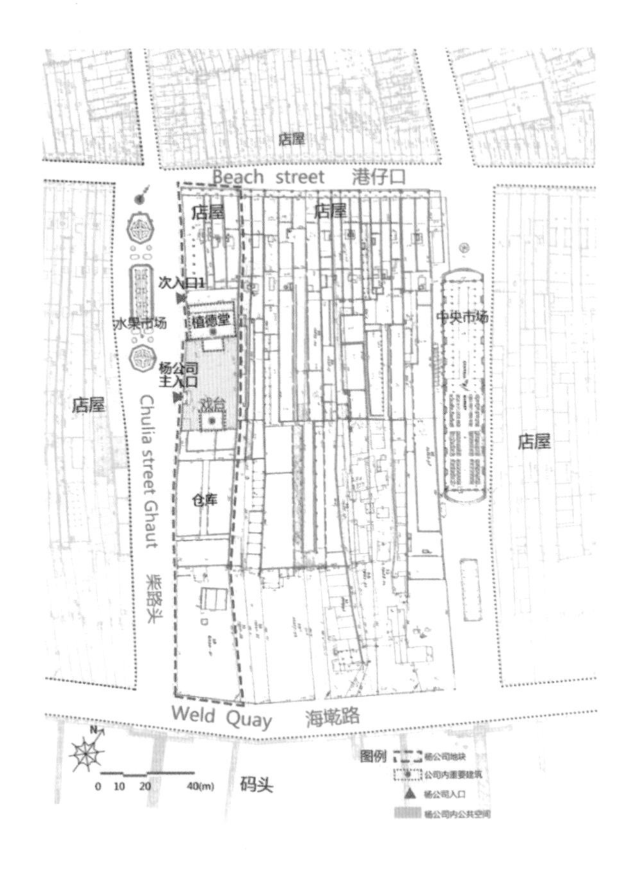

图 5.5.1 杨公司街区布局图

图 5.5.2 杨公司聚落外观

图 5.5.3　杨公司仓库

图 5.5.4　港仔口店屋，原杨公司主入口位置

5.5.2　祠庙建筑

杨公司祠庙建筑坐西北朝东南，正对戏台（现已拆除）。主体建筑为两层，平面呈凸字形，面阔五开间，中央拜亭突出，造型别致，属于出龟洋楼式。正屋身部分形似寺庙正殿抬高成二层，这种把主要的空间抬高到二层的做法具有本地马来高脚屋的影响因素。上下楼各分三室，楼上属正式空间，相当于寺庙的地面层，楼下是次要空间，是四间栈房和一间会议室。楼上的中室祭祀的是先祖使头公，保生大帝等神明，左室为杨氏祖先灵位，右室奉祀大伯公（图 5.5.5）。

建筑正身一层入口门廊是砖砌墙体和硕大方柱，二楼全然是闽南建筑构造，有方、斗栱、托木和弯枋，梁架门窗之木雕精雕细琢，安金，颇为壮观。拜亭屋顶为歇山式，正身屋顶为硬山式，正脊翘扬，采用三川脊做法，屋脊和牌楼饰有五彩缤纷的剪黏和灰塑（图 5.5.6，图 5.5.7）。

图 5.5.5　杨公司祠庙建筑外观

图 5.5.6　杨公司祠庙拜亭

图 5.5.7　修缮中的杨公司祠庙栋架

5.5.3　附属建筑

公司出入口

杨公司共设有三个出入口，早期主入口设置于柴头路，紧邻水果市场，并设置凹寿式入口空间。自海墘新街建成后，主入口改从海墘新街进入，该时期无戏台遮挡，空间较为开阔，入口为单层单开间布局，屋顶为硬山顶，“水”形山墙，屋面采用红色筒瓦，角牌用白石砌成，门额上挂有“植德堂”牌匾，是闽南风格的门楼。现于柴路头仍设有两个墙街门，但无设置入口缓冲空间和过多装饰（图 5.5.8—图 5.5.10）。

图 5.5.8　杨公司主入口

图 5.5.9　杨公司于柴头路所设墙街门

图 5.5.10　杨公司于柴头路所设墙街门

宗议所

相比邱和谢公司，杨公司所在地块较为狭长，其宗议所也为窄长设计，位于院落东北侧，与祠庙建筑同向，坐西北朝东南。建筑分为两部分，靠近主入口位置为单层平屋顶，靠近祠庙部分为双层坡屋顶，上盖波形瓦。建筑山墙部分装饰精美，并刻有“1929”以表建筑建造年代。宗议所主入口朝向院落空间，主立面带有均匀分布的附壁柱，采用爱奥尼柱式，主入口上覆带有蛎壳玻璃的巨大顶棚，常见于西方殖民者洋楼建筑，入口上悬匾额“族议所”，意即处理族人事务之所（图 5.5.11，图 5.5.12）。

图 5.5.11　杨公司宗议所主立面

图 5.5.12　杨公司宗议所侧面山墙

5.6　陈公司的聚落与建筑

颍川堂陈公司，原称陈圣王公司，是来自福建闽南陈氏族人在槟城所创立，因共同奉祀开漳圣王而结成互助神明会，也是槟城历史最悠久的姓氏血缘组织之一。与其余四姓不同的是，陈公司族人组成无固定的地缘限制。

据陈公司祠堂内 1810 年《槟城大街 13 号屋地契》记载，“盖闻，公业虽籍，神之所建夫，蓄积必因人而所成，惟值事之人秉公方能有成，前栽陈姓名，虽意者有置厝一间，因其身故无所归，着是以众议将此厝配入焉。”是1810年由陈氏族人捐赠作为陈公司的第一间产业，原地契显示位于乔治市东北区 Lot 317,TS XX，即大街13号产业。公司约于道光辛卯年（1831年）依云霄祖庙原名，正式创建威惠庙，奉祀开漳圣王陈元光，及其副将辅顺将军和辅胜将军。

1857年，由陈氏族人陈瑞吉等人筹资购买打铁街现址，直至1878年建成一座两进的开张圣王庙。光绪戊寅年拾月《开漳圣王碑》中记载，“然洋溢乎中国者，亦既施及蛮貊，等念切尊亲情殷颎族，因拾经商服贾之中捐题白银，建立家庙，务使血脉相通，休戚相关，庶为昭为穆，无致混淆。”，可见陈氏族人将开漳圣王庙正式明文定为陈氏族人家庙。建筑前称“威惠庙”后设“颍川堂”，同时也在祠庙四周购地建屋，或陈氏族人自行建屋，形成公司聚落。1917年附设陈氏学校，后称颍川学校，培育人才。

5.6.1　街区布局

在五大姓公司中，陈公司与初期街坊距离较远，所在街区由打铁街、台牛巷及甘榜内横路围合而成，主要包括陈公司、永大馆及四周店屋或排屋三个部分。通过对比历史地图，该街区未发生较大的变化，根据平面布局推测，街区西北角原有一座孟加楼，现已拆除改建为店屋（图5.6.1）。

图5.6.1　陈公司街区布局

陈公司位于街区中心，北侧 15 间排屋为谢氏公司产业，永大馆位于街区东南角，后退道路形成自己的入口空间。陈公司由祠庙建筑颍川堂、牌楼及两侧的店屋组成，形成“凸”字形空间布局。公司仅设有一处入口，从早期 kelly map 可以看出入口较为狭窄，入口处两侧建筑现已拆除，店屋侧面构成入口空间，与四周店屋共同构筑聚落的防御功能（图 5.6.2—图 5.6.4）。

图 5.6.2　陈公司内部排屋

图 5.6.3　位于甘榜内横路的永大馆

图 5.6.4　甘榜内横路内谢氏公司所属排屋

5.6.2　祠庙建筑

与林公司相似，单层二进式的陈公司为宗祠建筑形式，首进为前殿，第二进为正殿，并通过左右廊道连接两厅，天井居中。三开间的前殿分内外两部分，外部是有两根龙柱的步口廊，正墙面开三个门。陈公司是寺祠合一的公司建筑，前殿设神龛为神殿。正门悬匾题“威惠庙”，主祀开漳圣王，配祀清水祖师。第二进后殿才是祠堂部分，设神主龛祭祖。所以以祭祀功能而言，是“前庙后祠”或“前神后祖”的空间排列。反映在形体上则是前殿高于两廊，后座又高于前座，体现的是一种前低后高的传统空间构图（图 5.6.5—图 5.6.9）。

从五大姓公司祠庙的建筑形式可以看出，邱、谢、杨是较早成立的公司，以闽南寺庙建筑构造语汇，融合孟加楼楼层化的特征，形成了槟城华人特殊出龟洋楼式的祠庙。而建立稍晚的林和陈两公司为单层二进式风格，它反映出 19 世纪已有相当部分的五大姓族人，侨居较久者的在地化，或土生新生代对生长环境的积极性文化的选择和适应。同时从出龟洋楼式风格到单层二进式风格的转变可以看出，首先是城市排水的状况得到改善；其次，原为马来镇的区域已经福建化，华人的传统文化与传统建筑形制进一步得到体现。

图 5.6.5　陈公司祠庙建筑外观

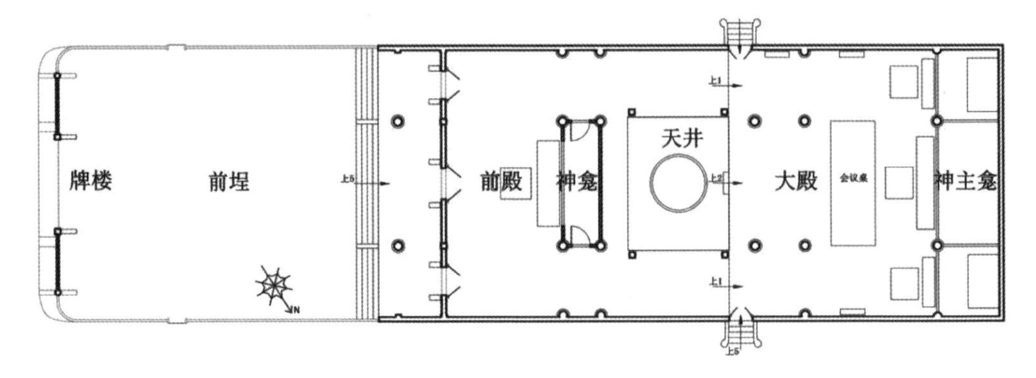

图 5.6.6　陈公司祠庙建筑平面图

图 5.6.7　颍川堂陈公司入口空间

图 5.6.8　陈公司内部空间

图 5.6.9　陈公司正立面

5.6.3　附属建筑

公司出入口

陈公司聚落入口朝向打铁街，初建时无大门或牌楼建筑，从 Kelly Map 中可以看出，入口狭窄，不足有一间店屋的宽度，根据平面两侧为过街楼。二战后陈公司重修并增建正门牌楼，工程于 1949 年建竣，并举行庆典（图 5.6.10）。[1] 族人欢聚一堂，举行祭祀活动，可见公司祠庙对华人的重要影响。牌楼为钢筋混凝土结构，平面为四柱三开间布局，屋顶分三段，中央高于两边，是断檐升箭口的形式。牌楼左右填充砖墙面，并设有竹节圆窗，门额悬挂“颍川堂”以示不忘陈氏的郡望源头（图 5.6.11，图 5.6.12）。

---

[1]（马）陈剑虹 . 槟榔屿华人史图录 [M]. Penang：Areca Books，2007：12.

图 5.6.10 1949 年牌楼竣工庆典

图 5.6.11 陈公司闽南式牌楼入口

图 5.6.12 陈公司入口空间及两侧店屋

结语

东南亚华侨建筑的保护与传承

近代时期西方殖民者东来与中国移民下南洋在东南亚发生了历史性的交汇与碰撞，从新加坡、菲律宾、马来西亚、印尼到越南等国家都可以看到中西方文化在城市乡村、建筑艺术等方面的传播交流和影响。虽然中国移民和西方殖民者同为东南亚的“外来者”，但与欧洲殖民者强势的殖民征服与同化方式不同，他们带来了原乡富有深厚文化意蕴的生活方式，又能尊重当地迥异的文化习俗，在既有殖民城市规划与复杂社会环境下积极进行文化调整与适应生存，融入东南亚当地社会并推动城市建设发展，建构出与各外来及本地族群和谐共生的社会空间。就城市与建筑艺术而言，这些海外的华侨建筑和聚落被当地社会所接受和认同，2008 年马来西亚的乔治市和马六甲作为马六甲海峡历史城市被列入世界文化遗产名录，具有普世的文化以及艺术价值。华侨建筑的保护不仅是保护当地华人自己的传统文化，从东南亚丰富多彩、形态万千的建筑与文化中可以看到，这也是保护这些珍贵的东南亚多元文化共存社会价值的重要历史见证。

在马来西亚各地，多年来，华人社会团体、学术机构、古迹修复师等专家的倡议下，华侨建筑的文化遗产价值从早期的漠视排斥到逐渐被社会各界所认知和接受。“一座城市，唯有更多文字的记载，更多文物的保留，才能丰富动人。我们的首都吉隆坡，正一点一滴的铲除先贤留下的历史文化资产，她将变成一个没有故事，没有历史的城市，后人不再珍惜她。”[1] 面对马来西亚首都吉隆坡的文化及历史所遭受的严重破坏，古迹保护建筑师张集强发出这样的感慨。让人痛心的是以经济发展、城市建设为借口对于当地华人建筑遗产不但不加以保护，更是遭到相关利益团体大肆拆除与破坏。1991 年新

[1] （马）张集强 . 消失中的吉隆坡 [M]. 吉隆坡：大将出版社，2012.

山柔佛古庙古山门被拆事件，推土机直接摧毁了古庙山门和风雨亭；2006 年吉隆坡华侨蔡正木故居（The Bok house）[1] 在华侨社团及当地民众的反对声中依然被发展商拆除；2010 年槟城派吉路（Lorong Pykett）已故泰国橡胶之父许心美 [2] 故居被强行拆除；2014 年柔佛州华侨黄亚福 [3] 百年故居被开发商夷为平地等。

从马六甲的“三宝山事件”开始，当地华人社会对自身建筑遗产保存进行不懈的集体抗争。1983 年先后有马六甲首席部长、州政府以经济发展集约土地为由，致函拥有三保山 [4] 产权的青云亭管委会，要求搬迁华人传统的三保山进行土地商业开发。当地华人社会随即发动“反对铲平三保山”运动，并获得雪兰莪、森美兰中华大会堂、柔佛华商联合会、马来西亚中华联合会等华社联合支持，坚决反对将三保山作为商业发展用途。经过 3 年的博弈，最终政府决定同意保留三保山，由青云亭负责美化三保山，拨款作为三保山基金，同时把三保山列入历史文化区。[5] 之后吉隆坡旧飞机场路义山 [6] 也曾面临被铲平的危机，在华社全力抗争下得以保全。1994 年至 1996 年，吉隆坡广东会馆、福建会馆、广西会馆等管理义山的华侨社团先后收到义山征用和搬迁通知，被告知政府有意收回义山发展为现代化城市，并委托为私人开发商进行商业开发，在华社的努力下，政府决定不将义山搬迁，并由华人对义山进行美化与维护。

这些遗产事件引发了马来西亚当地华人社会认真思考和讨论保留历史遗产的问题，“经济发展是否必然以牺牲文化古迹为代价”，探讨文化遗产保护与经济发展之间的关系，也明确提出“华人的历史和文物应受到举国人民的尊重和维护”，华人社会各阶层借着这个机会学习吸收有关文化遗产与古迹保存的专业知识。如后辈子孙由于经济等

---

[1] 蔡正木（Chua Cheng Bok），是 20 世纪上半叶马来西亚最杰出的华商之一。蔡正木故居建于 1929 年，位于吉隆坡安邦路 121 号，距离双子塔不足 100 米，是全市土地价值最昂贵的地段。

[2] 许心美（1857—1913 年），泰籍华裔，泰国“橡胶之父”。父亲许泗璋原籍福建省漳州市龙溪霞屿乡。

[3] 黄亚福，马来西亚柔佛州著名的港主和企业家，原籍为广东台山县。于 1854 年移居新加坡，从一名木匠发展成橡胶种植园主及建筑商，并成为柔佛州政府的主要建筑承包商，于新山承建许多历史建筑物，包括柔佛大皇宫和新山监狱。

[4] 三保山（Bukit China）是标志马六甲王朝在 I5 世纪时，苏丹满速沙与中国新娘汉丽宝之间的异族比冀连理，含有巫、华两族亲善的历史渊源。据传说，当时陪同她远渡南邦的，有 500 名明朝的随从，满速沙苏丹让他们在离海岸不远处的山丘上建立家园。直到 17 世纪中叶，改为华人坟场，即今为青云亭所拥有主权的三保山。“三保山”是纪念三保太监郑和，及对马六甲王朝与当时华人披荆斩棘、跟友族协力同心建设马六甲的功绩。参见《中国报》社论 . 改名解决不了问题 [M].//（马）陈亚才 . 留根与遗恨：文化古迹与华人义山，吉隆坡：大将事业社，2000：75.

[5] （马）陈亚才 . 留根与遗恨：文化古迹与华人义山 [M]. 吉隆坡：大将事业社，2000：49-83.

[6] 旧飞机场路约 500 英亩义山，包括有广东义山、福建义山、广西义山、锡兰佛教徒坟场、罗马天主教坟场、兴都教火葬场、锡克教火葬场及日本人坟场。

方面的问题，不少华侨建筑任由荒废，包括武吉淡汶的甲必丹许武安[1]宅邸、连瑞利故居，以及乔治市的时中分校[2]等承载着华侨重要历史记忆的建筑遗产，面临着荒废和倒塌的危机（图 6.1.1，图 6.1.2）。另有华人业主不同意政府介入修缮，加剧建筑的损坏，更有甚者试图将其拆除另建高楼或售卖给地产商开发使用，都使得古迹遭受无法挽回的毁坏。有什么建筑值得保护？屋主懂得欣赏古迹吗？城市交通拥堵谁愿意住在市区的老屋？如何让民众爱上古迹？这些是当时华人社会关于历史遗产保护讨论的部分议题。

当地华文报纸对华侨建筑的保护情况进行大量的报道，如《光明日报》于 1997 年连续对华侨建筑修复错失问题进行多篇专题解读，让读者了解文化上的损失，以激发更多民众主动加入到保护华侨建筑的行列。2018 年 9 月《东方日报（马来西亚）》发表文章“修复历史建筑，助唤醒重视古迹”，报道古迹修复师陈旭宏对新山直律街[3]18 座店屋进行修复前的历史研究，并希望通过历史建筑的修复，唤醒华人社会对各类古迹的重视。在马来西亚各地调研可以发现在华侨社团宣传栏上有相关历史建筑维护动态。在对华侨建筑的保护过程中，各地华人社会的民间社团发挥重要的作用，不仅通过对大众进行普及等手段推动古迹的保存，同时也协助政府推行文化遗产管理、监督政府的计划实施。

图 6.1.1 时中分校旧影为五层洋楼

图 6.1.2 时中分校荒废现景

[1] 许武安（1835-1906 年），是威南的潮州先籍许栳合之子。是武吉淡汶（Bukit Tambun）的开埠功臣，在威省至霹雳一带经营蔗园等生意，1890 年受委为海峡殖民地及马来西亚的劳工状态调查委员会的唯一亚洲籍委员。

[2] 时中分校，原为五层洋楼，建于 1880 年代，是谢德泰（石塘谢氏公冢创始人谢昭盼第五子）私邸，于 1908 年售出以支持孙中山革命。第二年作为酒店重新开张，直到 1910 年售卖给 R. N Brunel-Norman 并改名为 Raffles 酒店。到 20 世纪 20 年代，这里作为政府英文学校，并在 1930 年代租予时中分校多年。1941 年第二次世界大战时被迫搬离，于 1949 年搬回，一直使用到 1994 年。原文引自：Marcus Langdon, Keith Hockton. Penang, Then & Now: A Century of Change in Pictures [M]. Penang: Entrepot Publishing Sdn. Bhd，2019:202-204.

[3] 新山直律街（Jalan Trus），是新山老城区中代表性的历史街道之一。其中有大量的华人历史建筑，包括宽柔中学、陈旭年旧居、新山会馆、柔佛潮州八邑会馆，以及华人代表性建筑之一的柔佛古庙。街道两旁还保留有大量的店屋，但许多历史性的建筑物已不复存在。

据槟城古迹修复师陈耀威介绍，槟城在文化资产方面较活跃的社团主要有槟城古迹信托会，南洋民间文化，北马建筑师公会古迹常务委员会，自救会，槟城爱护古迹小组，乔治市文化遗产行动小组，槟城市民醒念团以及乔治市遗产行动等组织，单独或者联合共同解决华侨建筑遗产问题。不少古迹是在民间社团的推动下进行修复，如张弼士故居、大街 81 号店屋清和轩等。不过乔治市老屋的破坏，改建甚至拆除的数量远远超过被正确保存的。根据南洋民间文化社团统计，2006 年和 2007 年被破坏的老屋分别是 103 和 43 栋，到 2008 年申请世界文化遗产的时期仍有 53 栋历史建筑被拆除。有“百年老街”称号的吉隆坡苏丹街（Jalan sultan）保留有传承已久的酒店、社团和店屋建筑，与茨厂街共同承载了吉隆坡华人的集体记忆，因城市交通发展和捷运施工的压力，许多华侨经营的传统行业逐渐关闭甚至老建筑也被拆除，由民间团体主动发起“捍卫苏丹街”及“茨厂街社区艺术计划（2011）”等活动将部分历史建筑保留下来并在原有行业的基础上开发社区艺术产业。

纵观马来西亚华侨建筑的保护情况，槟城和马六甲在申请世界文化遗产[1]过程起到积极的推动与示范效应。槟州政府成立乔治市世界遗产机构，不仅与当地华社积极进行配合，还与非政府组织合作，推进各种古迹保护计划和宣传活动。对其核心保护区的建筑进行大规模的修缮与维护，如马六甲青云亭、槟城五大姓公司、韩江家庙等华人重要建筑，在古迹修复团队修复下重焕光彩。修复后的华侨建筑并开放给民众和游客参观，让更多的华人以及其他族群和国家了解华人的传统建筑以及祠堂内的物质及非物质文化，了解华人远赴南洋的奋斗史及对所在城市的贡献。自 2000 年新山中华公会联合各社团承办的第 17 届全国华人文化节，首次举办“华人历史古迹研讨会”，唤醒华社重视本身的文化历史及保护古迹的重要性。1985 年成立的马来西亚华社研究中心[2]近年来也多次举办文化资产的维护、保存与传承为主题的分享会。2015 年拉曼大学中华研究中心与马来西亚华社文化艺术咨询委员会联合主办“马华文化建设”学术研讨会，其中就有“华人百年城镇与古迹历史文化探析”为主题的研讨会。

对于当地华侨建筑的保护修缮技术，据槟城陈耀威介绍，“一级古迹的修复依照国际文化遗产保护原则及州政府古迹条规，并遵循以下修复原则：保存原有的建筑空间形

---

[1] 马来西亚在世界遗产名录包括砂拉越姆鲁山国家公园（2000 年）、沙巴京那巴鲁国家公园（2000 年）、马六甲海峡历史城市：马六甲和乔治市（2008 年）以及霹雳玲珑考古遗址（2012 年）。

[2] 马来西亚华社研究中心，简称“华社”，成立于 1985 年，是一所民办的研究机构，收集有关政、经、文、教等资料及资讯，并进行各项问题的研究。长期出版和发行相关成果，举办座谈会、研讨会、展览等。

制、建筑形体与风格、结构、材料、工艺技术与传统施工方法。”如槟城福德正神庙、韩江家庙等华侨建筑通过专家严格的历史与建筑研究，测绘与规划设计，修复工程依照上述原则以达到古迹的保护与修复。然而仍有大量的华侨建筑由于传统技术断层、彩绘匠师难寻、原有材料缺失、缺乏华人古建筑专家、业主的古迹保护观念缺乏以及经费不足等方面的问题，常在传统华侨建筑中使用现代钢筋水泥、贴现代瓷砖、改铺宫殿琉璃瓦以及简化原有精美装饰和结构，致使原本富有历史和文化价值的华侨建筑毁于一旦。特别是华人会馆、寺庙宗祠的建筑风格多与方言族群相关，常见有闽南式、广府式、潮州式等的样式材料工艺均各具特色并不相同，如果没有调查清楚误用匠师会造成修复后风貌错乱的现象，如槟城的海南会馆接近于广东系统，业主请来福建泉州的匠师进行修复工程，还在门口加建了一座闽南式的门坊，被称作“海南鸡饭变福建炒”，都会对建筑原貌造成不同程度的破坏。

图 6.1.3 文思古建团队修缮植德堂杨公司

图 6.1.4 文思古建团队修缮福德正神庙戏台

华侨建筑的保护修缮过程一般需要经过前期的历史研究，并由专业的修复团队进行修缮。据马来西亚古迹修复建筑师黄木锦介绍，“华侨建筑多由华人自己修复，其他族群只能配合一些简单的工作，对于彩绘、剪黏、大小木作等古建技术多是请中国不同地方的师傅来完成”。以文思古建团队[1]为例，长期在马来西亚等地修复华侨重要建筑，多与黄木锦建筑师事务所、陈耀威文史建筑研究室等当地古建修复事务所进行配合，包括霹雳太平凤山寺、槟城邱公司、马六甲青云亭、沙劳越古晋潮州公会会馆玄天上帝庙等修复工程（图 6.1.3，图 6.1.4）。其中青云亭和韩江家庙获得联合国教科文组织

[1] 文思古建工程有限公司，成立于 1992 年，是华人古迹修复及古建专业团队，主要修复中国、马来西亚、泰国及印尼多座寺庙、宗祠、会馆以及店屋等历史建筑。匠师主要来自福建泉州，精通大木作、小木作、泥水瓦作、剪黏和彩绘等营建技艺。

颁发的亚太区文化资产保护奖，邱公司修复工程获得2001年马来西亚建筑师公会古迹修复奖。

华侨建筑是随着华侨华人在海内外交流、迁徙、定居过程中形成的具有中外文化交流特点的建筑文化现象，海外侨居地建筑与国内侨乡建筑为近代华侨建筑研究的一体两面，是不可分割的有机整体。在华侨建筑研究上，通过与境外学术研究机构和华侨团体的合作，实地调查华侨在东南亚移民路线上的主要建筑类型，梳理出近代华侨建筑文化东南亚传播交流的历史进程和发展脉络，探讨近代华侨建筑在其移民、生存、适应和发展的衍化模式。在华侨建筑保护方面，境内外相互关联的华侨建筑历史资料的合作调查整理是进行保护修缮的研究基础，分布在境内外的历史资料具有重要的互补性，也包括华侨建筑的营造技艺，采取中国广府、福建、客家、潮汕等方言群的工艺技法，也糅合了东南亚各地的地方营建经验，并受到不同时期葡西英法不同殖民地的影响，是风格样式、材料工艺、历史发展复杂叠加的建筑博览馆，在海内外共同合作建立华侨建筑的专题资料库就显得非常必要了。

图表目录

参考文献

专（译）著：

[1] （马）安焕然．远观沧海阔：海南历史综述（海南岛·马来西亚·柔佛）[M]. 新山：南方学院出版社，2009.

[2] 不著编著者名氏，向达校注．两种海道针经 [M]. 北京：中华书局，1961.

[3] 陈支平．近五百年来福建的家族社会与文化 [M]. 北京：中国人民大学出版社，2011.

[4] 陈可冀．清代御医力钧文集 [M]. 北京：国家图书出版社，2016.

[5] 陈玉．文化的烙印：东南亚城市风貌与特色 [M]. 南京：东南大学出版社，2008.

[6] 范若兰，李婉珺，（马）廖朝骥．马来西亚史纲 [M]. 广州：世界图书出版广东有限公司，2018.

[7] 冯承钧．中国南洋交通史 [M]. 北京：商务出版社，2011.

[8] 新加坡福建会馆编委会．波靖南溟：天福宫与福建会馆 [M]. 新加坡：新加坡福建会馆编委会，2005.

[9] 顾卫民．葡萄牙文明东渐中的都市——果阿 [M]. 上海：上海辞书出版社，2009.

[10] 高琦华．中国戏台 [M]. 杭州：浙江人民出版社，1996.

[11] 邝国祥．槟城散记 [M]. 新加坡：星洲世界书局有限公司，1957.

[12] 刘朝晖．超越乡土社会：一个侨乡村落的历史文化与社会结构 [M]. 北京：民族出版社，2005.

[13] 李乾朗．台湾古建筑图解事典 [M]. 台北：远流出版，2003.

[14] 李恩涵．东南亚华人史 [M]. 北京：东方出版社，2015.

[15] （马）林孝胜．草创时期的青云亭 [M] // 柯木林，林孝胜．新华历史与人物研究，新加坡：南洋学会，1986.

[16] 林远辉，张应龙．新加坡马来西亚华侨史 [M]. 广州：广东高等教育出版社，2008.

[17] 刘崇汉．巴生港口班达马兰新庙宇文化初探 [M]. 吉隆坡：新纪元学院马来西亚与区域研究所，2014.

[18] 刘先觉，李谷合．新加坡佛教建筑艺术 [M].Singapore: Kepmedia International Pte Ltd，2007.

[19] 梅青．中国建筑文化向南洋的传播—为纪念郑和下西洋伟大壮举六百周年献 [M]. 北京：中国建筑工业出版社，2005.

[20] （美）孔飞力．他者中的华人：中国近现代移民史 [M]. 李明欢，译．南京：江苏人民出版社，2016.

[21] （美）芭芭拉·沃森·安达娅，伦纳德·安达娅．马来西亚史 [M]. 黄秋迪，译．北京：中国大百科全书出版社，2010.

[22] （美）麦克多诺等．酒店建筑 [M]. 董晓莉，译．北京：中国建筑工业出版社，2007.

[23] （马）陈剑虹，黄木锦．槟城福建公司 [M]. 槟城：槟城福建公司，2014.

[24] （马）陈剑虹 . 槟榔屿华人史图录 [M]. Penang: Areca Books，2007.
[25] （马）陈剑虹 . 走入义兴公司 [M]. Penang: CGT Quick Printer Sdn.Bhd，2015.
[26] （马）陈剑虹，陈耀威 . 福庇众生：槟榔屿本头公巷福德正神庙修复竣工纪念特刊 [M]. 槟城：Areca Books，2007.
[27] （马）杜忠全 . 老槟城路志铭，路名的故事 [M]. 吉隆坡：大将出版社，2009.
[28] （马）杜忠全 . 恋念槟榔屿 [M]. 吉隆坡：大将出版社，2012.
[29] （马）陈耀威（Tan Yeow Wooi）. Penang Shophouses:A Handbook of Features and Materials[M]. 槟城：陈耀威文史建筑研究室，2015.
[30] （马）陈耀威 . 甲必丹郑景贵的慎之家塾与海记栈 [M]. Penang: Pinang Peranakan Mansion Sdn. Bhd，2013.
[31] （马）朱志强，陈耀威 . 槟城龙山堂邱公司：历史与建筑 [M]. 槟城：槟城龙山堂邱公司，2003.
[32] （马）陈耀威 . 陈忠日木匠谈马来西亚槟城华人木屋的营建 [M]. // 陈志宏，陈芬芳 . 建筑记忆与多元化历史 . 上海：同济大学出版社，2019.
[33] （马）黄裕端 . 19 世纪槟城华商五大姓的崛起与没落 [M]. 陈耀宗，译 . 北京：社会科学文献出版社，2016.
[34] （马）卢林玲理（Lin Lee Loh-Lim）. The Blue Mansion: The Story of Mandarin Splendour Reborn[M]. Penang：L'Plan Sdn. Bhd，2002.
[35] （马）李荣苍 . 青云亭屋檐上失传的艺术 [M] // 马六甲历史文化资料特辑，南洋商报马六甲办事处，1989.
[36] （马）曾衍盛 . 青云亭个案研究：马来西亚最古老庙宇 [M]. 马六甲：曾衍盛，2011.
[37] （马）苏庆华，刘崇汉 . 马来西亚天后宫大观 (第一、二辑)[M]. 雪隆：海南会馆妈祖文化研究中心，2008.
[38] （马）陈爱梅，杜忠全 . 马来西亚霹雳怡保岩洞庙宇史录与传说 [M]. 北京：中国社会科学出版社，2017.
[39] （马）张少宽 . 槟榔屿华人史话 [M]. 吉隆坡：燧人氏事业有限公司，2002.
[40] （马）张少宽 . 槟榔屿华人史话续编 [M]. 槟城：南洋田野研究室出版，2003.
[41] （马）张少宽 . 槟榔屿福建公塚暨家塚碑铭集 [M]. 新加坡：新加坡亚洲研究学会，1997.
[42] （马）廖文辉 . 马来西亚史 [M]. 吉隆坡：马来亚文化事业有限公司，2017.
[43] （马）廖文辉 . 张礼千文集 第 2 卷 [M]. 吉隆坡：新纪元学院，2013.
[44] （马）游俊豪 . 广东与离散华人：侨乡景观的嬗变 [M]. 广州：世界图书出版广东有限公司，2016.
[45] （马）麦留芳 . 方言群认同：早期星马华人的分类法则 [M]. 台北：中央研究民族学研究所，1985.
[46] （马）麦留芳 . 早期华人社会组织与星马城镇发展的模式 [M]. 台北：中央研究民族学研究所，1984.
[47] （马）白伟权 . 柔佛新山华人社会的变迁与整合：1855-1942[M]. 吉隆坡：新纪元学院，2015.
[48] （马）陈亚才 . 留根与遗恨：文化古迹与华人义山 [M]. 吉隆坡：大将事业社，2000.
[49] （马）谢诗坚 . 槟城华人两百年 [M]. 槟城：韩江学院、韩江华人文化馆，2012.
[50] （马）王琛发 . 广福宫历史与传奇 [M]. 槟城：槟城州政府华人理事会，1999.
[51] 梅青 . 中国建筑文化向南洋的传播—为纪念郑和下西洋伟大壮举六百周年献 [M]. 北京：中国建筑工业出版社，2005.
[52] （日）今崛诚二 . 马来亚华人社会 [M]. 刘果因，译 . 槟城：嘉应会馆扩建委员会 . 1974.
[53] 柔佛古庙修复委员会 . 柔佛古庙专辑 [M]. 新山：新山中华公会、柔佛古庙修复委员会，1997.
[54] 书蠹（bookworm）. 槟榔屿开辟史 [M]. 顾因明，王旦华，译 . 台北：台湾商务印书馆，1970.
[55] 石沧金 . 马来西亚华人社团研究 [M]. 广州：暨南大学出版社，2013.
[56] 吴华 . 新加坡华族会馆志（三册）[M]. 新加坡：南洋学会，1974.
[57] 吴华 . 柔佛新山华族会馆志 [M]. 新加坡：东南亚研究所，1977.
[58] 吴华 . 马来西亚华族会馆史略 [M]. 新加坡：新加坡东南亚研究所，1980.
[59] 王忠义 . 新加坡天福宫建筑研究 [M]. 未知出版社，2001.

[60] 巫鸿 . 中国古代艺术和建筑中的“纪念碑性”[M]. 李清泉等，译 . 上海：上海人民出版社，2009.
[61] 吴龙云 . 遭遇帮群：槟城华人社会的跨帮组织研究 [M]. Singapore：Global Publishing，2009.
[62] 薛莉清 . 晚清民初南洋华人社群的文化建构：一种文化空间的发现 [M]. 北京：生活 · 读书 · 新知三联书店，2015.
[63] 许金顶编著 . 新阳历史文化资料选编 [M]. 广州：花城出版社，2016.
[64] 厦门市海沧政协文史委员会 . 厦门海沧文史资料 第二辑 [M]. 厦门：海沧区政协文史委员会，2005.
[65] （马）张集强，陈亚才 . 移山图鉴：雪隆华族历史图片集上册 [M]. 吉隆坡：华社研究中心，2013.
[66] （马）张集强，陈亚才 . 移山图鉴：雪隆华族历史图片集中册 [M]. 吉隆坡：华社研究中心，2013.
[67] （马）张集强，陈亚才 . 移山图鉴：雪隆华族历史图片集下册 [M]. 吉隆坡：华社研究中心，2013.
[68] 颜清湟 . 海外华人史研究 [M]. 新加坡：新加坡亚洲研究学会，1992.
[69] 姚枬，张礼千 . 槟榔屿志略 [M]. 上海：商务印书馆，1946.
[70] 赵林 . 序二，载顾卫民 . 葡萄牙文明东渐中的都市——果阿 [M]. 上海：上海辞书出版社，2009.
[71] 张顺洪 . 英国殖民地公职机构简史 [M]. 北京：中国社会科学出版社，2018.
[72] （马）张集强 . 消失中的吉隆坡 [M]. 吉隆坡：大将出版社，2012.
[73] 张庭伟 . 转型的足迹：东南亚城市发展与演变 [M]. 南京：东南大学出版社，2008.
[74] 张礼千 . 马六甲史 [M]. 郑州：河南人民出版社，2016.
[75] 郑振满，丁荷生 . 福建宗教碑铭汇编：泉州府分册 [M]. 福州：福建人民出版社，2003.
[76] 周泽南，陈漱石 . 探缘：马来西亚庙宇与宗祠巡游 [M]. 吉隆坡：大将出版社，2003.
[77] Andrew Barber. Colonial Penang 1786-1957[M]. Kuala Lumpur: Karamoja Press-AB&A Sdn. Bhd，2017.
[78] Chen Voon Fee. The Encyclopedia of Malaysia Architecture[M]. Kuala Lumpur：Archipelago Press，1998.
[79] Chen Voon Fee. The Planter's Bungalow: A Journey down the Malay Peninsula[M]. Singapore: Editions Didier Millet Pte Ltd，2007.
[80] Cheah Jin Seng. Penang 500 Early Postcards[M]. Kuala Lumpur: Editions Didier Millet，2012.
[81] Christine Wu Ramsay. Days Gone By Growing Up in Penang[M]. Penang: Areca Books，2007.
[82] David G. Kohl. Chinese Architecture in the Straits Settlements and Western Malay：Temples, Kongsis and Houses [M]. Hong Kong：Heinemann Educational Books(Asia)，1984.
[83] David G.Kohl. Chinese Architecture in the Straits Settlements and Western Malay：Temples, Kongsis and Houses [M]. Hong Kong：Heinemann Educational Books (Asia)，1984.
[84] Dennis De Witt. Historical tombstones and graves at ST. PAUL's hill malacca[M]. Nutmeg Publishing, 2016.
[85] Frédéric Durand, Richard Curtis. Maps of Malaysia and Borneo: Discovery, Statehood and Progress [M]. Singapore: Editions Didier Millet, 2014.
[86] Evelyn Lip. Chinese Temple Architecture in Singapore[M]. Singapore:Singapore University Press，1983.
[87] Goh Ban Lee. Urban Planning in Malaysia:History, Assumptions and Issues[M]. Kuala Lumpur: Tempo Publishing（M）Sdn. Bhd，1991.
[88] Gretchen Liu. Pastel Portraits: Singapore's Architectural Heritage [M]. Singapore: Singapore Coordinating Committee, 1984.
[89] Heritage of Malaysia Trust. Malaysian Architecture Heritage Survey: A Handbook [M]. Kuala Lumpur: Badan Warisan Malaysia，1990.
[90] Jon Sun Hock Lim. The Penang House and the Straits Architect 1887-1941 [M]. Penang：Areca Books，2015.

[91] J. D. Vaughan. The Manners and Customs of the Chinese of the Straits Settlements [M]. Singapore：Oxford University Press，1971
[92] Julian Davison. Singapore Shophouses [M]. Singapore: Laurence King Publishing，2011.
[93] Jane Beamish, Jane Ferguson. The History of Singapore architecture[M]. Singapore: Graham Brash Pte Ltd., 1985.
[94] Jean DeBernardi. Rites of belonging Penang[M]. America: Stanford University Press, 2004.
[95] Khoo Salma Nasution, Abdur-Razzap Lubis. Kinta Valley: Pioneering Malaysia's Modern Development[M]. Perak: Perak Academy, 2005.
[96] Khoo Salma Nasution, Malcolm Wade. Penang Postcard Collection: 1899-1930s [M]. Penang: Janus Print & Resources, 2003.
[97] Lee Kip Lin. The Singapore House 1819-1942 [M]. Singapore: Times Editions，1988.
[98] Leon Combe. Chinese Temples in Singapore [M]. Singapore: Eastern University Press，1958.
[99] Langdon M. A Guide George Town's Historic Commercial & Civic Precincts[M]. Penang: George Town World Heritage Inc，2015.
[100] Lin Lee Loh-Lim. Traditional Street Names of George Town: Featuring 118 Streets Within the George Town World Heritage Site (GTWHS) and Beyond[M]. Penang: George Town World Heritage Incorporated，2015.
[101] Marcus Langdon. Penang: The Fourth Presidency of India, 1805-1830 Vol.1: Ships, Men and Mansions[M]. Penang: Areca Books，2013.
[102] Marcus Langdon. Penang: The Fourth Presidency of India 1805-1830 Vol. 2: Fire, Spice and Edifice[M]. Penang: Areca Books，2013.
[103] Marcus Langdon. George Town's Historic Commercial & Civic Precincts[M]. Penang: George Town World Heritage Inc, 2015.
[104] Marcus Langdon, Keith Hockton. Penang, Then & Now: A Century of Change in Pictures [M]. Penang: Entrepot Publishing Sdn. bhd，2019.
[105] Mohamad Tajuddin Mohamad Rasdi. Traditional Islamic Architecture of Malaysia [M]. Kuala Lumpur：Dewan Bahasa dan Pustaka，2012.
[106] Norman Edwards. The Singapore House and Residential Life 1819-1939 [M]. Singapore：Oxford University Press，1990.
[107] Ronald G Knapp. Chinese Houses of Southeast Asia[M]. Singapore：Tuttle Publishing，2010.
[108] Robert Powell. Singapore Good Class Bungalow 1819-2015 [M]. Singapore：Talisman Publishing，2016.
[109] Salma Nasution Khoo. Streets of George Town, Penang [M]. Penang: Areca Books，2007.
[110] Salma Nasution Khoo. The Chulia in Penang: Patronage and Place-making Around the Kapitan Kling Mosque, 1786-1957 [M]. Penang: Areca Books, 2014.
[111] The City Council of George Town. Penang Past and Present, 1786-1963: A Historical Account of the City of George Town Since 1786 [M]. Penang: The City Council，1966.
[112] The Penang Museum. Penang：through Old Picture Postcards [M]. Penang: The Penang Museum, 1986.
[113] Wong Yunn Chii, Johannes Widod. Shophouse/Townhouse Asian Perspectives[M]. Singapore: Department of Architecture School of Design & Environment National University of Singapore，2016.
[114] Wang Gung Wu. Malaysia a Survey [M]. Singapore: Pall Mall Press, 1964.
[115] Wendy Khadijah Moore. Malaysia: A Pictorial History 1400-2004 [M]. London：Archipelago Press, 2004.

论文集：

[1] 梅青 . 马六甲海峡的华人会馆 [C]. 建筑史论文集（第 12 辑），中国建筑学会，2000.
[2] （马）李建明 . 马来西亚华人渔村产业变迁：以吉胆岛渔村为例 [C]；（马）陈耀威 . 木屋——华人本土民居 [C] 等 //（马）廖文辉 . 马来西亚华人民俗研究论文集，吉隆坡：新纪元大学学院，2017.

[3] （马）陈耀威．城中城：19 世纪乔治市华人城市的“浮现”[C]. Penang：Penang Story，2010.
[4] （马）陈耀威．木屋—华人本土民居 [C]. //（马）廖文辉．马来西亚华人民俗研究论文集．吉隆坡：策略咨询研究中心，新纪元大学学院，2017.
[5] （马）陈耀威．槟榔屿海珠屿大伯公庙历史的再检视 [C]. // 马来西亚砂拉越州诗巫福德文化国际研讨会，2017.
[6] （马）陈耀威（Tan Yeow Wooi）．殖民城市的血缘聚落：槟城五大姓公司 [C]. 第一届东南亚福建学研讨会，2005.
[7] （马）陈耀威．城中城 :19 世纪乔治市华人城市的“浮现”[C]. Penang Story，2010.
[8] （马）陈耀威（Tan Yeow Wooi）．马来西亚华人历史建筑 - 建造与保存探析 [C].“马华文化建筑”学术研讨会．2015.
[9] （马）陈耀威（Tan Yeow Wooi）．马来西亚华人寺庙 - 多元渊源与统一趋向 [C]. 第一届东南亚华人研究会议．2016.
[10] （马）陈耀威（Tan Yeow Wooi）．槟城客家信仰与宫庙的空间形式 [C]. 第四届台湾客家研究国际研讨会．2017.
[11] Loh Wei Leng. Penang’s Trade and Shipping in The Imperial Age: The 19th Century [C]. The Penang Story-International Conference 2002.
[12] Wan Hashimah Wan Ismail, Shuhana Shamsuddin. The Old Shophouses as Part of Malaysian Urban Heritage [C]. The Current Dilemma-8th International Conference of The Asian Planning Schools Association，2005.
[13] Yeo Huijun Martina，Yeo Kang Shua. Typical Chinese Residences of Late Nineteenth Century Singapore：a Case Study of the Four Grand Mansions（四大厝）[C]. 东亚建筑史国际会议论文，2017.

学位论文：
[1] 楚超超．新加坡佛教建筑的传统与现代转型 [D]. 南京：东南大学建筑学院，2005.
[2] 陈丽仙．槟城华人庙宇—广福宫之研究 [D]. 吉隆坡：马来亚大学，1982.
[3] 高丽珍．马来西亚槟城地方华人移民社会的形成与发展 [D]. 台湾师范大学地理学系，2010.
[4] 郭淑娟．马来西亚九皇爷信仰的多样性：槟城二条路斗母宫个案研究 [D]. 马来西亚拉曼大学中文系．2012
[5] 林冲．骑楼型街屋的发展与形态研究 [D]. 广州：华南理工大学，2000.
[6] 陈国伟．公司流变：十九世纪槟城华人公司体制的空间再现 [D]. 台北：台湾大学，2015.

期刊论文：
[1] 蔡晓瑜．福建关帝信仰在海外传播原因初探 [J]. 东南亚纵横，2000（4）.
[2] 楚超超．新加坡现代佛教建筑的发展 [J]. 东南大学学报，2005（35）.
[3] 方拥．福建佛教丛林与新加坡双林寺的比较研究 [J]. 古建园林技术，2002（2）.
[4] 靳凤林．死亡与中国的丧葬文化 [J]. 北方论丛，1996（5）.
[5] 李维国．全马最古老华人寺庙—马六甲青云亭 [J]. 福报，1984.
[6] 陈煜．南洋大学校园规划与建筑设计 1953-1980[J]. 华人研究国际学报，2011，3（1）：33-59.
[7] （马）谢诗坚．槟城华人两百年（节选）[J]. 闽商文化研究，2015（2）.
[8] （马）黄贤强．十九世纪槟城华人社会领导阶层的第三股势力 [J]. 亚洲文化，1999（23）.
[9] 聂梦霞．新加坡庙宇建筑 [J]. 世界建筑，1986.
[10] 饶宗颐．谈伯公 [J]. 南洋学报，1952.
[11] 许金顶．华侨华人历史研究的继承与创新 [J]. 华侨大学学报（哲学社会科学版）,2010(01).
[12] 郑振满．国际化与地方化：近代闽南侨乡的社会文化变迁 [J]. 近代史研究，2010（02）.
[13] 郑良树．亭主时代的青云亭及华族社会（一、二、三、四）[J]. 文道，1984（44/45/46/47）
[14] Chee Siang Tan, Wong Yunn Chii，Building Construction of Pre-war Shophouses in George Town Observed Through a Renovation Case Study [J]. Journal of Asian Architecture and Building Engineering，2014.
[15] Jon Sun Hock Lim. The “Shophouse Rafflesia” An Outline of its Malaysian Pedigree and Its Subsequent Diffusion In Asia [J]. Journal of the Malaysian Branch of the Royal Asiatic Society，Vol. 66，No. 1(264)，1993.

手册特刊等：

[1] 槟州华人大会堂 . 槟州华人大会堂 100 周年特刊 [Z]. 槟城：槟州华人大会堂，1983.

[2] 槟榔屿潮州会馆 . 槟榔屿潮州会馆 134、140 周年特刊 [Z]. 槟城：槟榔屿潮州会馆，1995.

[3] 槟榔屿惠安公会 . 槟榔屿惠安公会五十周年纪念刊 [Z]. 槟城：槟榔屿惠安公会，1963.

[4] 槟榔屿广福宫 . 槟榔屿广福宫庆祝建庙 188 周年纪念特刊 [Z]. 槟城：槟榔屿广福宫，2008.

[5] 槟城北马永春会馆 . 槟城北马永春会馆 35 周年 [Z]. 槟城：槟城北马永春会馆，1987.

[6] 槟城惠州会馆 . 槟城惠州会馆 180 周年纪念特刊 [Z]. 槟城：槟城惠州会馆，2008.

[7] 何培斌 . 应和馆的建筑特色 [Z]. // 应和会馆 181 周年会暨庆大厦重建落成纪念特刊 . 新加坡：应和会馆，2003.

[8] 李氏宗祠 . 槟城李氏宗祠钻禧庆典特刊 1925-2000[Z]. 槟城：槟城李氏宗祠，2000.

[9] 马来西亚槟城海南会馆 . 马来西亚槟城海南会馆纪念特刊（1993-2007）[Z]. 槟城：槟城海南会馆，2007.

[10] （马）朱金涛 . 一百来年的吉隆坡华人寺庙 [Z] // 隆雪华堂 . 雪兰莪中华大会堂 54 周年纪念特刊 . 吉隆坡：隆雪华堂，1977.

[11] （马）王琛发 . 槟城惠州会馆的建筑风貌 [Z]. // 槟城惠州会馆 180 周年纪念特刊 . 槟城：惠州会馆，2002.

[12] （马）陈秀梅，魏金顺 . 槟榔屿鲁班古庙 [Z]. // 摘自鲁班古庙 120 周年纪念特刊，2004.

[13] （马）陈耀威 . 胡靖古庙史略 [Z].// 胡靖古庙庇能打金行 175 周年纪念特刊，2007.

[14] （马）陈剑虹 . 广福宫与槟城华人社会 [Z] // 槟城凤山长庆殿天公坛建庙 140 周年纪念特刊 1869-2009，槟城：凤山长庆殿天公坛建庙，2009.

[15] （马）张集强 . 堂堂九十：隆雪华堂 90 周年纪念特刊 : 隆雪华堂建筑史略 [Z]. 吉隆坡：隆雪华堂 .2013.

[16] （马）陈亚才 . 隆雪华堂会所之兴建与变迁 1923-2014[Z]. 吉隆坡：隆雪华堂，2013.

[17] （马)张少宽 . 槟州华人大会堂 100 周年特刊 : 槟榔屿早期的福帮寺庙 [Z]. 槟州华人大会堂，1983

[18] （马）张少宽 . 槟榔屿早期的华人福帮寺庙 [Z]. // 槟州华人大会堂庆祝成立一百周年 · 新厦落成纪念特刊 . 槟城 : 槟州华人大会堂，1983.

[19] 南阳堂叶氏宗祠 . 槟城南阳堂叶氏宗祠 60 周年纪念特刊 [Z]. 槟城：槟城南阳堂叶氏宗祠，1985.

[20] 乔治市世界遗产机构 . 乔治市红毛路基督教墓园 [Z]. Penang: Arkitek LLA Sdn Bhd，2018.

[21] 隆雪华堂 . 堂堂九十：隆雪华堂 90 周年纪念特刊 [Z]. 吉隆坡：隆雪华堂，2013.

[22] 隆雪华堂 . 雪兰莪中华大会堂 54 周年纪念特刊 [Z]. 吉隆坡：隆雪华堂，1977.

其他类型文献：

[1] （马）张少宽 . 戏院百年沿革—善佑戏院墨宝见证历史 [EB/OL].（2016-07-08）光华网 . http:// www. kwongwah. com. my/ 20160708/

[2] 陈煜 . 新加坡华族传统复兴式建筑 [N]. 联合早报 . 2009-01-13（3）.

[3] Kai Hong Phua and Mary Lai Lin Wong. From Colonial Economy to Social Equity: History of Public Health in Malaysia [A]. Milton J. Lewis，Kerrie L. Mac Pherson Public Health in Asia and the Pacific: Historical and Comparative Perspectives. London: Routledge.

附录（索引地图）

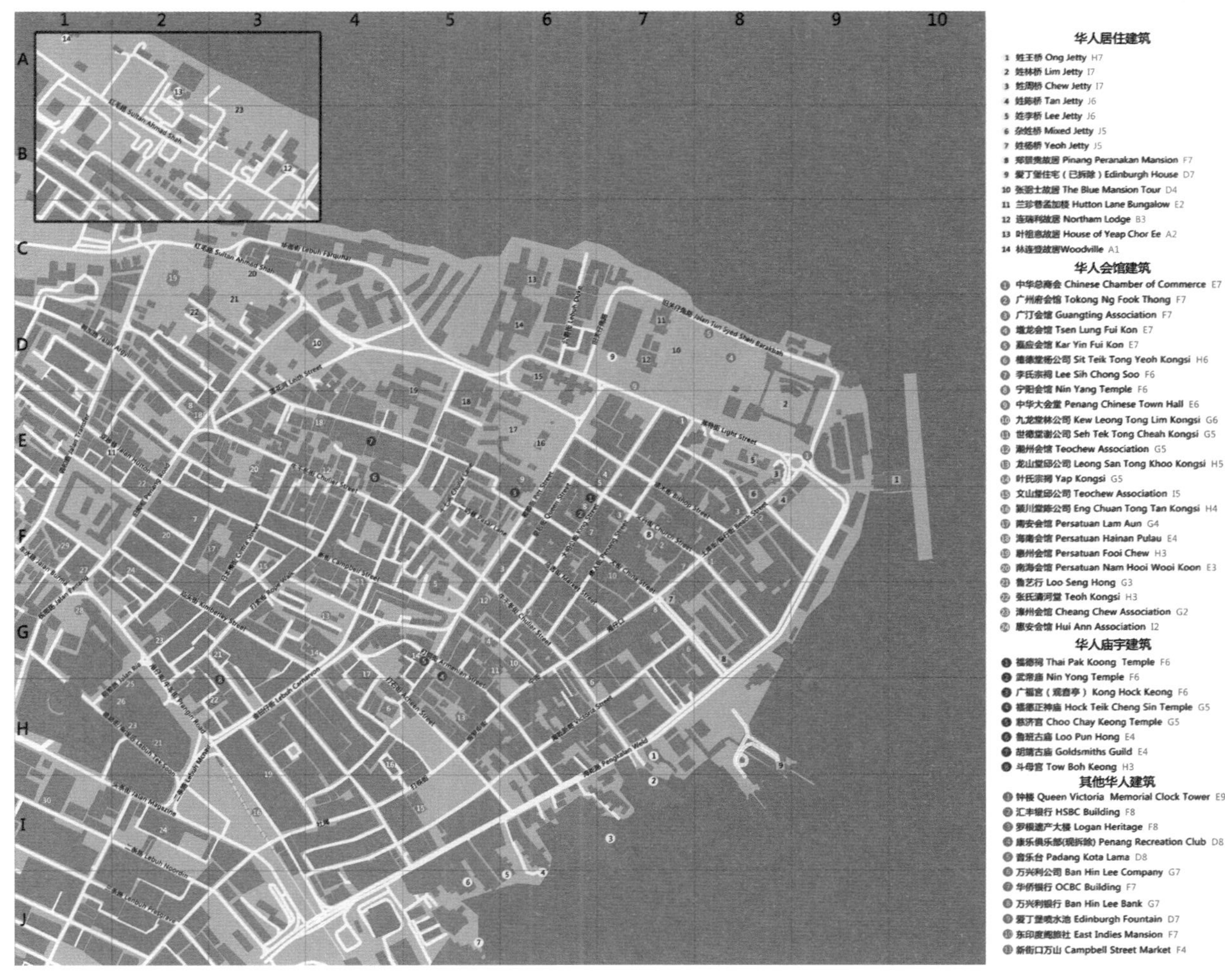

华人居住建筑

1 姓王桥 Ong Jetty H7
2 姓林桥 Lim Jetty I7
3 姓周桥 Chew Jetty I7
4 姓陈桥 Tan Jetty J6
5 姓李桥 Lee Jetty J6
6 杂姓桥 Mixed Jetty J5
7 姓杨桥 Yeoh Jetty J5
8 郑景贵故居 Pinang Peranakan Mansion F7
9 爱丁堡住宅（已拆除）Edinburgh House D7
10 张弼士故居 The Blue Mansion Tour D4
11 兰珍巷孟加楼 Hutton Lane Bungalow E2
12 连瑞利故居 Northam Lodge B3
13 叶祖意故居 House of Yeap Chor Ee A2
14 林连登故居Woodville A1

华人会馆建筑

① 中华总商会 Chinese Chamber of Commerce E7
② 广州府会馆 Tokong Ng Fook Thong F7
③ 广汀会馆 Guangting Association F7
④ 增龙会馆 Tsen Lung Fui Kon E7
⑤ 嘉应会馆 Kar Yin Fui Kon E7
⑥ 植德堂杨公司 Sit Teik Tong Yeoh Kongsi H6
⑦ 李氏宗祠 Lee Sih Chong Soo F6
⑧ 宁阳会馆 Nin Yang Temple F6
⑨ 中华大会堂 Penang Chinese Town Hall E6
⑩ 九龙堂林公司 Kew Leong Tong Lim Kongsi G6
⑪ 世德堂谢公司 Seh Tek Tong Cheah Kongsi G5
⑫ 潮州会馆 Teochew Association G5
⑬ 龙山堂邱公司 Leong San Tong Khoo Kongsi H5
⑭ 叶氏宗祠 Yap Kongsi G5
⑮ 文山堂邱公司 Teochew Association I5
⑯ 颍川堂陈公司 Eng Chuan Tong Tan Kongsi H4
⑰ 南安会馆 Persatuan Lam Aun G4
⑱ 海南会馆 Persatuan Hainan Pulau E4
⑲ 惠州会馆 Persatuan Fooi Chew H3
⑳ 南海会馆 Persatuan Nam Hooi Wooi Koon E3
㉑ 鲁艺行 Loo Seng Hong G3
㉒ 张氏清河堂 Teoh Kongsi H3
㉓ 漳州会馆 Cheang Chew Association G2
㉔ 惠安会馆 Hui Ann Association I2

华人庙宇建筑

❶ 福德祠 Thai Pak Koong Temple F6
❷ 武帝庙 Nin Yong Temple F6
❸ 广福宫（观音亭）Kong Hock Keong F6
❹ 福德正神庙 Hock Teik Cheng Sin Temple G5
❺ 慈济宫 Choo Chay Keong Temple G5
❻ 鲁班古庙 Loo Pun Hong E4
❼ 胡靖古庙 Goldsmiths Guild E4
❽ 斗母宫 Tow Boh Keong H3

其他华人建筑

1 钟楼 Queen Victoria Memorial Clock Tower E9
2 汇丰银行 HSBC Building F8
3 罗根遗产大楼 Logan Heritage F8
4 康乐俱乐部(现拆除) Penang Recreation Club D8
5 音乐台 Padang Kota Lama D8
6 万兴利公司 Ban Hin Lee Company G7
7 华侨银行 OCBC Building F7
8 万兴利银行 Ban Hin Lee Bank G7
9 爱丁堡喷水池 Edinburgh Fountain D7
10 东印度舰旅社 East Indies Mansion F7
11 新街口万山 Campbell Street Market F4
12 燕京旅社 Yeng Keng Hotel E4
13 黄仔务街戏院(现拆除) G4
14 丽泽学校 Li Tek School G4
15 打索街戏院(现拆除) F3
16 社尾万山 prangin Market I3
17 中山戏院 Sun Theatre F3
18 奥迪安戏院 Odeon Theatre E2
19 莱佛士酒店（已荒废）Raffles Hotel C2
20 吉宁万山 Chowrasta Market F2
21 中央戏院(现拆除) Central Theatre H2
22 国泰戏院 Cathay Theatre E2
23 东方戏院(现拆除) Eastern Theatre H2
24 爱吾栈 Aigoh Hotel F2
25 百乐门戏院(现拆除) Paramount Theatre H2
26 乐宫戏院(现拆除) Royal Theatre H2
27 乐台居饭店 Loke Thye Kee Residences F1
28 首都戏院(现拆除) Capitol Theatre G1
29 大华戏院 Majestic Theatre F1
30 新都戏院（已拆除）Wembley Theatre I1

西方人建筑

1 瑞天咸码头 Swettenham Pier E10
2 康华利斯堡 Fort Cornwallis E8
3 移民局 Immigration Building E8
4 康东印度公司 Islamic Council Building F8
5 立法议会 State Legislative Assembly Building E8
6 渣打银行（原警察局）Standard Chartered Bank F8
7 乔治市药局George Town Dispensary G7
8 马来铁路局（现海关署）Wisma Kastam Building G8
9 海墘路码头Weld Quay Ferry Terminal H8
10 板球俱乐部(现拆除) Cricket Club D7
11 槟州大会堂 City Hall D7
12 市政厅 Town Hall D7
13 总督府 Old Government House C6
14 修道院女校 Convent Light Street D6
15 最高法院 Supreme Court D6
16 圣乔治教堂 St.George' s Church E6
17 大英义学（现拆除）Penang Free School E6
18 圣母升天教堂 the Church of the Assumption E5
19 圣芳济学院 St Xavier 's Institution E5
20 新教墓地 Protestant Cemetery C3
21 罗马天主教墓地 Roman Catholic Cemetery D3
23 圣芳济教堂 Church of St Francis Xavier D2
24 The Aloes住宅 The Aloes House B3

马来及印度人建筑

1 印度大厦India House F8
2 穆斯林圣庙 Nagore Durgha Shrine G6
3 马里安曼印度庙 Mariamman Temple F6
4 回教徒学校 Madrasah Hamid Arabi G5
5 甲必丹清真寺 Kapitan Kling Mosque G5
6 亚齐清真寺 Acheen Mosque H4
7 马来戏院(现拆除) Malay Theatre F2
8 印度戏院(现拆除) India theatre E2

后　记

记得五年前首次到马来西亚槟城乔治市考察的时候，由于需要兑换当地货币但逢周末银行没有营业，当地朋友推荐到椰脚街转角一家的印度人开的钱庄，据说比银行汇率划算。入门见到柜台铁栅后面皮肤黝黑、矮胖热情的印度店主，尝试沟通后却发现我们之间最佳的交流语言竟然是闽南话，当地称为福建话，这种来自华南地区的方言成为槟城这样移民社会中各个族群通用的语言，真是让人惊奇的多元文化传播和交流方式。

海外华侨建筑的选题是在之前对闽粤侨乡建筑研究的基础上，与华侨史专家许金顶教授多次交流讨论而逐渐确立的拓展方向，许教授还无私地提供了在海外研究的朋友圈，一起在闽南和东南亚的田野调查中我们可是最佳拍档。与刘塨、龙元等教授在学科调研中一路上不断的讨论与修改使我受益良多，与赵辰教授在研究上的邮件交流拓展了我的眼界。我还要特别感谢方拥教授，他积极肯定了这个研究方向，并根据多年在东南亚的研究经验提出了许多宝贵建议。

在东南亚调研和资料收集过程中得到马来西亚和新加坡等地学者和朋友的鼎力协助：许子根、廖文辉、陈亚才、陈剑虹、黄木锦、李永球、谢瑞发、林玉裳、朱笙鑫、萧开富、郑正和、林志诚等师友，在此一并致以谢忱。特别感谢陈耀威建筑师分享研究心得，阅读本书初稿并提出了许多完善的建议，陈煜教授提供了研究成果和诸多见解让我深受启发，两位专家还先后到厦门举办了两次华侨建筑研究工作坊，开放给研究生学习观摩。本研究的海外调研启动经费得到了华侨大学校董杜祖贻先生的慷慨支持，后期得到国家自然科学基金课题（编号：51578251）的研究资助。

多年来，华侨大学许多优秀的建筑历史研究生共同参与了海外华侨建筑的实地调查与资料整理，他们是：田源、钱嘉军、张松、涂小锵、康斯明、王均杰等同学，几位研究生还参与到课题研究与书稿写作的过程中，其中，田源参与第1章，康斯明参与第1、3、4章，王均杰参与第2章，涂小锵参与第5章，看到研究生的认真投入，未来的学术发展值得期待。还要感谢中国建筑工业出版社陈桦和段宁的支持帮助，本书凝聚了大家集体的智慧用心和辛苦努力。本书作为海外华侨建筑研究的阶段性成果，失误和错漏之处望方家不吝赐正。